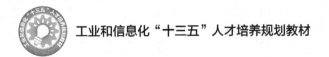工业和信息化"十三五"人才培养规划教材　　　网络技术类

Computer Network
Technology and Application

计算机网络
基础与应用
微课版

孟敬 ◉ 编著

人民邮电出版社

北京

图书在版编目（CIP）数据

计算机网络基础与应用：微课版 / 孟敬编著. --
北京：人民邮电出版社，2021.1（2024.3重印）
工业和信息化"十三五"人才培养规划教材. 网络技术类
ISBN 978-7-115-54792-7

Ⅰ. ①计… Ⅱ. ①孟… Ⅲ. ①计算机网络－高等学校
－教材 Ⅳ. ①TP393

中国版本图书馆CIP数据核字(2020)第165509号

内 容 提 要

本书讲解了计算机网络的基础知识和应用技巧，在内容上遵循"宽、新、浅、用"的原则，强调以能力培养为本位，以职业技能训练为核心，突出理论与实践的深度融合。理论部分包括计算机网络概述、数据通信技术、网络体系结构、局域网、网络互连、网络操作系统、网络服务技术及网络管理与维护。实训部分包括网络基础实训、网络设备管理实训、服务器管理实训及网络服务器配置实训等。这种理论与实训相结合的方式使学生的能力能更好地满足职业或岗位所需，为培养高素质技能型人才奠定基础。

本书可作为高职高专院校计算机类相关专业的教材，也可作为网络工程技术与管理人员的技术参考书。

◆ 编　著　孟　敬
　　责任编辑　桑　珊
　　责任印制　马振武

◆ 人民邮电出版社出版发行　　北京市丰台区成寿寺路 11 号
　　邮编　100164　　电子邮件　315@ptpress.com.cn
　　网址　https://www.ptpress.com.cn
　　北京天宇星印刷厂印刷

◆ 开本：787×1092　1/16
　　印张：18　　　　　　　　　　　2021 年 1 月第 1 版
　　字数：450 千字　　　　　　　　2024 年 3 月北京第 10 次印刷

定价：59.80 元

读者服务热线：(010)81055256　印装质量热线：(010)81055316
反盗版热线：(010)81055315
广告经营许可证：京东市监广登字 20170147 号

前言 FOREWORD

本书全面贯彻党的二十大精神，以社会主义核心价值观为引领，传承中华优秀传统文化，坚定文化自信，使内容更好体现时代性、把握规律性、富于创造性。

本书按照"知识、能力、素质"协调发展的目标，结合目前计算机网络发展的新动态和成果编写而成，基于网络知识体系，以能力培养为本位，以职业技能素质训练为核心，突出理论与实践的深度融合，力求使学生了解和掌握计算机网络技术的基础知识和基本技能，满足高素质应用型、技能型计算机网络技术人才的职业和岗位需求。

本书是编者在 30 多年讲授计算机网络相关专业课程的理论和实践教学经验的基础上精心编写而成的，书中全面系统地介绍了计算机网络的理论、方法、技术、工程与实践。本书在理论上追求计算机网络基础知识体系的完整性和实际功用；在网络设备管理实训中引入了网络仿真工具平台 eNSP，使读者能够在没有真实设备的情况下模拟演练，从而学习网络技术；在网络服务器配置实训中引入了 VMware Workstation，使读者能够在一部实体机器上模拟完整的网络环境，进行服务器配置实训。本书还凸显了"教学目标的职业性、内容选取的实用性、教学过程的实践性"等高职教育特点。本书主要特点如下。

（1）从职业和岗位出发，依据实际工作任务进行课程内容的职业化设计，体现课程教学目标的职业性。

（2）从职业和岗位的需要出发，对职业与岗位所需的网络知识和能力进行重构和排序，体现课程教学内容的实用性。

（3）从学生能力出发，以真实且典型的项目为实训用例，体现课程教学过程的实践性。

在实际教学过程中，理论与实训可以交叉进行，建议每周 4 学时，共使用 64 学时。教师可根据教学目标、学生基础和实际教学的情况对学时进行适当的增减，具体的学时分配可参考下面的学时分配表。

学时分配表

分类	章节	章节名	学时
理论部分	第 1 章	计算机网络概述	4
	第 2 章	数据通信技术	4
	第 3 章	网络体系结构	4
	第 4 章	局域网	4
	第 5 章	网络互连	4
	第 6 章	网络操作系统	4
	第 7 章	网络服务技术	4
	第 8 章	网络管理与维护	4
	理论学时总计		32
实训部分	9.1 节	网络基础实训	6
	9.2 节	网络设备管理实训	8
	9.3 节	服务器管理实训	8
	9.4 节	网络服务器配置实训	10
	实训学时总计		32
合计学时			64

本书由孟敬编著。为方便教师教学，本书配备了课程标准、教学计划、PPT 课件、课程习题答案、题库及教学动画等丰富的教学资源。任课教师可登录人邮教育社区（http://www.ryjiaoyu.com/）免费下载。

由于编著者水平有限，书中不妥或不足之处在所难免，希望广大读者批评指正。同时，恳请读者一旦发现错误就及时与编著者联系，以便尽快更正，编著者将不胜感激，E-mail: menjin@163.com。

编者

2023 年 5 月

目录 CONTENTS

第1章
计算机网络概述

01

扫码观看微课视频

【主要内容】

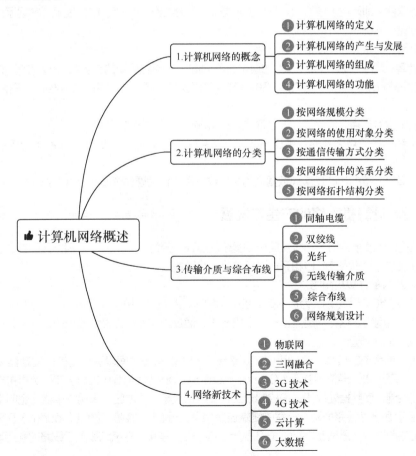

【知识目标】

（1）掌握计算机网络的概念。
（2）了解计算机网络的产生与发展历史。
（3）理解计算机网络的组成、功能及应用。

【技能目标】

（1）能够举例表述计算机网络的分类及其应用状况。
（2）能够表述某一具体单位的计算机网络的结构及其应用。

1.1 计算机网络的概念

计算机网络是现代通信技术与计算机技术相结合的产物。计算机网络是当前社会生活不可缺少的信息处理和通信工具，已成为社会生活的重要组成部分。

1.1.1 计算机网络的定义

计算机网络是利用通信设备和线路将地理位置不同、功能独立的多个计算机系统互连起来，在功能完善的网络软件（即网络通信协议、信息交换方式、网络操作系统等）的管理下，实现网络中的资源共享和信息传递的系统。

计算机网络的定义涉及以下 4 个要点。

（1）计算机网络中包含两台以上地理位置不同的具有独立功能的计算机。连网的计算机称为主机（Host），也称为节点（Node）。但网络中的节点不仅仅是计算机，还可以是其他通信设备，如交换机、路由器等。

（2）网络中各节点之间需要由一条通道，即传输介质来实现物理互连。

（3）网络中各节点之间的互相通信必须遵循共同的协议规则，如 Internet 上使用的通信协议是TCP/IP。

（4）计算机网络的功能是实现数据通信和网络资源（包括硬件资源和软件资源）的共享。

1.1.2 计算机网络的产生与发展

计算机网络的发展经历了一个从简单到复杂的过程，分为 3 个阶段，分别为面向终端的计算机网络阶段、计算机与计算机网络阶段和开放式标准化网络阶段。

1. 面向终端的计算机网络

在 20 世纪 60 年代以前，为提高计算机的利用率，人们用以单个计算机为中心的单机系统，构成面向终端的计算机网络。这种网络是由一个主机系统，通过通信设备连接大量地理上处于分散位置的终端构成的，如图 1-1 所示。

为减轻主机系统的负载，我们可以在通信设备和主机系统之间设置一个前端处理器（Front End Processor，FEP）或通信控制器（Communication Control Unit，CCU）专门负责主机系统与终端之间的通信控制，使数据处理和通信控制分工。在终端较集中的地区，采用集中器（也叫集中管理器或多路复用器），用低速线路把附近群集的终端连接起来，再通过调制解调器（Modem）及高速线路与远程主机系统的前端处理器相连，如图 1-2 所示。这样的远程联机系统既提高了线路的利用率，又节约了远程线路的投资成本。

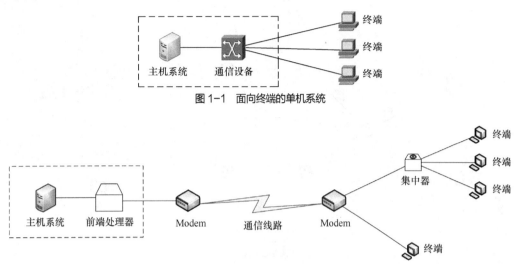

图 1-1　面向终端的单机系统

图 1-2　高效的多机系统

2. 计算机与计算机网络

20 世纪 60 年代中期，多台计算机互连的系统出现了，开创了"计算机与计算机通信"的时代。这种网络采用并存多处理中心，实现资源共享。美国的 ARPA 网、IBM 公司的 SNA 网和 DEC 公司的 DNA 网都是成功的典型。这个时期的网络产品是相对独立的，未有统一标准，不能互连。

美国的 ARPA 网（Internet 的前身）的正式投入使用，标志着计算机网络的兴起。ARPA 网使用的是分组交换技术。

3. 开放式标准化网络

由于相对独立的网络难以实现互连，国际标准化组织（International Organization for Standardization，ISO）于 1984 年颁布了一个名为"开放系统互连参考模型"的国际标准 ISO 7498，简称 OSI/RM，即著名的 OSI 七层模型。从此，计算机网络有了统一标准。开放式标准化网络的出现加速了计算机网络的发展。

现在计算机网络正在向第 4 个阶段发展，即向通信的互连、高速、智能化方向发展。

1.1.3　计算机网络的组成

从不同的研究角度出发，计算机网络的组成可分为计算机网络的逻辑组成和计算机网络的系统组成。

1. 计算机网络的逻辑组成

为了简化计算机网络的分析与设计，有利于网络的硬件和软件配置，计算机网络可按照其系统功能分为资源子网和通信子网两大部分，如图 1-3 所示。

资源子网主要负责全网的信息处理，为网络用户提供网络服务和资源共享功能。它的硬件主要包括网络中所有的主机、终端，另外还包括各种网络协议、网络软件和数据库等。

通信子网主要负责全网的数据通信，为网络用户提供数据传输、转接、加工和转换等通信处理工作。它主要包括通信线路（即传输介质）、网络连接设备（如网络接口设备、通信控制处理机、网桥、路由器、交换机、网关、调制解调器、卫星地面接收站等）、网络通信协议和通信控制软件等。

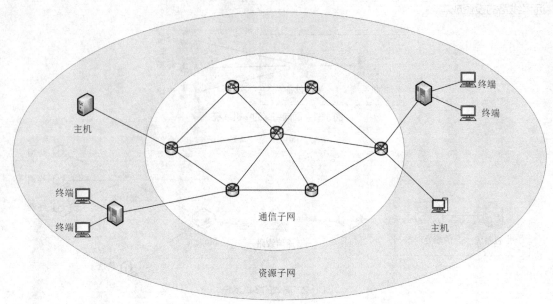

图1-3　计算机网络的逻辑组成

2. 计算机网络的系统组成

计算机网络的系统由网络硬件系统和网络软件系统两大部分组成。

（1）网络硬件系统。网络硬件系统主要由终端与主机、具有交换功能的节点（如通信处理机）、节点间的网络互连设备和通信线路组成。用户通过终端访问网络，其信息通过具有交换功能的节点在网络中传输，最终到达指定的某一个用户；或将数据传送到具有某种资源和文件处理能力的主机进行处理，再将结果传回原终端。在这里，信息的处理由计算机完成，信息的传输由网络进行。因此网络硬件系统一般是指由计算机设备、传输介质和网络连接设备组成的系统。

（2）网络软件系统。网络软件系统一般由网络操作系统、网络通信协议和提供网络服务功能的软件组成。网络操作系统用于管理网络的软、硬件资源，是提供网络管理功能的系统软件。常用的网络操作系统有 UNIX、NetWare、Windows Server、Linux 等。

网络通信协议是网络中计算机与计算机交换信息时的约定，它规定了计算机在网络中通信的规则。常用的网络通信协议有 TCP/IP（该协议也是目前应用最广泛的 Internet 网络协议之一）和 Novell 公司的 IPX/SPX 等。

1.1.4　计算机网络的功能

计算机网络的功能主要体现在 3 个方面：资源共享、信息交换和协同处理。

1. 资源共享

资源共享功能即依靠功能完善的网络系统实现网络资源共享。这里的"资源"是指构成系统的所有要素，包括计算机处理能力、数据、应用程序、硬盘、打印机等。资源共享也就是共享网络中所有的硬件、软件和数据。对硬件资源，尤其是一些昂贵的设备，如大型机、高分辨率打印机、大容量外存等实行资源共享，可节省经费并便于集中管理。而对软件和数据资源的共享，网上用户可远程访问各种类型的数据库并得到网络文件传送服务，也可以进行远程终端仿真，避免了在软件方面的重复投资。

2. 信息交换

利用计算机网络提供的信息交换功能，用户可以在网上传送电子邮件，发布新闻消息，进行远程网络购物、电子金融贸易、远程在线教育等。

3. 协同处理

协同处理是指计算机网络在网上各主机间均衡负荷，把在某时刻负荷较重的主机的任务传送给空闲的主机，利用多个主机协同工作来完成仅靠单一主机难以完成的大型任务。

1.2　计算机网络的分类

从不同的角度对计算机网络进行分类，有助于加深对计算机网络的理解。

1.2.1　按网络规模分类

按计算机网络所覆盖的地理范围大小进行分类，计算机网络可分为局域网、城域网和广域网。由于网络覆盖的地理范围不同，它们所采用的传输技术也不同，因而形成了不同的网络技术特点与网络服务功能。

1. 局域网（Local Area Network，LAN）

局域网的覆盖范围较小，一般在十千米范围内，如一间实验室、一幢大楼、一个园区的网络。局域网有传输速率高、误码率低、成本低、容易组网、易维护、易管理、使用方便灵活等特点。局域网实例如图 1-4 所示。

2. 城域网（Metropolitan Area Network，MAN）

城域网的覆盖范围通常为一座城市，从几千米到几十千米不等。城域网是介于广域网与局域网之间的一种高速网络。

城域网通常由政府或大型集团组建，如城市信息港，它作为城市基础设施，为公众提供服务。目前随着我国信息化建设的发展，很多城市都在规划和建设自己的城市信息高速公路，以实现大量用户之间的数据、语音、图形与视频等多种信息的传输功能。

3. 广域网（Wide Area Network，WAN）

广域网的覆盖范围很大，几个城市、一个国家、几个国家甚至全球都属于广域网的范畴，从几十千米到几千、几万千米不等。广域网实例如图 1-5 所示。

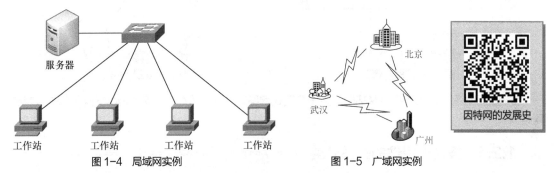

图 1-4　局域网实例　　　　　　图 1-5　广域网实例

公用电话交换网（PSTN）、中国公用分组交换数据网（ChinaPAC）、中国公用数字数据网（ChinaDDN）、中国公用帧中继宽带业务网（ChinaFRN）和综合业务数字网（ISDN）等网络是广域网，但并不是计算机广域网。用户可通过这些公用广域网提供的通信线路来组建计算机广域网。下面是几个典型的例子。

中国公用计算机互联网（ChinaNET）借助 ChinaDDN 提供的高速中继线路，使用超高速路由器（如 Cisco 7000 系列），组成了覆盖中国各省市并连通国际 Internet 的计算机广域网。一些大型企业或集团公司由于业务遍及全中国或全世界，其办事机构、销售网点、分厂、分公司可能遍布许多国家或地区，因此也可通过租用专线或自建通信线路来组建企业 Intranet 或 Extranet 计算机广域网。

1.2.2　按网络的使用对象分类

依据网络的使用对象的不同，计算机网络可以分为公用网络和专用网络两大类。

1. 公用网络

公用网络是为所有用户提供服务的网络，一般是由国家的电信部门建立的，如中国公用计算机互联网、中国教育和科研计算机网（CERNET）等。只要是按照相关部门的规定交纳费用的人都可以使用公用网络。

2. 专用网络

专用网络是为特定用户提供服务的网络，一般是某个部门因该单位的特殊工作需要而专门建立的网络，如军队、公安、铁路、电力、金融等系统的网络。它们的使用者一般都是单位内部的人员。

1.2.3　按通信传输方式分类

依据数据通信传输方式的不同，计算机网络可以分为广播式网络和点对点网络两大类。

1. 广播式网络

广播式网络中的节点使用一条共享的通信介质进行数据传输，当一个节点使用广播方式发送数据时，网络中的所有节点都能收到。由于发送的数据含目的地址和源地址，所有节点都会检查该数据的目的地址。如果与自己的地址相同，则接收处理该数据；如果不同，则忽略该数据，如图1-6所示。

在广播式网络中，发送数据的目的地址有3类：单一节点的地址、多节点的地址和广播地址。

2. 点对点网络

点对点网络中的节点以点对点的方式进行数据传输，数据经过网络的节点直接传输到目的地址节点，如图1-7所示。

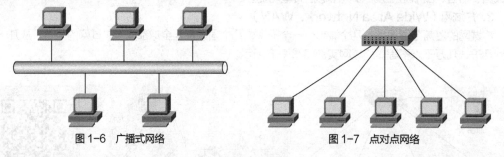

图1-6　广播式网络　　　　　　　　　　　　　　图1-7　点对点网络

传统的局域网（以太网和令牌环网）属于广播式网络，广域网（ATM网和帧中继网）属于点对点网络。

1.2.4　按网络组件的关系分类

依据网络中的各节点的关系来划分，计算机网络可以分为对等网络和基于服务器网络。

1. 对等网络

在对等网络中各节点的地位是平等的，没有客户机与服务器之分，每个节点既可以提供服务，又可以索取服务，如图1-8所示。对等网络配置简单，但网络的可管理性差。

2. 基于服务器网络

基于服务器网络采用客户机/服务器模式。在这种模式中，服务器与客户机通过交换机连接服务器节点，从而提供服务，不索取服务；客户机节点索取服务，不提供服务。服务器在网络中起管理作用。基于服务器网络如图1-9所示。基于服务器网络管理集中，便于网络管理，但网络配置复杂。

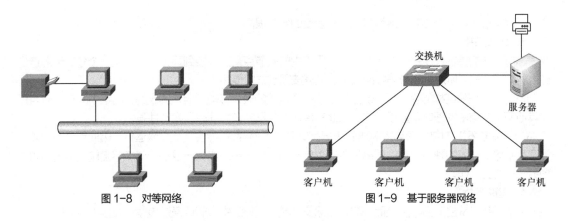

图 1-8　对等网络　　　　　　　　　　图 1-9　基于服务器网络

1.2.5　按网络拓扑结构分类

网络拓扑是指由网络节点（点）和通信介质（线）构成的结构图。网络拓扑结构对网络采用的技术、网络的可靠性、网络的可维护性和网络的实施费用都有重大的影响。常见的网络拓扑结构有总线型拓扑、星形拓扑、环形拓扑、树形拓扑和网状拓扑等。

1. 总线型拓扑

总线型拓扑采用单根传输线作为传输介质，该线称为总线，网络中各节点都接入总线，如图 1-10 所示。

总线型拓扑结构的网络中节点都连接在总线上。网络中所有节点共享总线来传输数据，采用广播方式传输。

（1）总线型拓扑的优点是结构简单、容易实现、易于安装和维护、价格相对便宜、用户节点入网方式灵活。

（2）总线型拓扑的缺点是同一时刻只能有一个信号在总线上传输，网络延伸距离有限，网络容纳的总节点数有限。由于所有节点都直接连接在总线上，因此任何一处出现故障都会导致整个网络瘫痪。

2. 星形拓扑

星形拓扑以一个节点为中心，网络中其他节点都通过传输介质接入中心节点，如图 1-11 所示。星形拓扑以中心节点为中心，所有节点通信都要通过中心节点转发，采用广播方式或者点对点的方式进行通信。常见的中心节点有集线器（Hub）、交换机等。

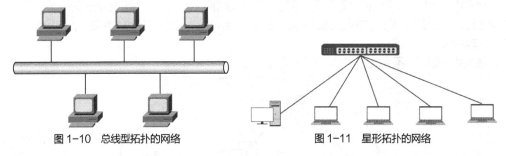

图 1-10　总线型拓扑的网络　　　　　　　图 1-11　星形拓扑的网络

注意，基于集线器的星形拓扑结构和基于交换机的星形拓扑结构是完全不同的，虽然在物理意义上都是星形拓扑结构，但是在逻辑上集线器的工作原理是广播式的总线结构，而交换机的工作原理是点对点的星形拓扑结构。

（1）星形拓扑的优点是结构简单、管理方便、可扩充性强、组网容易。利用中心节点可方便地提供网络连接和重新配置，且单个连接点的故障只影响该节点，不会影响全网，因此容易检测和隔离故障，便于维护。

（2）星形拓扑的缺点是集中控制导致中心节点负载过重，如果中心节点产生故障，则全网都无法工作。所以星形拓扑对中心节点的可靠性和冗余度的要求很高。

3. 环形拓扑

环形拓扑的传输介质是一个闭合的环，网络中的各节点直接连接到环上，或通过一个分支电缆连到环上，如图 1-12 所示。环形拓扑网络中的数据按固定方向传输。

（1）环形拓扑结构的优点是一次数据在网络中传输的最大传输延迟是固定的，网络中的每个节点只与其他两个节点由物理链路直接互连。因此其传输控制机制较为简单且实时性强。

（2）环形拓扑结构的缺点是环中任何一个节点出现故障都可能会终止全网运行，因此可靠性较差。为了克服可靠性差的缺点，有的网络采用具有自愈功能的双环结构，一旦一个节点不工作，可自动切换到另一环路上工作。

4. 树形拓扑

树形拓扑是从星形拓扑演变而来的，它把多个星形拓扑的中心节点通过传输介质接入更大的中心节点，如图 1-13 所示。

树形拓扑结构的形状像一棵倒置的树，顶端有一个带分支的根，每个分支还可以延伸出子分支。

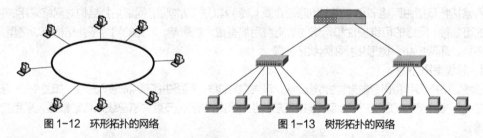

图 1-12　环形拓扑的网络　　　　　　　　图 1-13　树形拓扑的网络

树形拓扑结构对起数据转发作用的中心节点的要求很高。这种拓扑结构采用分层的、模块化的模型进行设计，分 3 层，即核心层、汇聚层和接入层。

树形拓扑的优点是易于扩展和故障隔离。树形拓扑的缺点是对根的依赖性太大，如果根发生故障，则全网不能正常工作，因此对根的可靠性要求很高。

5. 网状拓扑

网状拓扑分为全连接网状拓扑和不完全连接网状拓扑两种形式。在全连接网状拓扑中，每一个节点和网中其他节点均由链路连接。在不完全连接网状拓扑中，两节点之间不一定由直接链路连接，它们之间的通信可能依靠其他节点转接。

网状拓扑的优点是节点间的路径多，从而碰撞和阻塞的可能性大大减小，局部的故障不会影响整个网络的正常工作，可靠性高；网络扩充和主机入网方式比较灵活、简单。但这种网络关系复杂，建网和网络控制机制也比较复杂。

广域网中一般采用不完全连接网状拓扑结构，如图 1-14 所示。

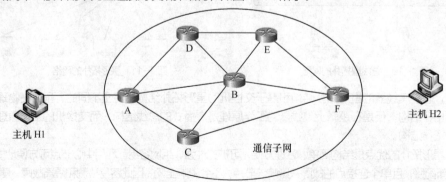

图 1-14　不完全连接网状拓扑结构的网络

以上介绍的是最基本的网络拓扑结构。在组建局域网时常采用星形、环形、总线型和树形拓扑结构。树形和网状拓扑结构在广域网中比较常用。但是一个实际的网络可能是上述几种网络结构的混合。

在选择拓扑结构时，主要考虑的因素有安装的相对难易程度、重新配置的难易程度、维护的相对难易程度、通信介质发生故障时受到影响的设备的情况及维护费用等。

1.3 传输介质与综合布线

网络传输介质是指在网络中传输信息的载体，分为有线传输介质和无线传输介质两类。

（1）有线传输介质。有线传输介质是指两个站点之间实线的物理连接部分，它能将信号从一方传输到另一方。有线传输介质主要有同轴电缆、双绞线和光纤。在其中传输的信号是光波或电信号。

（2）无线传输介质。无线传输是在两个通信设备之间不使用任何人为连通的物理连接方式。无线传输介质是指自由空间、水、玻璃等传输介质。

不同的传输介质，其特性也不同。不同的特性对网络中数据通信质量和通信速度有较大的影响，这些特性如下所述。

（1）物理特性：说明传输介质的特征。

（2）传输特性：包括信号形式、调制技术、传输速度及频带宽度等。

（3）连通性：采用点到点连接还是多点连接。

（4）地域范围：网络中各节点间的最大距离。

（5）抗干扰性：防止噪声、电磁干扰对数据传输产生影响的能力。

（6）相对价格：以元件、安装和维护的价格为基础。

1.3.1 同轴电缆

同轴电缆是由两个同轴的导体组成的，内导体是一个圆形的金属铜内芯，外导体是一个由金属丝编织而成的圆柱形屏蔽层，如图 1-15 所示。内外导体之间填充绝缘材料，最外层是塑料外皮或保护橡胶。由于同轴电缆的绝缘效果佳、频带宽、数据传输稳定、价格适中、性价比高，因此它是局域网中普遍采用的一种传输介质，有线电视网也常用这种电缆。

依据传输信号的不同，同轴电缆可分成两种，即基带同轴电缆和宽带同轴电缆。

1. 基带同轴电缆

基带同轴电缆是阻抗为 50Ω 的电缆，多用于数字基带信号传输，通常使用的数据传输速率为 10Mbit/s。一般作用范围在几千米以内。

这种同轴电缆又可分为两类：粗缆和细缆。"粗"与"细"是指同轴电缆的直径大小。细缆与粗缆组网时使用的连接设备不尽相同，即使名称一样，其规格大小也有差别。

（1）细缆连接设备及技术参数。使用细缆组网，除需要电缆外，还需要 BNC（Bayonet Nut Connector）接头、T 型接头，如图 1-16 所示，以及终端匹配器等。同轴电缆组网的网卡必须带有细缆连接接口（通常在网卡上标有 BNC 字样）。

使用细缆组网的技术参数：最大的干线段长度为 185m，最大网络干线电缆长度为 925m，每条干线段支持的最大节点数为 30 个，BNC、T 型连接器之间的最小距离为 0.5m。

（2）粗缆连接设备及技术参数。使用粗缆组网，除需要电缆外，还需要转换器、DIX 连接器、N-系列插头、N-系列匹配器。使用粗缆组网，网卡必须带有 DIX 接口（一般标有 DIX 字样）。

使用粗缆组网的技术参数：最大的干线长度为 500m，最大网络干线电缆长度为 2 500m，每条干线段支持的最大节点数为 100 个，收发器之间的最小距离为 2.5m，收发器电缆的最大长度为 50m。

2. 宽带同轴电缆

宽带同轴电缆是阻抗为 75Ω 的电缆，多用于模拟传输。宽带同轴电缆实际上就是有线电视（Cable Television，CATV）电缆。

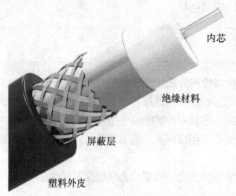

图 1-15　同轴电缆

图 1-16　细缆连接的 BNC 接头、T 型接头

1.3.2　双绞线

双绞线是由两根相互绝缘的铜线绞合在一起构成的，其中每根铜线加了绝缘层并用不同颜色来标记，相互绞合的目的是使电磁辐射和外部电磁干扰减到最小。多对双绞线封装后构成双绞线电缆，双绞线电缆分为非屏蔽双绞线电缆和屏蔽双绞线电缆。

（1）非屏蔽双绞线电缆（Unshielded Twisted Pair，UTP）没有屏蔽层。其直径小、重量轻、易弯曲、易安装，具有独立性和灵活性，适用于结构化综合布线。非屏蔽双绞线如图 1-17 所示。

（2）屏蔽双绞线电缆（Shielded Twisted Pair，STP）有屏蔽层。其外层由铝箔包裹，可有效地防止电磁干扰。屏蔽双绞线电缆价格相对较高，安装时要比非屏蔽双绞线电缆困难。屏蔽双绞线如图 1-18 所示。

图 1-17　非屏蔽双绞线电缆

图 1-18　屏蔽双绞线电缆

美国电子工业协会和通信工业协会（EIA/TIA）将双绞线分成 8 类，见表 1-1。

表 1-1　　　　　　　　　　　　　　　　双绞线标准

双绞线标准	应用	传输速率
1 类线（CAT1）	电话语音通信	20kbit/s
2 类线（CAT2）	综合业务数据网（数据）	4Mbit/s
3 类线（CAT3）	10Base-T 以太网络	10Mbit/s
4 类线（CAT4）	基于令牌的局域网和 10Base-T/100Base-T	16Mbit/s
5 类线（CAT5）	快速以太网	100Mbit/s
超 5 类线（CAT5e）	快速以太网	100Mbit/s
6 类线（CAT6）	快速以太网和吉比特以太网	1 000Mbit/s
7 类线（CAT7）	10 吉比特以太网	10Gbit/s

使用双绞线组网，网卡必须带有 RJ45 接口，如图 1-19 所示。

根据 EIA/TIA 568B 的规定，RJ45 接口与双绞线的每条线的颜色与编号见表 1-2。在 8 根导线中只需要 4 根用来通信，第 1、2 根用于发送数据，第 3、6 根用于接收数据。

表 1-2　　　　　　　　　　　　　　 EIA/TIA 568B 规定的 RJ45 接口顺序

编号	1	2	3	4	5	6	7	8
颜色	白橙	橙	白绿	蓝	白蓝	绿	白棕	棕

除了 EIA/TIA 568B 规定以外，还有 EIA/TIA 568A 规定。EIA/TIA 568A 规定是把 EIA/TIA 568B 规定的排线顺序的第 1、2 根与第 3、6 根对调，具体顺序是：白绿、绿、白橙、蓝、白蓝、橙、白棕、棕。

EIA/TIA 568B 规定，将 RJ45 水晶头金属片正对用户，接口顺序如图 1-20 所示。

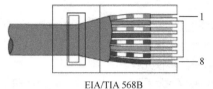

EIA/TIA 568B

双绞线与制作工具

图 1-19　RJ45 接口　　　　　　　图 1-20　RJ45 接口顺序

如果双绞线的两边均使用 EIA/TIA 568B 标准，这条双绞线就叫直通双绞线；如果双绞线的一边使用 EIA/TIA 568B 标准，另一边使用 EIA/TIA 568A 标准，这条双绞线就叫交叉双绞线。直通双绞线连接计算机与交换机，交叉双绞线连接两台计算机的网卡。

1.3.3　光纤

光纤也称光缆，全称为光导纤维。它由能传导光波的石英玻璃纤维外加保护层构成，如图 1-21 所示。

1. 光纤的组成

光纤纤芯由光纤芯、包层和涂敷层 3 部分组成，如图 1-22 所示。最里面的是光纤芯；包层将光纤芯围裹起来，使光纤芯与外界隔离；包层的外面涂敷一层很薄的涂敷层，涂敷材料为硅酮树脂或聚氨基甲酸乙酯，在涂敷层的外面套塑（或称二次涂敷），套塑的原料大都为尼龙、聚乙烯或聚丙烯等塑料，这些构成了光纤纤芯。

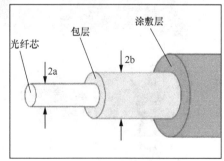

图 1-21　光纤　　　　　　　　　　图 1-22　光纤纤芯

光纤芯是光的传导部分，而包层的作用是将光封闭在光纤芯内。光纤芯和包层的成分都是玻璃，光纤芯的折射率高，包层的折射率低，这样可以把光封闭在光纤芯内，使光在光纤芯内不断反射传输，如图 1-23 所示。

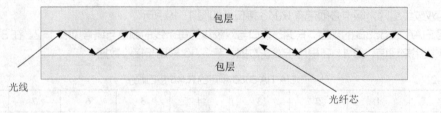

图1-23 光纤中光的传输

光纤不受电磁波的干扰。由于没有内外的噪声，所以信号在光纤中可以比在其他有线传输介质中传得更远。光纤本身只能传输光信号，为了使光纤能传输电信号，光纤两端必须配有光发射机和光接收机，光发射机完成从电信号到光信号的转换，光接收机则完成从光信号到电信号的转换。光电转换通常采用载波调制方式，光纤中传输的是经过了调制的光信号。

2. 光纤的分类

光纤的模态就是它的光波的分布形式。若入射光的模态为圆光斑，射出端仍能观察到圆形光斑，这就是单模传输，相应光纤称为单模光纤；若射出端分别为许多小光斑，这就出现了许多杂散的高次模，形成多模传输，相应光纤称为多模光纤。

（1）单模光纤（Single Mode Fiber，SMF）。单模光纤的纤芯直径很小，约为 4μm~10μm，理论上只传输一种模态。单模光纤只传输主模，从而避免了模态色散，使得这种光纤的传输频带很宽，传输容量大，适用于大容量、长距离的光纤通信。在综合布线系统中，常用的单模光纤为 8.3/125μm 突变型单模光纤，常用于建筑群之间的布线。

（2）多模光纤（Multi-Mode Fiber，MMF）。在一定的工作波长下，若有多个模态在光纤中传输，则这种光纤称为多模光纤。多模光纤由于芯径和数值孔径比单模光纤大，具有较强的集光能力和抗弯曲能力，特别适用于多接头的短距离应用场合，并且多模光纤的系统费用仅为单模光纤的 1/4。

3. 光纤连接器

光纤连接部件主要有配线架、端接架、接线盒、光纤信息插座、各种连接头（如 SC、FC 等），以及用于光纤与电缆转换的器件。它们的作用是实现光纤线路的端接、接续、交连和光纤传输系统的管理，从而形成光纤传输系统通道。常用的光纤连接头如图 1-24 所示。

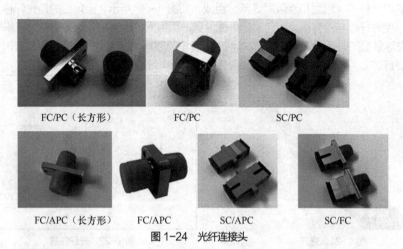

图1-24 光纤连接头

常用的光纤连接器如图 1-25 所示。

4. 与光纤连接的设备

与光纤连接的设备目前主要有光纤收发器、光纤接口网卡和带光纤接口的交换机等。

（1）光纤收发器。光纤收发器是一种光电转换设备，主要用于终端设备本身没有光纤收发器的情况，如普通的交换机和网卡。图 1-26 所示为一款光纤收发器。

图 1-25　光纤连接器　　　　　　　　图 1-26　光纤收发器

（2）光纤接口网卡。有些服务器需要与交换机之间进行高速的光纤连接，这时服务器中的网卡应该具有光纤接口。

（3）带光纤接口的交换机。许多中高档的交换机为了满足连接速率与连接距离的需求，一般都带有光纤接口。有些交换机为了适应单模和多模光纤的连接，还将光纤接口与收发器设计成通用接口的光纤模块，根据不同的需要，把这些光纤模块插入交换机的扩展插槽中。

1.3.4　无线传输介质

无线传输介质是指在两个通信设备之间不使用任何人为的物理连接充当传输媒体的传输介质。无线通信的方法有微波、无线电波、激光和红外线通信。

1. 微波通信

微波数据通信系统有两种形式：地面系统和卫星系统。使用微波传输要经过有关管理部门的批准，而且使用的设备也需要得到有关部门允许才能使用。

由于微波是在空间中直线传播的，因此如果在地面传播，由于地球表面是一个曲面，其传播距离会受到限制。采用微波传输的站点必须安装在其他站点的视线内，微波传输的频率为 4GHz~6GHz 和 21GHz~23GHz，传输距离一般只有 50km 左右。为了实现远距离通信，必须在一条无线通信信道的两个终端之间增加若干个中继站，中继站把前一站送来的信息经过放大后再送到下一站，通过这种"接力"进行通信。地面微波通信如图 1-27 所示。

目前，利用微波通信建立的计算机局域网络也日益增多。因为微波是沿直线传输的，所以长距离传输时要有多个微波中继站组成通信线路。而通信卫星可以看作悬挂在太空中的微波中继站，可通过通信卫星实现远距离的信息传输，如图 1-28 所示。

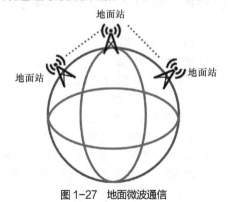

图 1-27　地面微波通信

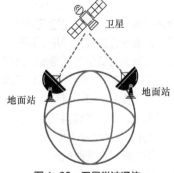

图 1-28　卫星微波通信

微波可以传输电话、电报、图像、数据等信息。微波通信的主要特点是有很高的带宽（1GHz～11GHz），容量大，通信双方不受环境位置的影响，并且无须事先铺设电缆。

2. 无线电波通信

无线电波是指在自由空间（包括空气和真空）中传播的射频频段的电磁波。大气层中的电离层是具有离子和自由电子的导电层，无线电波通信就是利用地面的无线电波通过电离层的反射，或电离层与地面的多次反射，从而到达接收端的一种远距离通信方式。

无线电波很容易产生，传播距离很远，且容易穿透建筑物，因而无线电波广泛应用于室内通信和室外通信。无线电波在空中可以全方位地传播，其发射和接收装置也无须精确对准，但无线电波的通信质量不太稳定。

3. 激光通信

激光通信的优点是带宽高、方向性好、保密性能好等。激光通信多用于短距离的传输。激光通信的缺点是其传输效率受天气影响较大。

4. 红外线通信

红外线通信不受电磁干扰和射频干扰的影响。红外线传输建立在红外线光的基础上，采用光发射二极管、激光二极管或光电二极管来进行站点与站点之间的数据交换。红外线传输既可以进行点对点通信，也可以进行广播式通信。但这种传输技术要求通信节点必须在直线视距之内，不能穿越墙。红外线传输技术的数据传输速率相对较低，在面向一个方向通信时，数据传输速率为 16Mbit/s。如果选择数据向各个方向传输，速率将不会超过 1Mbit/s。

1.3.5 综合布线

综合布线是一种模块化的、灵活性极高的建筑物内或建筑群之间的信息传输通道。它可将话音设备、数据设备、交换设备及各种控制设备与信息管理系统连接起来，同时也使这些设备与外部通信网络相连。

1. 综合布线的特征

综合布线采用国际先进的标准体系，如国际综合布线标准（EIA/TIA-568）等。综合布线系统与传统的布线系统相比有许多的优越性，主要表现在以下几个方面。

（1）兼容性。兼容性是指其设备或程序可以用于多种系统的特性。综合布线系统将语音信号、数据信号与监控设备的图像信号的配线经过统一的规划和设计后，采用相同的传输介质、信息插座、互连设备、适配器等，把这些性质不同的信号综合到一套标准的布线系统中。

（2）开放性。综合布线系统采用开放式体系结构，符合多种国际上现行的标准，几乎对所有著名厂商的产品都是开放的，并支持所有的通信协议。这种开放性的特点使得设备的更换或网络结构的变化都不会导致综合布线系统的重新铺设，只需进行简单的跳线管理即可。

（3）灵活性。综合布线系统的灵活性主要表现在3个方面：灵活组网、灵活变位和应用类型的灵活变化。

综合布线系统采用星形物理拓扑结构，为了适应不同的网络结构，可以在综合布线系统管理间进行跳线管理，使系统连接成为星形、环形、总线型等不同的逻辑结构，灵活地实现不同拓扑结构网络的组网；当终端设备的位置需要改变时，除了进行跳线管理外，不需要进行更多的布线改变，这使工位移动变得十分灵活。同时，综合布线系统还能够满足多种设备的要求，如数据终端、模拟或数字式电话机、个人计算机、工作站、打印机和主机等，使系统能灵活地连接不同应用类型的设备。

（4）可靠性。综合布线系统采用高品质的材料和组合压接的方式构成一套高标准的信息通道。所有器件均通过 UL、CSA 及 ISO 认证，每条信息通道都要采用星形物理拓扑结构点到点端接，任何一条线路故障均不影响其他线路的运行，同时为线路的运行维护及故障检修提供了极大的方便，从而保障了系统的可靠运行。各系统采用相同的传输介质，因而可互为备用，提高了备用冗余。

（5）先进性。综合布线系统采用光纤与双绞线混布的方式，极为合理地构成一套完整的布线系统，布线均采用世界上最新的通信标准。

2. 综合布线的组成

综合布线系统采用模块化的结构。按照每个模块的作用，可以把综合布线系统分成 6 个部分，即工作区子系统、水平子系统、垂直子系统、设备间子系统、管理子系统和建筑群子系统，如图 1-29 所示。

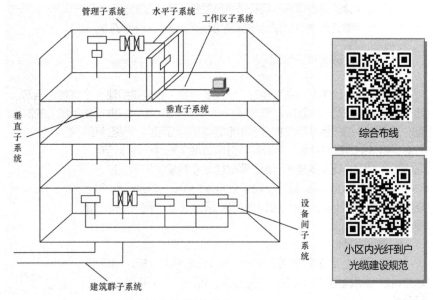

图 1-29 综合布线系统的组成

（1）工作区子系统。它由计算机等终端设备连接到信息插座之间的设备组成，包括信息插座、插座盒（或面板）、连接软线、适配器等。

（2）水平子系统。它的功能是将干线子系统线路延伸到用户工作区。水平子系统是布置在同一楼层上的，一端接在信息插座上，另一端接在本层配线间的跳线架上。

（3）垂直子系统。通常它是指从自主设备间（如计算机房、程控交换机房）至各层管理间的范围内的布线。它采用大对数的电缆馈线或光纤，两端分别接在设备间和管理间的跳线架上。

（4）设备间子系统。它由设备间的电缆、连续跳线架及相关支撑硬件、防雷电保护装置等构成。比较理想的设置是把计算机房、交换机房等设备间设计在同一楼层中，这样既便于管理、又节省投资。当然也可根据建筑物的具体情况设计多个设备间。

（5）管理子系统。它是垂直子系统和水平子系统的桥梁，其中包括双绞线跳线架、跳线（有快接式跳线和简易跳线之分）。在需要有光纤的布线系统中，其还应有光纤跳线架和光纤跳线。当终端设备的位置或局域网的结构发生变化时，只要改变跳线方式即可解决，而不需要重新布线。

（6）建筑群子系统。它是将多个建筑物的数据通信信号连接成一体的布线系统。它包括采用可架空安装或沿地下电缆管道（或直埋）敷设的电缆和光纤，以及防止电缆的浪涌电压进入建筑物的电气保护装置。

3. 综合布线的标准

为了保证综合布线的开放性、标准化和通信质量，在进行综合布线系统的设计时应符合各种国际、国内布线设计标准及规范。标准主要包括以下几类。

（1）商用建筑电信布线标准 ANSI/EIA/TIA 568A。1985 年年初，计算机工业协会（CCIA）提出了对大楼布线系统标准化的建议。1991 年 7 月，美国通信工业协会（TIA）与美国电子工业协会（EIA）推出适用于商业建筑物的电信布线标准 ANSI/TIA/EIA 568；1995 年在做了有关修订后正式命名为 ANSI/EIA/TIA 568A。

EIA/TIA 568A 标准制定的主要目的为建立一种可支持多供应商环境的通用电信布线系统；可以进行商业大楼结构的结构化布线系统的设计和安装；建立各种布线系统的性能配置和技术标准。注：用户办公场地也能使用布线标准 ISO/IEC 11801。该标准与 ANSI/EIA/TIA 568A 标准相同。

（2）商用建筑通信路径和间隔标准 ANSI/EIA/TIA 569。

（3）住宅和小型商业电信连线标准 ANSI/EIA/TIA 570。

（4）商用建筑通信设施管理标准 ANSI/EIA/TIA 606。

（5）商用建筑通信设施接地与屏蔽接地要求 ANSI/EIA/TIA 607。

中小型企业网络
规划设计方案

1.3.6 网络规划设计

网络规划设计作为网络工程的一个重要内容，主要是组建一个高效、迅速、安全而经济的网络。组建一个网络系统是一项复杂、费时和高投入的网络工程，应根据使用单位的需求及实际情况，并结合现有的网络技术和产品进行需求分析和市场调研，从而确定网络建设方案，再依据方案有计划、有步骤、分阶段地实施网络建设活动。网络工程不仅涉及许多技术问题，同时也涉及管理、组织、经费、法律等其他方面的问题。组网一般可分为 4 个阶段，分别是网络规划阶段、网络设计阶段、网络实施阶段和网络管理与维护阶段，如图 1-30 所示。

1. 网络规划

网络规划主要包括用户需求分析和系统可行性分析。用户需求分析是指明确用户对网络系统的要求，可以从以下几个方面进行分析。

（1）网络服务。详细了解用户所需要的网络服务功能。

（2）性能要求。性能要求主要是了解用户对网络的响应时间、吞吐量、容错性、安全性、可扩充性、可靠性等性能的要求。

（3）运行环境要求。运行环境可从网络运行的自然环境、网络系统的基础环境、用户环境等方面进行了解。

（4）通信类型和通信量。通信类型是指网络传输的数据类型，包括在计算机设备之间需要自动交换的数据、视频信号及音频信号等几种。

（5）地理布局。主要了解用户的数量及其位置。

需求分析非常重要，一定要与用户交流，了解用户对网络系统现在及未来的建设需求。如果是旧网络改造，还要查询以往的技术报告和文档，了解已有的网络信息。

网络规划

用户需求分析
系统可行性分析

↓

网络设计

网络体系结构（子网划分）
网络拓扑结构（网络设备选型）

↓

网络实施

布线、安装、测试、割接

↓

网络管理与维护

测试、监控、管理、维护

图 1-30　组网的 4 个阶段

系统可行性分析是指针对用户需求而提出的可行性方案，即将用户语言描述的对网络系统功能和性能等的要求转化为待建网络系统的功能和性能的技术描述，形成一份分析报告，说明待建网络系统必须完成的功能和达到的性能要求，以及支持这些功能和性能的相关网络技术。

分析报告主要包括网络设计方案的描述、方案的特点、网络运行方式、数据安全性、网络所提供的服务、响应时间、网络通信容量、节点的地理位置、管理维护的要求、扩展性要求、人员的培训、网络寿命、文档资料等内容。

分析报告中还应体现用户需求与待建网络系统的关系，以便用户通过这份报告理解和认识他将要使用的网络，同时也为后面的设计、建网工作提供整体上的依据。

2. 网络设计

有了需求分析及可行性分析后，网络设计阶段就会"水到渠成"。网络设计阶段包括确定网络设计的基本原则、网络拓扑结构设计、网络设备的选择、综合布线网络选型等内容。

（1）网络设计的基本原则，主要包括实用性、技术成熟性、开放性、安全可靠性、先进性、完整性、可扩展性、可维护性、兼容性等。

（2）网络拓扑结构设计，主要包括确定网络设备的连接方式。网络拓扑结构采用分层、模块化的设计思路，分为 3 层，即核心层、汇聚层、接入层。

（3）网络设备的选择主要包括对硬件和软件的选择。网络硬件包括网络服务器、工作站、外设、网卡、传输介质、交换机、路由器、网关、防火墙等。网络软件包括网络操作系统、网络应用软件等。网络软、硬件的选择直接影响网络规划设计的成败。

（4）综合布线网络选型主要是选择树形和星形的拓扑结构。网络安全设计主要是子网划分。子网划分是将一个局域网划分成几个网段，各网段采用不同的连接方式与设备。网络体系结构是选择网络的核心协议集合。体系结构决定网络拓扑结构，而拓扑结构决定网络传输介质及网络产品。

在设计工作完成之后，要形成设计报告。该报告将作为网络实施、运行、管理与维护、升级等的基础或基本框架。

3. 网络实施

网络实施是指在网络设计的基础上进行设备采购、布线、安装、调试、培训和系统割接等工作。

网络实施的步骤和任务如下。

（1）工程实施计划。工程实施计划列出需安装的项目、费用、负责人及任务进度表，还需要对设备验收、人员培训、系统测试及网络运行维护等做出合理安排。

（2）网络设备验收。按订单核实设备数量，对网络设备进行功能测试和性能测试。

（3）设备安装。安装项目含布线系统、网络设备、主机服务器、系统软件、应用软件等。

（4）系统调试。在系统安装完成后进行调试，是保证网络安全可靠的基础。

（5）系统试运行。验证网络性能与功能，考核其稳定性。

（6）系统割接。系统割接（切换）指从原有的系统迁移到新的网络环境下运行，在电信部门，这是一个非常关键的行为。

（7）人员培训。人员培训是网络建设的重要环节，也是保证网络正常运行和维护的重要因素。

（8）技术支持及服务。开通网络后的技术支持和服务是赢得用户信任的重要保证。

1.4 网络新技术

21 世纪已进入计算机网络时代。计算机网络被极大地普及，计算机应用已进入更高的层次，出现了大量计算机网络新技术。

1.4.1 物联网

1. 物联网的提出

物联网（Internet of Things，IoT）的概念是在 1999 年提出的，当时的名称是"传感网"。中国科学院在 1999 年就启动了对传感网的研究和开发。2009 年 8 月，物联网被正式列为国家五大新兴战略性产业之一，并写入政府工作报告，自此物联网在我国受到了极大的关注。物联网是新一代信息技术的重要组成部分，也是"信息化"时代的重要发展阶段。顾名思义，物联网就是物物相连的互联网。其包含两层意思：其一，物联网的核心和基础仍然是互联网，是在互联网的基础上延伸和扩展的网络；其二，其用户端延伸和扩展到了任何物品与物品之间进行信息交换和通信，也就是物物相息。

物联网通过智能感知、识别技术与普适计算等通信感知技术，广泛应用于网络的融合中，也因此被称为继计算机、互联网之后世界信息产业发展的第三次浪潮。

2. 物联网的概念

物联网是通过各种信息传感设备及系统（如传感器、射频识别系统、红外感应器、激光扫描器等）、条码与二维码、全球定位系统，按约定的通信协议将物与物、人与物、人与人连接起来，通过各种接入网、互联网进行信息交换，以实现智能化识别、定位、跟踪、监控和管理的一种信息网络。

这个定义的核心，即物联网的主要特征是每一个物件都可以寻址，每一个物件都可以被控制，每一个物件都可以通信。物联网的架构如图 1-31 所示。

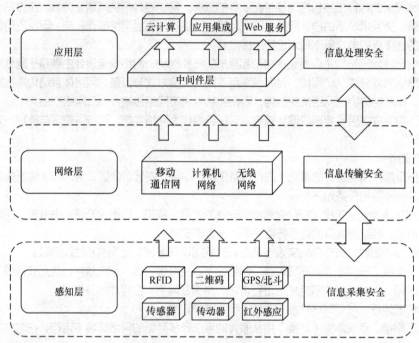

图 1-31　物联网的架构

3. 物联网的特点

物联网和传统的互联网相比有着鲜明的特点。首先，它是各种感知技术的广泛应用。物联网上部署了海量的多种类型的传感器，每个传感器都是一个信息源，不同类别的传感器所捕获到的信息内容和信息格式不同。传感器获得的数据具有实时性，按一定的频率周期性地采集环境信息，不断更新数据。其次，它是一种建立在互联网上的泛在网络。物联网技术的重要基础和核心仍旧是互联网。它通过各种有线和无线的网络与互联网融合，将物体的信息实时、准确地传递出去。在物联网上的传感器定时采集的信息需要通过网络传输，由于其数量极其庞大，形成了海量信息，因此在传输过程中，为了保障数据的正确性和及时性，物联网必须适应各种异构网络和协议。最后，物联网不仅仅提供了传感器的连接，其本身也具有智能处理的能力，能够对物体实施智能控制。物联网将传感器和智能处理相结合，利用云计算、模式识别等各种智能技术，扩充其应用领域；从传感器获得的海量信息中分析、加工和处理出有意义的数据，以适应不同用户的不同需求，并发现新的应用领域和应用模式。

物联网中的"物"要满足以下条件才能够被纳入"物联网"的范围。

（1）要有数据传输通路。

（2）要有一定的存储功能。

（3）要有 CPU。

（4）要有操作系统。

（5）要有专门的应用程序。

（6）遵循物联网的通信协议。

（7）在世界网络中有可被识别的唯一编号。

4. 物联网分类

物联网可分为私有物联网（Private IoT）、公有物联网（Public IoT）、社区物联网（Community IoT）和混合物联网（Hybrid IoT）4 种。私有物联网一般面向单一机构内部提供服务。公有物联网基于互联网（Internet）向公众或大型用户群体提供服务。社区物联网向一个关联的"社区"或机构群体（如一个城市政府下属的各委办局，如公安局、交通局、环保局等）提供服务。混合物联网是上述的两种或两种以上的物联网的组合，但其后台有统一的运维实体。

5. 物联网的主要应用领域

物联网的应用领域非常广阔，从日常的家庭个人应用，到工业自动化应用，以至军事反恐、城建交通等领域都有涉及。当物联网与互联网、移动通信网相连时，可随时随地全方位"感知"对方，人们的生活方式将从"感觉"跨入"感知"，从"感知"变为"控制"。目前，物联网已经在智能交通、智能安防、智能物流、公共安全等领域初步得到实际应用。2010 年上海世博会的门票系统就是一个小型物联网的应用。该系统采用 RFID（Radio Frequency IDentification）技术，每张门票内都含有一块芯片，通过采用特定的密码算法技术，确保数据在传输过程中的安全性，外界无法对数据进行任何窃取或篡改。世博会门票的内部包含电路和芯片，记录着参观者的资料，并能以无线的方式与遍布园区的传感器交换信息。通过这张门票，计算机系统能了解"观众是谁""现在在哪儿""同伴在哪儿"等信息。观众进入园区后，手机上就能收到一份游览路线建议图；随着参观的进行，观众随时能知道最近的公交站、餐饮点的位置。相应地，组织者也能了解各场馆的观众分布，既能及时向观众发出下一步的参观建议，防止各场馆观众分布不均，又能有效地调动车辆，提高交通效率。

物联网的五大
应用实例

物联网比较典型的应用包括水电行业的无线远程自动抄表系统、数字城市系统、智能交通系统、危险源和家居监控系统、产品质量监管系统和农业生产管理系统等。农业物联网的应用如图 1-32 所示。

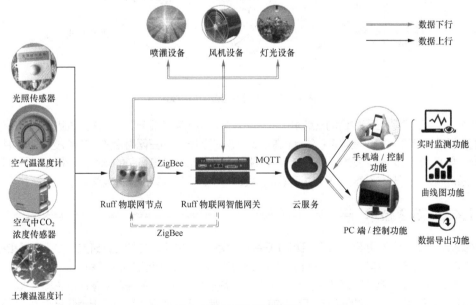

图 1-32　农业物联网的应用

1.4.2　三网融合

三网融合又叫"三网合一"，是指电信网、广播电视网、互联网这 3 个网在向宽带通信网、数字电视网、下一代互联网演变的过程中，相互渗透、互相兼容并逐步整合成为全世界统一的信息通信网络。三网融合并不意味着三大网络的物理合一，而主要是指高层业务应用的融合。三大网络通过技术改造，使其技术功能趋于一致，业务范围趋于相同，网络互连互通、资源共享，为用户提供语音、数据和广播电视等多种服务。

三网融合可以将信息服务由单一业务转向文字、语音、数据、图像、视频等多媒体综合业务，有利于极大地减少对基础建设的投入，并简化网络管理，降低维护成本，使网络从各自独立的专业网络向综合性网络转变，提升网络性能，进一步提高资源利用水平。三网融合是业务的整合，它不仅继承了原有的语音、数据和广播电视业务，还通过网络的整合，衍生出了更加丰富的增值业务，如有线电视宽带、基于 IP 的语音传输（VoIP）、基于线缆的语音传输（VoCable）和网络视频等，极大地拓展了业务范围。三网融合还将改善电信运营商和广电运营商在视频传输领域长期的恶性竞争状态，对用户来说，看电视、上网、打电话的资费可能下调。三网融合涉及的业务体系如图 1-33 所示。

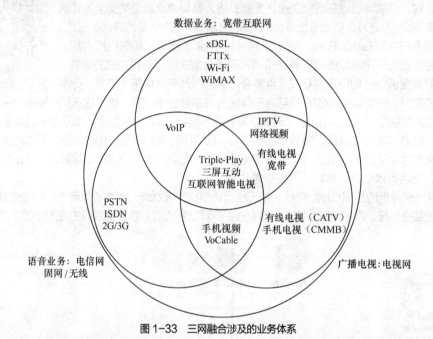

图 1-33　三网融合涉及的业务体系

2010—2012 年为三网融合的试点阶段，重点开展广电和电信业务，双向进入试点，探索形成保障三网融合规范有序开展的政策体系和体制机制。2013—2015 年为三网融合的推广阶段，总结并推广试点经验，全面实现三网融合发展，普及应用融合业务，基本形成适度竞争的网络产业格局，基本建立适应三网融合的体制机制和职责清晰、协调顺畅、决策科学、管理高效的新型监管体系。

1.4.3　3G 技术

3G 技术是第三代移动通信技术（Third Generation）的简称，它的理论研究、技术开发和标准制定工作始于 20 世纪 80 年代中期，在此之前，移动通信技术已经经历了两个阶段。

第一阶段是模拟蜂窝移动通信网，典型的代表有美国的 AMPS 高级移动电话系统和后来英国的改进型系统 TACS，以及瑞典的 NMT、日本的 NTT 等。第一代移动通信系统采用频分复用语音信号作为模拟调制，其主要弊端有频谱利用率低、业务种类有限、无高速数据业务、保密性差、易被窃听和盗号、设备成本高、体积大、重量大等。

第二阶段是数字蜂窝移动通信系统，典型的代表有美国的 DAMPS（Digital AMPS）系统、IS-95 和欧洲的 GSM 系统。由于第二代移动通信以传输语音和低速数据业务为目的，从 1996 年开始为了解决中速数据传输的问题，又出现了第 2.5 代的移动通信系统，如 GPRS 和 IS-95B。

第二代移动通信主要提供的服务仍然是语音服务及低速率数据服务。

由于网络的发展，数据和多媒体通信的发展很快，所以第三代移动通信的目标就是宽带多媒体通信。第三代移动通信系统是一种能提供多种类型、高质量的多媒体业务，能实现全球无缝覆盖，具有全球漫游能力，与固定网络相兼容，并以小型便携式终端在任何时候、任何地点进行任何种类的通信的系统。

国际上目前最具代表性的第三代移动通信技术标准有 3 种，它们分别是中国电信的 CDMA2000、中国联通的 WCDMA 和中国移动的 TD-SCDMA，如图 1-34 所示。相对于第二代移动通信 GSM 系统，CDMA 系统的信道容量是 GSM 系统的 4 倍左右，采用高质量的语音编码，比 GSM 拥有更好的通话质量；采用扩频调制，拥有很高的保密性；采用有效的功率控制方法，将手机的发射功率控制在较低的水平；采用软切换技术，不容易掉话。由于其技术的优越性，CDMA 已成为第三代移动通信系统采用的主要技术之一。

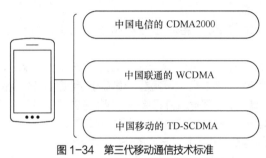

图 1-34　第三代移动通信技术标准

1.4.4　4G 技术

随着数据通信与多媒体业务需求的发展，适应移动数据、移动计算及移动多媒体运作需要的第四代移动通信，开始广泛应用。

1. 4G 简介

4G 技术是第四代移动通信及其技术（IMT-Advanced）的简称，是集 3G 与 WLAN 于一体并能够传输高质量视频图像及图像传输质量与高清晰度的电视不相上下的技术产品。世界上很多组织给 4G 下了不同的定义，而 ITU 代表了传统移动蜂窝运营商对 4G 的看法，认为 4G 是基于 IP（Internet Protocol）的高速蜂窝移动网，现有的各种无线通信技术从 3G 技术演进，并在 3G LTE 阶段完成标准统一。ITU 4G 要求传输速率比现有的网络高 1 000 倍，达到 100Mbit/s。

在 2005 年 10 月的 ITU-R WP8F 第 17 次会议上，ITU 给了 4G 技术一个正式的名称：IMT-Advanced。按照 ITU 的定义，WCDMA、HSDPA 等技术统称为 IMT-2000 技术；未来新的空中接口技术叫作 IMT-Advanced 技术。IMT-Advanced 标准继续依赖 3G 标准组织已发展的多项新定标准并加以延伸，如 IP 核心网、开放业务架构及 IPv6。同时其规划又必须满足整体系统架构能够由 3G 系统演进到 4G 架构的需求。如今，作为 4G 技术的延伸和发展的 5G 技术方兴未艾。1G、2G、3G、4G 和 5G 的比较如图 1-35 所示。

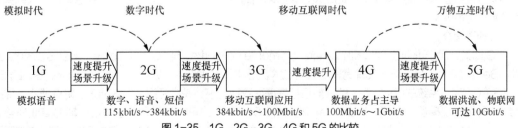

图 1-35　1G、2G、3G、4G 和 5G 的比较

2. 4G 的通信特点

4G 通信技术的特点可用"多""快""好""省"4 个字来概括。

（1）业务种类多。LTE 不仅能够支持 2G/3G 网络下的语音、短信、彩信，还能够支持高清视频会议、实时视频监控、视频调度等高带宽实时性业务。

（2）上网速度快。LTE 峰值速率能达到 100Mbit/s 以上，4G 通信技术相较于 3G 通信技术最大的优势是显著提升了通信速度，让用户有了更佳的使用体验。

（3）用户感知好。LTE 网络时延比 3G 网络的一半还要低，用户对于在线游戏、视频实时传送等实时性要求高的业务感知特别好。

（4）频谱资源省。和 3G 相比，在组网频宽上，LTE 可以用 1.4MHz、3MHz、5MHz、10MHz、15MHz、20MHz 6 种频宽进行组网，频谱利用率要高于 3G，能更好地利用目前非常宝贵的频谱资源。

3. 4G 的核心技术

4G 通信系统的这些特点，决定了它将采用一些不同于 3G 的技术。对于 4G 中将使用的核心技术，业界并没有太大的分歧。

（1）正交频分复用（Orthogonal Frequency Division Multiplexing，OFDM）技术。OFDM 是一种无线环境下的高速传输技术，其主要思想就是在频域内将给定信道分成许多正交子信道，在每个子信道上使用一个子载波进行调制，各子载波并行传输。尽管总的信道是非平坦的，即具有频率选择性，但是每个子信道是相对平坦的，在每个子信道上进行的是窄带传输，信号带宽小于信道的相应带宽。OFDM 技术的优点是可以消除或减小信号波形间的干扰，对多径衰落和多普勒频移不敏感，提高了频谱利用率，可实现低成本的单波段接收。

（2）软件无线电。软件无线电的基本思想是通过可编程软件来实现尽可能多的无线通信及个人通信功能，使其成为一种多工作频段、多工作模式、多信号传输与处理的无线电系统。也可以说它是一种用软件来实现物理层连接的无线通信方式。

（3）智能天线技术。智能天线具有抑制信号干扰、自动跟踪及数字波束调节等智能功能，是未来移动通信的关键技术。智能天线应用数字信号处理技术，产生空间定向波束，使天线主波束对准用户信号到达的方向，旁瓣或零陷对准干扰信号到达的方向，达到充分利用移动用户信号，并消除或抑制干扰信号的目的。这种技术既能改善信号质量，又能增加传输容量。

（4）多输入多输出（Multiple Input Multiple Output，MIMO）技术。MIMO 技术是指利用多发射、多接收天线进行空间分集的技术，它采用的是分立式多天线，能够有效地将通信链路分解成许多并行的子信道，从而大大提高容量。信息论已经证明，当不同的接收天线和不同的发射天线之间互不相关时，MIMO 系统能够很好地提高系统的抗衰落和抗噪声性能，从而获得巨大的容量。在功率带宽受限的无线信道中，MIMO 技术是实现高数据速率、提高系统容量、提高传输质量的空间分集技术。

（5）基于 IP 的核心网。4G 移动通信系统的核心网是一个基于全 IP 的网络，可以实现不同网络间的无缝互连。核心网独立于各种具体的无线接入方案，能提供端到端的 IP 业务，能同已有的核心网和 PSTN 兼容。核心网具有开放的结构，允许各种空中接口接入核心网；同时，核心网能把业务、控制和传输等分开。采用 IP 后，所采用的无线接入方式和协议与核心网络（CN）协议、链路层是分离独立的。IP 与多种无线接入协议相兼容，因此在设计核心网络时具有很大的灵活性，不需要考虑无线接入究竟采用何种方式和协议。

4. 5G 简介

5G 即第五代移动通信技术（5th generation mobile networks、5th generation wireless systems 或 5th-Generation）是最新一代蜂窝移动通信技术，是 4G（LTE-A、WiMAX）、3G（UMTS、LTE）和 2G（GSM）系统的延伸。5G 的性能目标是提高数据速率、减少延迟、节省能源、降低成本、提高系统容量和大规模设备连接。Release-15 中的 5G 规范的第一阶段是为了适应早期的商业部署。Release-16 的第二阶段将于 2020 年年内完成，并作为 IMT-2020 技术的候选提交给国际电信联盟

（ITU）。ITU IMT-2020 规范要求峰值速率达到 20Gbit/s，可以实现宽信道带宽和大容量 MIMO。

5G 网络的主要优势在于，数据传输速率远远高于以前的蜂窝网络，可达 10Gbit/s 以上，比当前的有线互联网还要快，比先前的 4G LTE 蜂窝网络快 100 倍。另一个优点是其网络延迟较低（响应更快），低于 1ms，而 4G 为 30ms~70ms。由于数据传输更快，5G 网络将不仅仅为手机提供服务，还将成为一般性的家庭和办公网络提供商，与有线网络提供商竞争。

1.4.5 云计算

云计算是指将大量用网络连接的计算资源统一管理和调度，构成一个计算资源池向用户按需提供服务。用户通过网络用像用水和用电一样的简单方式获得所需计算机资源和服务。

1. 云计算的由来

云计算（Cloud Computing）是 IT 产业发展到一定阶段的必然产物。在云计算概念诞生之前，很多公司就可以通过互联网发送诸多服务，如订票、地图、搜索以及硬件租赁业务。随着服务内容和用户规模的不断增加，市场对于服务的可靠性、可用性的要求急剧增加。这种需求变化通过集群等方式很难满足，于是各地纷纷建设数据中心。对于像 Google 和 Amazon 这样有实力的大公司，有能力建设分散于全球各地的数据中心来满足各自业务发展的需求，并且有富余的可用资源，于是这些公司就可以将自己的基础设施作为服务提供给相关的用户。这就是云计算的由来。

云计算是一种新兴的商业计算模型。它将计算任务分布在大量计算机构成的资源池中，使各种应用系统能够根据需要获取计算能力、存储空间和各种软件服务。之所以称为"云"，是因为它在某些方面具有现实中云的特征，如规模较大、可以动态伸缩、边界模糊等。人们无法也无须确定云的具体位置，但它确实存在于某处。云计算的本质是实现以资源到架构的全面弹性，如图 1-36 所示。

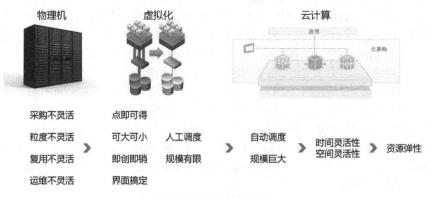

图 1-36　云计算的本质

2. 云计算的概念

云计算以公开的标准和服务为基础，以互联网为中心，提供安全、快速、便捷的数据存储和网络计算服务，让互联网这片"云"成为每一个网民的数据中心和计算中心。

美国国家标准与技术研究院（NIST）对云计算的定义是：云计算是一种按使用量付费的模式，这种模式提供可用的、便捷的、按需的网络访问，进入可配置的计算资源共享池（资源包括网络、服务器、存储、应用软件、服务），这些资源能够被快速提供，只需投入很少的管理工作，或与服务供应商进行很少的交互。

通俗地理解，云计算的"云"就是存在于互联网上的服务器集群上的资源，它包括硬件资源（如服务器、存储器、CPU 等）和软件资源（如应用软件、集成开发环境等），本地计算机只需要通过互联网发送一个需求信息，远端就会有成千上万的计算机提供所需要的资源并将结果返回到本地计算机。这样，本地计算机几乎不需要做什么，所有的处理都由云计算提供商所提供的计算机群来完成。

3．云计算的特点

云计算使计算分布在大量的分布式计算机上，而非本地计算机或远程服务器中。这使得企业能够将资源切换到需要的应用上，并根据需求访问计算机和存储系统。企业数据中心的运行将与互联网更为相似。从研究现状上看，云计算具有以下特点。

（1）便捷性强。用户可以使用任意一种云终端设备，在地球上任意地方获取相应的云服务。用户所请求的所有资源并不是有形的、固定不变的实体，而是来自庞大的"云"。用户不需要担心，更不用了解应用服务在"云"中的具体位置，只需要使用云终端设备，如计算机或手机，就可以通过网络服务来满足需要。

（2）可靠性高。"云"是一个特别庞大的资源集合体。云服务可按需购买，就像在日常生活中购买煤气、水、电一样。"云"本身使用了多种措施来保障所提供的服务的高可靠性，如数据多副本容错、计算节点同构可互换等，使用户使用云计算比使用本地计算机更加可靠、高效。

（3）成本低。未来，用户仅需要花费很少的时间和金钱就能完成以前需要大量时间和金钱才能完成的任务。这正是"云"采用廉价的节点来施行特殊容错措施所带来的巨大好处。因此提供云服务的企业也不必再为"云"的自动化、集中式管理承担过高的管理数据的费用了。

（4）潜在的危险性。目前，云计算的服务被部分企业垄断，而用户在使用云服务时都会涉及一些"数据"，所以用户选择云计算服务时都必须保持高度警惕，避免让这些提供云服务的机构以"数据"的重要性挟制用户。与此同时，商业机构也要考虑到在使用国外企业提供的云服务时，商业机密的泄露风险、数据的安全等因素。这些都是未来在"云"领域中需要改善的地方。

4．云计算的应用

云计算应用的范围很广，如云物联、云服务、云计算、云存储、云安全、云游戏、云会议、云教育等，下面将从云服务、云计算、云存储、云安全这4个方面来分析云计算的应用。

（1）云服务。云服务是一种更广义的服务方式，其中的典型代表就是苹果公司的全新云服务iCloud。这是一款可与iPhone、iPad、iPodtouch、Mac和PC应用程序完美兼容的突破性全新云服务免费套件，它能够无线存储某个苹果设备上的数据内容，并自动无线推送给用户所有的苹果设备。也就是说当用户修改某个苹果设备上的信息时，所有设备上的信息几乎同时以无线的方式得到更新。此外，iCloud还增加了云备份与音乐自动同步功能，云备份可以每天自动备份用户购买的音乐、应用、电子书、音频、视频、属性设置以及软件数据等，但以上备份仅支持通过Wi-Fi上传或下载数据。

iCloud创新的PhotoStream服务可自动上传用户拍摄的照片，导入任意设备，并无线推送至用户的所有苹果设备。当用户用iPhone为好友拍摄照片后，回家后即可与iPad（或AppleTV）上的整个群组共享。这项服务非常受欢迎。

（2）云计算。云计算其实是一种资源交付和使用模式，指通过网络获得应用所需的资源。提供资源的网络被称为"云"。云计算具有按需服务、无限扩展、成本低和规模化四大特征。狭义云计算指IT基础设施的交付和使用模式，指通过网络以按需、易扩展的方式获得所需资源；广义云计算指服务的交付和使用模式，指通过网络以按需、易扩展的方式获得所需服务。这种服务可以与软件、互联网相关，也可以是其他服务。

云计算的核心思想是将大量用网络连接的计算资源统一管理和调度，构成一个计算资源池根据用户需要提供服务。"云"中的资源在使用者看来是可以无限扩展的，并且可以随时获取，按需使用，随时扩展，按使用付费。

（3）云存储。云存储是在云计算的概念上延伸和发展出来的一个新概念。云计算时代，用户可以抛弃U盘等移动设备，只需要进入如GoogleDocs的页面，新建文档并编辑内容，然后直接将文档的URL地址分享给朋友或者上司，对方就可以直接打开浏览器访问URL查看文档。我们再也不用担心因PC

硬盘的损坏或者 U 盘打不开而发生资料丢失的情况。

（4）云安全。云安全（Cloud Security）是网络时代信息安全的新产物，它融合了并行处理、网格计算、未知病毒行为判断等新兴技术和概念，通过网状的大量客户端对网络中软件行为的异常进行监测，获取互联网中木马、恶意程序的最新信息，将其传送到服务器端进行分析和处理，再把病毒和木马的解决方案分发到每一个客户端。

云安全的策略构想是使用者越多，每个使用者就越安全，因为如此庞大的用户群，足以覆盖互联网的每个角落，只要某个网站被挂马或某个新木马病毒出现，就会立刻被截获。

1.4.6 大数据

现在的社会是一个高速发展的社会，科技发达，信息流通，人与人之间的交流越来越密切，生活也越来越方便，大数据就是这个高科技时代的产物。阿里巴巴创办人马云在演讲中就提到过，未来的时代将不是 IT 时代，而是 DT 的时代。DT 就是数据科技（Data Technology），说明大数据对阿里巴巴集团来说举足轻重。

1. 大数据的定义

大数据是一个较为抽象的概念，正如信息学领域大多数新兴的概念一样，大数据至今尚无确切、统一的定义。在维基百科中关于大数据的定义是利用常用软件工具来获取、管理和处理数据所耗时间超过可容忍时间的数据集。这并不是一个精确的定义，因为无法确定常用软件工具的范围，可容忍时间也是个概略的描述。互联网数据中心对大数据作出的定义为：大数据一般会涉及两种或两种以上的数据形式，它要收集超过 100TB 的数据，并且是高速、实时的数据流；或者是从小数据开始，但数据每年会增长 60%以上。这个定义给出了量化标准，但只强调数据量大、种类多、增长快等数据本身的特征。研究机构 Gartner 给出了这样的定义：大数据是需要新处理模式才能具有更强的决策力、洞察力和流程优化能力的海量、高增长率和多样化的信息资产。这也是一个描述性的定义，在对数据描述的基础上加入了处理此类数据的一些特征，用这些特征来描述大数据。

2. 大数据的特征

大数据的四大特征如下所述。

（1）规模性（Volume）。Volume 指的是大数据巨大的数据量以及其规模的完整性。目前，数据的存储级别已从 TB 扩大到 ZB。这与数据存储和网络技术的发展密切相关。数据加工处理技术的提高，网络宽带的成倍增加以及社交网络技术的迅速发展，使得数据产生量和存储量成倍地增长。实质上，从某种角度来说，数据数量级的大小并不重要，重要的是数据具有完整性。数据规模性的应用可体现在如对每天 12TB 的 tweets（Twitter 上的信息）数据进行分析，了解人们的心理状态，可以用于情感性产品的研究和开发；对 Facebook 上的成千上万条信息进行分析，可以帮助人们处理现实中朋友圈的利益关系等。

（2）高速性（Velocity）。Velocity 主要表现为数据流和大数据的移动性。现实中则体现在对数据的实时性需求上。随着移动网络的发展，人们对数据的实时应用需求更加普遍，如通过手持终端设备关注天气、交通、物流等信息。高速性要求具有时间敏感性和决策性的分析——能在第一时间抓住重要事件产生的信息。例如，当有大量的数据输入时，需要排除一些无用的数据或者需要马上做出决定的情况，如一天之内需要审查 500 万起潜在的贸易欺诈案件；需要分析 5 亿条实时呼叫的详细记录，以预测客户的流失率。

（3）多样性（Variety）。Variety 指大数据有多种途径来源的关系型和非关系型数据。这也意味着要在海量、种类繁多的数据间发现其内在关联。在互联网时代，各种设备通过网络连成了一个整体。进入以互动为特征的 Web 2.0 时代后，个人计算机用户不仅可以通过网络获取信息，还成了信息的制造者和传播者。在这个阶段，不仅数据量开始爆炸式增长，数据种类也开始变得繁多。除了简单的文本分析外，还可以对传感器数据、音频、视频、日志文件、点击流以及其他任何可用的信息进行分析。例如在客户数据库中不仅要包括名称和地址，还要包括客户所从事的职业、兴趣爱好、社会关系等。利用大数据多样性的原理就是：保留一切我们需要并对我们有用的信息，舍弃那些我们不需要的信息；发现那些有关联的数据，加以收集、分析、加工，使其变为可用的信息。

（4）价值性（Value）。Value 体现出的是大数据运用的真实意义。其价值具有稀疏性、不确定性和多样性。"互联网女皇"玛丽·米克尔（Mary Meeker）在《2012 年互联网趋势报告》中，用两幅生动的图像来描述大数据，一幅是整整齐齐的稻草堆，另一幅是稻草中缝衣针的特写，如图 1-37 所示。其寓意是通过大数据技术的帮助，可以在稻草堆中找到你所需要的东西，哪怕是一枚小小的缝衣针。这两幅图揭示了大数据技术一个很重要的特点，即价值的稀疏性。

云计算的四大好处

云计算和大数据
知识简介

图 1-37　玛丽·米克尔的两幅图揭示大数据价值的稀疏性

【自测训练题】

1. 名词解释

计算机网络，云计算，综合布线，4G，大数据，物联网，拓扑结构，星型网络，信息交换，基于服务器的网络，光纤，双绞线。

2. 选择题

（1）数据通信是在 20 世纪 60 年代随着（　　）技术的不断发展和广泛应用而发展起来的一种新的通信技术。

A. 光纤传输　　　　　　B. 移动通信　　　　　　C. 电子邮件　　　　　　D. 计算机

（2）计算机网络发展的 4 个阶段中，（　　）阶段是第三个发展阶段。

A. 网络互连　　　　　　B. Internet　　　　　　C. 网络标准化　　　　　　D. 主机终端系统

（3）EIA/TIA 568B 标准的 RJ-45 接口线中第 3、4、5、6 个引脚的颜色分别为（　　）。

A. 白绿、蓝色、白蓝、绿色　　　　　　　　B. 蓝色、白蓝、绿色、白绿

C. 白蓝、白绿、蓝色、绿色　　　　　　　　D. 蓝色、绿色、白蓝、白绿

（4）广域网覆盖的地理范围从几十千米到几千千米不等。它的通信子网主要使用（　　）。

A. 报文交换技术　　　　　　　　　　　B. 分组交换技术

C. 文件交换技术　　　　　　　　　　　D. 电路交换技术

（5）计算机网络最突出的优点是（　　）。

A. 运算速度快　　　　　B. 运算精度高　　　　　C. 存储容量大　　　　　D. 资源共享

（6）计算机网络是计算机与（　）结合的产物。

A. 其他计算机　　　　　B. 通信技术　　　　　　C. 电话　　　　　　　　D. 通信协议

（7）下列不是将计算机网络按拓扑结构分类的是（　）。

A. 星形网络　　　　　　B. 总线型网络　　　　　C. 环形网络　　　　　　D. 双绞线网络

（8）计算机网络中各个节点相互连接的结构形式，叫作网络的（　）。

A. 拓扑结构　　　　　　B. 层次结构　　　　　　C. 分组结构　　　　　　D. 网状结构

（9）国外常用于衡量网络传输速率的单位 bit/s 的含义是（　）。

A. 数据每秒传送多少千米　　　　　　　　　　B. 数据每秒传送多少米

C. 每秒传送多少个二进制位　　　　　　　　　D. 每秒传送多少个数据位

（10）将一座办公大楼内各个办公室中的微机进行联网，这个网络属于（　）。

A. WAN　　　　　　　　B. LAN　　　　　　　　C. MAN　　　　　　　　D. GAN

（11）在局域网内提供共享资源并对这些资源进行管理的计算机称为（　）。

A. 计算机　　　　　　　B. 服务器　　　　　　　C. 工作站　　　　　　　D. 客户机

（12）计算机网卡的主要功能不包括（　）。

A. 实现数据传输　　　　B. 网络互连　　　　　　C. 确认通信协议　　　　D. 连接通信介质

（13）局域网一般不采用的有线通信传输介质是（　）。

A. 电话线　　　　　　　B. 双绞线　　　　　　　C. 光纤　　　　　　　　D. 同轴电缆

（14）互联网的基本含义是（　）。

A. 计算机与计算机互连　　　　　　　　　　　B. 计算机与计算机网络互连

C. 计算机网络与计算机网络互连　　　　　　　D. 国内计算机与国外计算机互连

（15）不受电磁干扰或噪声影响的传输介质是（　）。

A. 双绞线　　　　　　　B. 光纤　　　　　　　　C. 同轴电缆　　　　　　D. 微波

（16）下面不属于"三网融合"的是（　）。

A. 电信网　　　　　　　B. 互联网　　　　　　　C. 广播电视网　　　　　D. 物联网

（17）下面不属于 4G 的优势的是（　）。

A. 手机终端多　　　　　B. 上网速度快　　　　　C. 智能性更高　　　　　D. 技术不成熟

（18）下面不属于云计算的特点的是（　）。

A. 大规模　　　　　　　B. 高可伸缩性　　　　　C. 通用性　　　　　　　D. 价格昂贵

3. 简答题

（1）计算机网络的发展分为哪几个阶段？

（2）什么是计算机网络？计算机网络有哪些主要功能？

（3）计算机网络系统的组成是什么？

（4）通信子网与资源子网的联系与区别是什么？

（5）局域网、城域网和广域网的主要特征是什么？

（6）什么是结构化布线系统？

（7）结构化布线系统包含哪些国际标准？

（8）结构化布线系统由哪几部分组成？说明各部分之间的关系。

（9）通过比较说明双绞线、同轴电缆和光纤等 3 种常用的传输介质的特点。

4. 应用题

某公司楼高 40 层，每层高 3.3m，同一楼层内任意两个房间最远传输距离不超过 90m。两栋楼之间的距离为 500m。需在整个大楼进行综合布线，其结构图如图 1-38 所示。为满足公司业务发展的需求，要求为楼内客户机提供数据速率为 100Mbit/s 的数据、图像及语音服务。

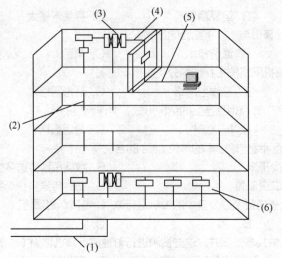

图 1-38　大楼综合布线结构图

问题：

（1）综合布线系统由 6 个子系统组成，填写图中（1）~（6）处空缺子系统的名称。

（2）考虑性能与价格因素，图中（1）、（2）和（4）中各采用什么传输介质？

（3）为满足公司要求，通常选用什么类型的信息插座？

（4）制作交叉双绞线（一端用 EIA/TIA 568A 线序，另一端用 EIA/TIA 568B 线序）时，两种标准的线序的颜色顺序是什么？

第 2 章
数据通信技术

02

扫码观看微课视频

【主要内容】

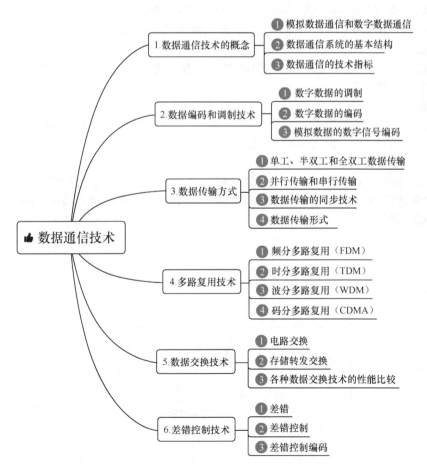

- **数据通信技术**
  - 1.数据通信技术的概念
    - ❶ 模拟数据通信和数字数据通信
    - ❷ 数据通信系统的基本结构
    - ❸ 数据通信的技术指标
  - 2.数据编码和调制技术
    - ❶ 数字数据的调制
    - ❷ 数字数据的编码
    - ❸ 模拟数据的数字信号编码
  - 3.数据传输方式
    - ❶ 单工、半双工和全双工数据传输
    - ❷ 并行传输和串行传输
    - ❸ 数据传输的同步技术
    - ❹ 数据传输形式
  - 4.多路复用技术
    - ❶ 频分多路复用（FDM）
    - ❷ 时分多路复用（TDM）
    - ❸ 波分多路复用（WDM）
    - ❹ 码分多路复用（CDMA）
  - 5.数据交换技术
    - ❶ 电路交换
    - ❷ 存储转发交换
    - ❸ 各种数据交换技术的性能比较
  - 6.差错控制技术
    - ❶ 差错
    - ❷ 差错控制
    - ❸ 差错控制编码

【知识目标】

（1）掌握数据通信技术的基本概念。

（2）理解数据编码和调制技术、数据的传输方式。

（3）了解多路复用技术和数据交换技术。

【技能目标】

（1）能进行数据通信传输速率相关的计算。

（2）能表述数字通信的优势并举例说明。

（3）能够清晰地表述差错控制技术的原理及其在计算机网络中的应用。

2.1 数据通信技术的概念

计算机网络是计算机技术与通信技术相结合的产物。数据通信是指用通信线路和通信设备把两节点连接起来进行数据传递或交换，它是计算机网络的基础。

2.1.1 模拟数据通信和数字数据通信

数据通信包含两个方面的内容：一个是数据传输，另一个是数据传输前后的处理。数据通信依照通信协议，利用数据传输技术在两个功能单元之间传递数据信息。通信中常用的术语如下所述。

1. 信息

信息是指人们对客观现实世界事物的存在方式或运动状态的某种认识。信息是数据的内容和解释，通信的目的就是交换信息。

2. 数据

数据（Data）是信息的表达形式，是有意义的实体。数据可分为模拟数据和数字数据。模拟数据是在某区间内连续变化的值，数字数据是离散的值。

3. 信号

信号是数据的电子或电磁编码。信号可分为模拟信号和数字信号。模拟信号是随时间连续变化的电流、电压或电磁波，如图 2-1 所示；数字信号则是一系列离散的电脉冲，如图 2-2 所示。可选择适当的信号来表示要传输的数据。

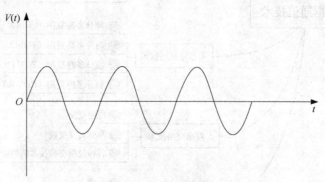

图 2-1　模拟信号波形图

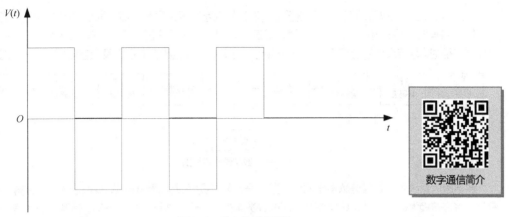

图 2-2　数字信号波形图

4. 噪声

噪声就是信号在信道上传输的过程中受到的各种干扰。

5. 信源、信宿和信道

信源是通信过程中产生和发送信息的设备或计算机。信宿是通信过程中接收和处理信息的设备或计算机。信道是信源和信宿之间的通信线路。

2.1.2　数据通信系统的基本结构

1. 数据通信系统的组成

数据通信系统的基本组成有 3 个要素，分别是信源、信宿和信道，如图 2-3 所示。

（1）信源。信源就是发送信号的一端，包括源站和发送器。源站是产生要传输的数据的计算机或服务器等设备。发送器是对要传输的数据进行编码的设备，如调制解调器等。常见的网卡中也包括收发器组件和功能。

图 2-3　数据通信系统

（2）信宿。信宿就是接收发送端所发送的信号的一端，包括目的站和接收器。目的站是从接收器获取从发送端发送的信息的计算机或服务器等设备。接收器接收从发送端发来的信号，并把它们转换为能被目的站设备识别和处理的信息。它也可以是调制解调器之类的设备，不过此时它的功能就不再是调制，而是解调。常见的网卡中也包括接收器组件和功能。

（3）信道。信道是网络通信的信号通道，如双绞线通道、同轴电缆通道、光纤通道或者无线电波通道等。当然还包括线路上的交换机和路由器等设备。

2. 数据通信分类

数据通信可分为模拟通信和数字通信两类。

（1）模拟通信。模拟通信是指在信道上传输的是模拟信号的通信。模拟通信系统由信源、调制器、信道、解调器、信宿及噪声源组成，如图 2-4 所示。信源所产生的原始信号一般都要先经过调制再通过信道传输（距离很近的有线通信也可以不调制，如市内电话）。调制器是用发送的消息对载波的某个参数进行调制的设备。解调器是实现上述过程逆转换的设备。普通电话、广播、电视等都属于模拟通信系统。

图 2-4　模拟通信系统模型

（2）数字通信。数字通信是指在信道上传输的是数字信号的通信，数字通信系统由信源、信源编码器、信道编码器、调制器、信道、解调器、信道译码器、信源译码器、信宿、噪声源及发送端和接收端时钟同步组成。数字通信系统模型如图 2-5 所示。计算机通信、数字电话以及数字电视都属于数字通信。

图 2-5　数字通信系统模型

数字通信系统中，如果信源发出的是模拟信号，就需要经过信源编码器对模拟信号进行采样、量化及编码，将其转换为数字信号；如果信源发出的是数字信号，也需要进行数字编码。信源编码有两个主要作用：一是实现数/模转换，二是降低信号的误码率。而信源译码则是信源编码的逆过程。信道通常会受各种噪声的干扰，有可能导致接收端接收信号产生错误，即误码。为了能够自动地检测出错误或纠正错误，可采用检错编码或纠错编码，这就是信道编码；信道译码则是信道编码的逆转换。信道编码器输出的数码序列还是属于基带信号。除某些近距离的数字通信可以采用基带传输外，通常为了与采用的信道相匹配，都要将基带信号经过调制转换成频带信号再传输，这就是调制器所要完成的工作；而解调则是调制的逆过程。

时钟同步也是数字通信系统的一个重要的不可或缺的部分。由于数字通信系统传输的信号是数字信号，所以发送端和接收端必须有各自的发送和接收时钟系统。而为了保证接收端正确接收数字信号，接收端的接收时钟必须与发送端的发送时钟保持同步。

近年来，数字通信无论在理论上还是技术上都有了突飞猛进的发展。数字通信和模拟通信相比，具有抗干扰能力强、可以再生中继、便于加密、易于集成化等一系列优点。另外，各种通信业务，无论是语音、电报，还是数据、图像等信号，经过数字化后都可以在数字通信网中传输、交换并进行处理，这就更显示出数字通信的优越性。

数字通信系统的五大特征分别是：第一，抗干扰能力强；第二，可实现高质量的远距离通信；第三，能适应各种通信业务；第四，能实现高保密通信；第五，通信设备的集成化和微型化等。

2.1.3　数据通信的技术指标

在数据通信中，有 4 个指标是非常重要的，它们就是数据传输速率、数据传输带宽（也称"信道容量"）、传输时延和误码率。

1. 数据传输速率

数据传输速率是指单位时间内传输的信息量，可用"比特率"和"波特率"来表示。此外，数据传输中常用的参数还有"误码率"。

（1）比特率。比特率是指每秒传输的二进制信息的位数，单位为"位/秒"（bit/s），主要单位还有 kbit/s、Mbit/s 和 Gbit/s。

（2）波特率。波特率也称码元速率、调制速率或者信号传输速率，是指每秒传输的码元（符号）数，单位为波特，记作 Baud。

比特率与波特率的关系公式为：

$$R_b = R_s \log_2 N$$

式中 R_b 是比特率、R_s 是波特率、N 是码元的状态数。

在数字通信中常常用时间间隔相同的符号来表示一个二进制数字，这样的时间间隔内的信号称为（二进制）码元。码元与比特的关系如图 2-6 所示。

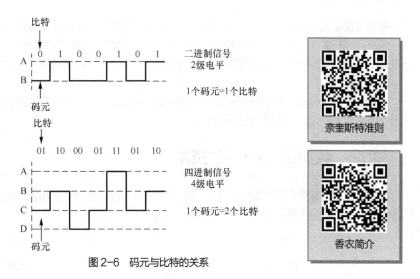

图2-6　码元与比特的关系

【例2-1】信号的波特率为600Baud，采用4相DPSK调制，则信道支持的最大比特率是多少？
解答如下。

已知 $R_s = 600\text{Baud}$，$N = 4$。

$R_b = R_s \log_2 N = 600\log_2 4 = 1\,200\text{bit}/\text{s}$。

（3）误码率（P_e）。误码率是指二进制数据位在传输时出错的概率。它是衡量数据通信系统在正常工作情况下的传输可靠性的指标。在计算机网络中，一般要求误码率低于 10^{-6}，若误码率达不到这个指标，可通过差错控制方法检错和纠错。误码率计算公式为：

$$P_e = \frac{N_e}{N} \times 100\%$$

式中的 N_e 为其中出错的位数，N 为传输的数据总位数。

2. 带宽与信道容量

（1）带宽。带宽通常可以分信号带宽和信道带宽两种。信号带宽是指该信号所包含的各种不同频率成分所占据的频率范围。信道带宽是指信道中传输的信号在不失真的情况下所占用的频率范围，通常称为信道的通频带，单位用赫兹（Hz）表示。信道带宽是由信道的物理特性决定的，通常信道带宽大于信号带宽。例如，电话线路的频率范围是 300~3 400Hz，则这条电话线的信道带宽为 300~3 400Hz。

（2）信道容量。信道就是信号传输的通路，信道带宽和信道容量是描述信道的主要参数之一，由信道的物理特性决定。信道容量是衡量一个信道传输数字信号的能力的重要参数。信道容量是指单位时间内信道上所能传输的最大比特数，用比特率（单位为 bit/s）表示。当传输的信号速率超过信道的最大信号速率时，就会产生失真。

信道带宽越大，则信道容量就越大，单位时间内信道上传输的信息量就越多，传输效率也就越高。信号传输速率受信道带宽的限制，奈奎斯特准则和香农定理分别从不同的角度描述了这种限制。

（3）奈奎斯特准则。在理想信道的情况下，信道的容量公式为：

$$C = 2B\log_2 N$$

该式中 B 为信道带宽，N 为信号的状态个数，C 为信道容量（最大传输速率），即每秒所能传输的最大比特数。

（4）香农定理。在随机噪声干扰的信道中传输数字信号时，信道的容量公式为：

$$C = B\log_2\left(1 + S/N\right)$$

该式中 B 为信道带宽，C 为信道容量，S 是信道上所传输的信号的平均功率，N 是信道上的噪声功率，S/N 是信噪比。

香农定理描述了在有限带宽、随机噪声分布的信道中最大的数据传输速率与信道带宽的关系。

信道容量与数据传输速率是有区别的。前者表示信道的最大数据传输速率，是信道传输数据能力的极限，而后者是实际的数据传输速率。二者的关系像公路上的最大限速与汽车实际速度的关系一样。

3. 传输时延

信号在信道中传输，从信源到达信宿需要一定的时间，这个时间称为传输时延。信号的传输时延与信道的传输介质、信源与信宿的距离有关。

2.2 数据编码和调制技术

数据分为模拟数据和数字数据，信号分为模拟信号和数字信号，数据要在信道上传输必须先转换为信号。信道也可以分为模拟信道和数字信道，如图 2-7 所示。

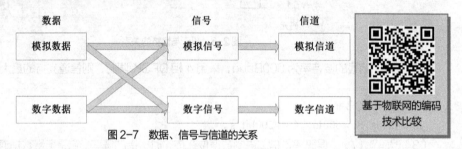

图 2-7　数据、信号与信道的关系

用数字信号承载数字或模拟数据称为编码，用模拟信号承载数字或模拟数据称为调制，不同类型的数据转换成不同类型的信号在信道上传输有 4 种组合，如图 2-8 所示。

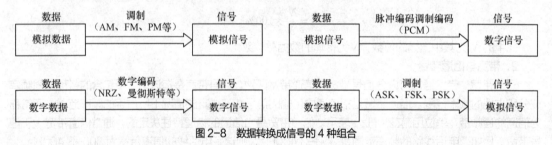

图 2-8　数据转换成信号的 4 种组合

2.2.1 数字数据的调制

传统的电话线通信信道是专门为传输语音信号设计的，用于传输音频为 300~3 400Hz 的模拟信号，不能直接传输数字信号，所以利用传统的电话网实现计算机数字数据的传输时，必须首先将数字数据转换成模拟信号，这个过程称为调制；接收端需要将模拟信号还原成数字数据，这个过程称为解调。

当两台计算机要通过电话网进行数据传输时，就需要一个设备负责数模的转换。这个数模转换的装置就是调制解调器。通过"调制"与"解调"的数模转换过程，从而可以实现两台计算机之间的远程通信，如图 2-9 所示。

图 2-9　调制与解调

对数字数据进行调制的方法有幅移调制、频移调制和相移调制 3 种。

在载波 $u(t) = A\sin(\omega t + \varphi)$ 信号中，可以根据幅度 A、频率 ω、相位 φ 3 个可改变的量，来实现模拟信号的编码。

（1）幅移键控法（Amplitude-Shift Keging，ASK）：用载波的两个不同振幅表示 0 和 1。

（2）频移键控法（Frequency-Shift Keying，FSK）：用载波的两个不同频率表示 0 和 1。

（3）相移键控法（Phase-Shift Keying，PSK）：用载波的起始相位的变化表示 0 和 1。

数字数据的调制方法如图 2-10 所示。

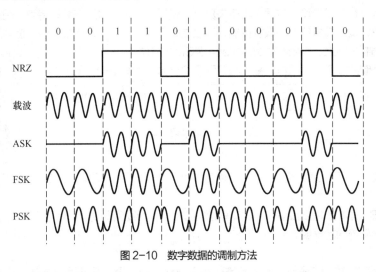

图 2-10　数字数据的调制方法

2.2.2　数字数据的编码

利用数字通信信道直接传输数字信号的方法称作数字信号的基带传输，而数字数据在传输之前，需要进行数字编码，将数字数据转换成数字信号。数字数据的编码方式有 3 种，分别是不归零编码、曼彻斯特编码和差分曼彻斯特编码。

1. 不归零编码

不归零编码（Not Return to Zero，NRZ）规定高电平代表逻辑 1，低电平代表逻辑 0。

2. 曼彻斯特编码

曼彻斯特编码（Manchester）是每一位二进制信号的中间都有跳变，若从低电平跳变到高电平，就表示数字信号 1，若从高电平跳变到低电平，就表示数字信号 0。

3. 差分曼彻斯特编码

差分曼彻斯特编码（Difference Manchester）是对曼彻斯特编码的改进。其特点是每一位二进制信号的跳变依然提供收发端之间的同步，根据其开始边界是否发生跳变来决定。若一个比特开始处存在跳变则表示 0，无跳变则表示 1。

数字数据编码方式如图 2-11 所示。

数字编码方式的比较，见表 2-1。

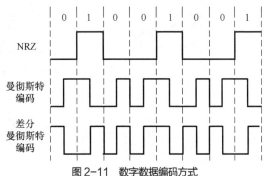

图 2-11　数字数据编码方式

表 2-1　　　　　　　　　　　　　　　　数字编码方式的比较

数字数据编码	优点	缺点
不归零编码	简单	不能同步
曼彻斯特编码和差分曼彻斯特编码	自带时钟信号（自同步编码）	编码复杂

2.2.3　模拟数据的数字信号编码

由于数字信号在信道传输的过程中具有失真小、误码率低和传输速率高等特点，因此常将模拟信号进行数字化编码，实现模拟信号的数字传输，用以提高模拟信号的传输质量。模拟信号的数字编码通常采用脉冲编码调制（Pulse Code Modulation，PCM）方法。

脉冲编码调制的过程包括采样、量化和编码 3 个步骤，如图 2-12 所示。

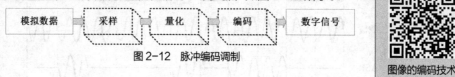

图 2-12　脉冲编码调制

图像的编码技术

1. 采样

每隔一定的时间间隔，采集模拟信号的瞬时电平值作为样本，表示模拟数据在某一区间随时间变化的值。

2. 量化

量化是将取样样本的幅度按量化级决定取值的过程。量化级可以分为 8 级和 16 级，或者更多的量化级，这取决于系统的精确度。

3. 编码

编码是用相应位数的二进制代码表示量化后采样样本的量级。脉冲编码调制方法的工作过程如图 2-13 所示。

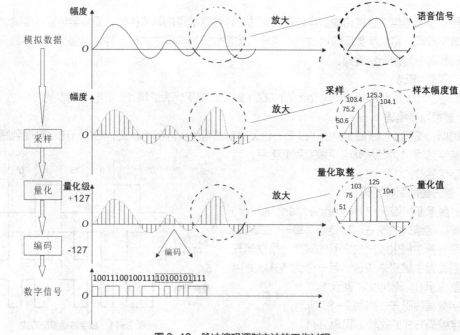

图 2-13　脉冲编码调制方法的工作过程

2.3 数据传输方式

数据传输方式（Data Transmission Mode）是数据在信道上传送所采取的方式。若按数据传输的流向和时间关系可以分为单工、半双工和全双工数据传输，若按数据传输的顺序可以分为并行传输和串行传输，若按数据传输的同步方式可分为同步传输和异步传输。

2.3.1 单工、半双工和全双工数据传输

依据数据在信道上的流向及特点，数据通信可以有单工、半双工和全双工 3 种数据传输方式。

1. 单工数据传输

单工数据传输是指通信信道是单向信道，数据信号仅沿一个方向传输，发送方只能发送不能接收，接收方只能接收而不能发送，任何时候都不能改变信号传输的方向，如图 2-14 所示。无线电广播和电视中的数据传输都属于单工数据传输。

图 2-14　单工数据传输

2. 半双工数据传输

半双工数据传输是指信号可以沿两个方向传输，但同一时刻一个信道只允许单方向的传输，即两个方向的传输只能交替进行，而不能同时进行，如图 2-15 所示。需要通过开关切换来改变传输方向。

半双工数据传输适用于会话式通信，对讲机中的数据传输属于半双工数据传输。

图 2-15　半双工数据传输

3. 全双工数据传输

全双工数据传输是指数据可以同时沿相反的两个方向双向传输，如图 2-16 所示。电话通话中的数据传输属于全双工数据传输。

图 2-16　全双工数据传输

2.3.2 并行传输和串行传输

依据数据传输的顺序，数据传输方式可以分为并行传输和串行传输。

1. 并行传输

并行传输指的是数据以成组的方式，在多条并行信道上同时进行传输。常用的就是将构成一个字符代码的几位二进制码，分别在几个并行信道上进行传输。

2. 串行传输

串行传输指的是数据流以串行的方式，在一条信道上传输。一个字符的 8 个二进制代码，由高位到低位按顺序排列，这样串接起来形成串行数据流进行传输。

串行传输只需要一条传输信道，其传输速率远远慢于并行传输，但易于实现、费用低，是目前主要采用的一种数据传输方式。

并行传输与串行传输如图 2-17 所示。

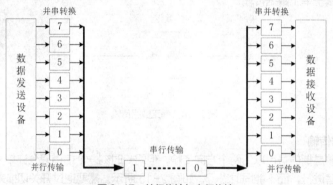

图 2-17　并行传输与串行传输

并行传输与串行传输的比较见表 2-2。

表 2-2　　　　　　　　　　　　　　并行传输与串行传输的比较

传输方式	优点	缺点
并行传输	能实现发送接收双方的字符同步、近距离传输	需要并行信道
串行传输	只需要一条传输信道、易于实现、费用低、远距离传输	需要同步技术

2.3.3 数据传输的同步技术

所谓同步，就是要求通信的收发双方在时间基准上保持一致。实现收发之间的同步是数据传输中的关键技术之一。数据通信中常用的两种同步方式是异步传输和同步传输。

1. 异步传输

异步传输方式中，每传输 1 个字符（7 或 8 位）都要在每个字符码前加 1 个起始位，以表示字符代码的开始；在字符代码和校验码后面加 1 或 2 个停止位，表示字符结束。接收方根据起始位和停止位来判断一个新字符的开始和结束，从而起到通信双方的同步作用，如图 2-18 所示。

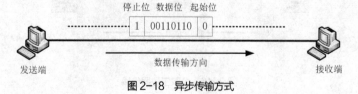

图 2-18　异步传输方式

2. 同步传输

同步传输方式的信息格式是一组字符或一个二进制位组成的数据帧（块），在发送一组字符或数据帧之前先发送一个同步字符（以 01111110 表示），用于接收方进行同步检测，从而使收发双方进入同步状态，如图 2-19 所示。

图 2-19　同步传输方式

异步传输方式比较容易实现，但每一个字符都需要多使用 2 到 3 位，适合低速的通信。同步通信以一个字符组作为单位传送，且附加位少，从而提高了传输效率。

2.3.4　数据传输形式

数据传输形式可分 3 类，具体为基带传输、频带传输和宽带传输。

1. 基带传输

在数字信号频谱中，把从直流（零频）开始到能量集中的一段频率范围称为基本频带，简称为基带。

在信道上直接传输基带信号，称为基带传输，它是指在通信线缆上原封不动地传输由计算机或终端产生的 0 或 1 数字脉冲信号。这样一个信号的基本频带可以从直流成分到数兆赫兹，频带越宽，传输线路的电容电感对传输信号波形衰减的影响就越大，传输距离一般不超过 2km，超过时则需加中继器放大信号，以便延长传输距离。基带信号绝大部分是数字信号，计算机网络内一般采用基带传输。

2. 频带传输

频带传输就是先将基带信号转换（调制）成便于在模拟信道中传输的、具有较高频率范围的模拟信号（称为频带信号），再将这种频带信号在模拟信道中传输。

例如，使用电话线进行远距离数据通信时，需要将数字信号调制成音频信号再发送和传输，接收端再将音频信号解调成数字信号。由此可见，采用频带传输时，在发送和接收端安装调制解调器，不仅可以使数字信号可用电话线传输，还可以实现多路复用，从而提高信道的利用率。

3. 宽带传输

将信道分成多个子信道，分别传送音频、视频和数字信号，称为宽带传输。它是一种传输介质的、频带宽度较宽的信息传输，通常在 300~400MHz。系统设计时将此频带分割成几个子频带，采用多路复用技术。

（1）宽带传输与基带传输的比较。宽带传输能在一个信道中传输声音、图像和数据信息，使系统具有多种用途；一条宽带信道能划分为多条逻辑基带信道，实现多路复用，因此信道的容量大大增加；宽带传输的距离比基带远，因为基带传输直接传输数字信号，传输的速率越高，能够传输的距离越短。

（2）宽带传输和基带传输的区别。基带传输采用的是"直接控制信号状态"的传输方式，而宽带传输采用的是"控制载波信号状态"的传输方式。

2.4　多路复用技术

多路复用技术是指在一条物理信道上建立多条逻辑信道，同时传输若干路信号的技术。多路复用是多个用户共享公用信道的一种机制，通过多路复用技术，多个终端能共享一条高速信道，从而达到节省信道资源的目的，如图 2-20 所示。

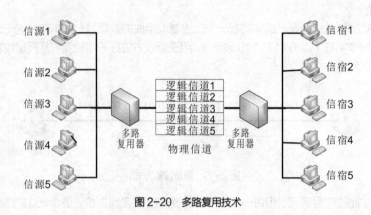

图 2-20　多路复用技术

多路复用有频分多路复用、时分多路复用、波分多路复用和码分多路复用 4 种。

2.4.1　频分多路复用

频分多路复用（Frequency-Division Multiplexing，FDM）是将信道的传输频带分成多个互不交叠的频带部分，每一部分均可作为一个独立的传输信道使用。这样在一对传输线路上就可以同时传输多路信号，而每一路信号占用的只是其中的一个频段。它是模拟通信的主要手段，如无线电广播。

多路的原始信号在频分复用前，首先要通过频谱搬移技术，将各路信号的频谱搬移到物理信道频谱的不同段上，如图 2-21 所示，这可以通过在频率调制时采用不同的载波来实现。

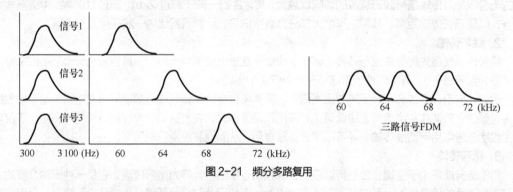

图 2-21　频分多路复用

2.4.2　时分多路复用

时分多路复用（Time-Division Multiplexing，TDM）是将一条物理信道按时间分成一个个的时间片，每个时间片占用信道的时间都很短。将这些时间片分配给各路信号，每一路信号使用一个时间片。在这个时间片内，该路信号占用信道的全部带宽。

时分多路复用技术又可分为同步时分多路复用技术和异步时分多路复用技术。

1. 同步时分多路复用技术

同步时分多路复用技术（Synchronous Time-Division Multiplexing，STDM）按照信号复用的路数划分时间片，每一路信号具有相同大小的时间片。将时间片轮流分配给每路信号，该路信号在时间片使用完毕以后要停止通信，并把物理信道让给下一路信号使用。当其他各路信号把分配到的时间片都使用完以后，该路信号再次取得时间片进行数据传输。这种方法叫作同步时分多路复用技术，如图 2-22 所示。

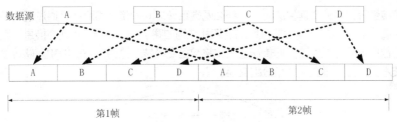

图 2-22 同步时分多路复用技术

同步时分多路复用技术的优点是控制简单，实现起来比较容易。其缺点是如果某路信号没有足够多的数据，则不能有效地使用它的时间片，从而造成资源的浪费；而有大量数据要发送的信道又由于没有足够多的时间片可利用，所以要等很长的一段时间，降低了设备的利用效率。

2. 异步时分多路复用技术

异步时分多路复用技术（Asynchronism Time-Division Multiplexing，ATDM）是指为大数据量传输的用户分配较多的时间片，为数据量小的用户分配较少的时间片，没有数据的用户就不再分配时间片。这时为了区分哪一个时间片是哪一个用户的，必须在时间片上加上用户的标识。因为一个用户的数据并不按照固定的时间间隔发送，所以称为"异步"。这种方法叫作异步时分多路复用技术，如图 2-23 所示。

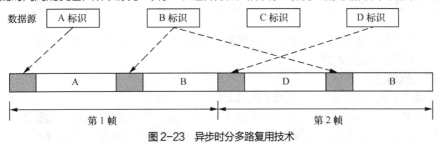

图 2-23 异步时分多路复用技术

这种方法提高了设备利用率，但是技术复杂性也比较高，所以这种方法主要应用于高速远程通信的过程中，如异步传输模式 ATM。

2.4.3 波分多路复用

波分多路复用（Wavelength Division Multiplexing，WDM）实质上也是一种频分多路复用技术。由于在光纤通道上传输的是光波，光波在光纤上的传输速率是固定的，因此光波的波长和频率有固定的换算关系。由于光波的频率较高，使用频率来表示就不是很方便，因此改用波长来表示。在一条光纤通道上，将信道按照光波波长的不同划分成若干个子信道，每个子信道传输一路信号就叫作波分多路复用技术。波分多路复用技术主要应用在光纤通道上。

2.4.4 码分多路复用

码分多路复用（Code Division Multiplexing Access，CDMA）又称码分多址，它既共享信道的频率，也共享时间，是一种真正的动态复用技术。其原理是每个用户可在同一时间使用同样的频带进行通信，但使用的是基于码型的分割信道的方法，即每个用户分配一个地址码，各个码型互不重叠，通信各方之间不会相互干扰，且抗干扰能力强。码分多路复用技术主要应用于无线通信系统。

2.5 数据交换技术

在数据通信系统中，当终端与计算机之间，或者计算机与计算机之间不是直通专线连接，而是要经过通信子网的接续过程来建立连接的时候，那么两端系统之间的传输通路就是通过通信子网中若干节点转接而成的所谓"交换线路"。这类交换网络的拓扑结构如图 2-24 所示。数据交换是指数据在通信子网中各节点间的数据传输过程。按数据传送的方式将数据交换技术分为电路交换和存储转发交换，其中存储转发交换技术又可分为报文交换和分组交换。

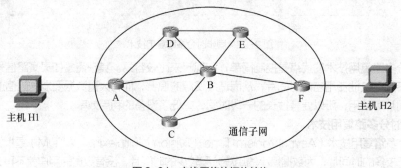

图 2-24　交换网络的拓扑结构

2.5.1　电路交换

电路交换也称为线路交换，当前的电话网就是使用的这个技术。利用线路交换通信时中间的交换节点间要建立一条专业的通信电路。

1. 电路交换的过程

电路交换的过程分成电路建立、数据传输和线路拆除 3 个阶段。

（1）电路建立。在传输数据之前，要先经过呼叫过程建立一条端到端的电路，如图 2-24 所示，若主机 H1 要与主机 H2 通信，典型的做法是，H1 先向与其相连的 A 节点提出请求，然后 A 节点在通向 F 节点的路径中找到下一个支路。例如 A 节点选择经 B 节点的电路，在此电路上分配一个未用的通道，并告诉 B 它还要连接 F 节点；B 再呼叫 F，建立电路 BF。最后节点 F 完成到 H2 的连接。这样 A 与 F 之间就有一条专用电路 ABF，用于主机 H1 与主机 H2 之间的数据传输。

（2）数据传输。电路 ABF 建立以后，数据就可以从 A 发送到 B，再由 B 交换到 F；F 也可以经 B 向 A 发送数据。在整个数据传输过程中，所建立的电路必须始终保持连接状态。

（3）电路拆除。数据传输结束后，由某一方（A 或 F）发出拆除请求，然后逐节拆除到对方节点。

2. 电路交换的特征

电路交换技术的特征如下所述。

（1）电路交换的优点是数据传输可靠、迅速，数据不会丢失且保持原来的序列。

（2）电路交换的缺点是电路一经建立，就归通信双方所有，利用率低、浪费严重。它适用于系统间要求高质量的大量数据传输的情况。

（3）电路交换的特点是在数据传送开始之前必须先设置一条专用的通路。在线路释放之前，该通路由一对用户完全占用。对于猝发式的通信，电路交换效率不高。

电路交换所用的时间如图 2-25 所示。

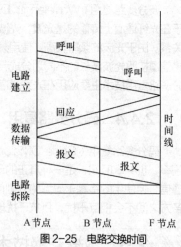

图 2-25　电路交换时间

2.5.2 存储转发交换

存储转发交换是指通信双方在进行通信时，不需要预先建立一条专用的电路。发送端将需要发送的数据（报文或分组）加入目的地址中，直接交给通信网络，通过存储转发的方式传输给目的站点。

存储转发的工作原理：发送端将一个目的地址附加在数据（报文或分组）上发送出去；每个中间节点先接收整个数据（报文或分组），检查无误后暂存（存储）这个数据（报文或分组）；然后根据数据（报文或分组）的目的地址，选择一条合适的空闲输出线路将整个报文传送给下一节点（转发），直至目的节点。

1. 存储转发交换的特点

存储转发交换不需要在两个站点之间建立专用的通路，这样可以节省信道容量和有效时间。其特点如下所述。

（1）线路利用率高。由于许多数据（报文与分组）可以分时共享两个节点之间的通道，所以对同样的通信量来说，存储转发交换对线路的传输能力要求较低。

（2）在电路交换网络上，当通信量变得很大时，就不能接收新的呼叫。而在报文交换网络上，通信量大时仍然可以接收报文，不过传输延迟会增加。

（3）存储转发交换系统可以把一个报文（分组）发送到多个目的地，而电路交换网络很难做到这一点。

（4）存储转发交换网络可以进行速度和代码的转换。

（5）有时节点收到过多的数据而无空间存储或不能及时转发时，就不得不丢弃报文，而且发出的报文不能按顺序到达目的地。

需要传输的数据分为报文和分组，传输报文的称报文交换，传输分组的称分组交换。

2. 报文交换

把一次要传输的数据，长度不限且可变的称为报文。报文交换时，中间节点中需要存储转发数据，报文需要排队，而报文的长度没有限定，所以报文通过中间节点时有不可测的延迟，不能满足实时通信的要求。报文交换所用的时间如图 2-26 所示。

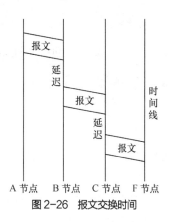

图 2-26　报文交换时间

3. 分组交换

分组交换是报文交换的一种改进，它将报文分成若干个分组，通过网络传输分组，每个分组的长度有一个上限，有限长度的分组使得每个节点所需的存储能力降低了，分组可以存储到内存中，提高了交换速度。它适用于交互式通信。分组交换又分成虚电路分组交换和数据报分组交换两种。它是计算机网络中使用最广泛的一种交换技术。

（1）虚电路分组交换。虚电路分组交换将存储转发方式和电路交换方式结合起来，发挥两种方式的优点，以达到最佳的数据交换效果。如图 2-27 所示，虚电路分组交换需要在发送方（主机 H1）与接收方（主机 H2）之间建立一条逻辑通路（如 ACF），每个分组除了包含数据之外还包含一个虚电路标识符。在预先建好的路径上的每个节点都知道把这些分组引导到哪里去，不再需要路由选择判定。之所以称为"虚"电路，是因为这条电路不是专用的。虚电路分组交换所用的时间如图 2-28 所示。

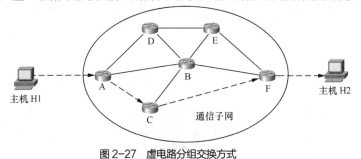

图 2-27　虚电路分组交换方式

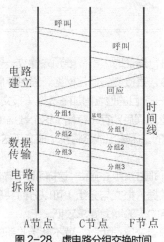

数据报服务和
虚电路服务

图 2-28　虚电路分组交换时间

（2）数据报分组交换。图 2-29 所示的数据报分组交换时，发送方（主机 H1）所发送的每一个分组都独立通过存储转发交换方式传输到接收方（主机 H2），每个分组在通信子网中可以通过不同的传输路径（ABCF 和 ADEF）传输，到了接收方再组合起来。数据报分组交换所用的时间如图 2-30 所示。

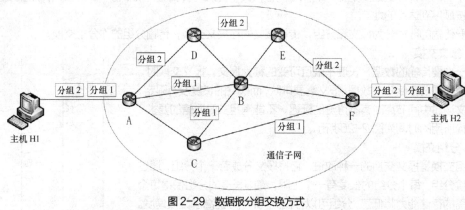

图 2-29　数据报分组交换方式

图 2-30　数据报分组交换时间

2.5.3　各种数据交换技术的性能比较

电路交换、报文交换和分组交换这 3 种交换方式各有优缺点，因而各有各的适用场合，并且可以互相补充。其性能特征如下所述。

（1）电路交换。在数据传输之前必须先设置一条完全的通路。在线路拆除（释放）之前，该通路由一对用户完全占用。电路交换效率不高，适合较轻和间接式负载使用租用的线路进行通信。

（2）报文交换。报文从源点传输到目的地采用存储转发的方式，报文需要排队。因此报文交换不适合交互式通信，因为它不能满足实时通信的要求。

（3）分组交换。分组交换方式和报文交换方式类似，但分组交换中报文被分成了若干个分组进行传输，并规定了最大长度。分组交换技术是在数据网络中使用最广泛的一种交换技术，适用于交换中等或大量数据的情况。

2.6　差错控制技术

在实际通信过程中，由于传输介质的不完美，数据在传输过程中可能变得紊乱或丢失。差错控制技术就是一种保证接收的数据完整、准确的方法。

2.6.1　差错

数据通信时接收端收到的数据与发送端实际发出的数据出现不一致的现象称为差错。差错是不可避免的，因为信道上总是有噪声，信道的噪声会干扰通信的效果，降低通信的可靠性。差错控制技术就是分析差错产生的原因与差错类型，检查是否出现差错及如何纠正差错的方法。

通信信道的噪声分为热噪声和冲击噪声两种。这两种噪声分别产生两种类型的差错，即随机差错和突发差错。

（1）热噪声是由传输介质导体的电子热运动产生的。热噪声的特点是时刻存在、幅度较小且强度与频率无关，但频谱很宽，是一类随机噪声。由热噪声引起的差错称为随机差错。此类差错的特点是：差错是孤立的，并且在计算机网络应用中是极个别的。

（2）冲击噪声是由外界电磁干扰引起的。冲击噪声的特点是：差错呈突发状，幅度较大，影响一批连续的比特（突发长度），是引起传输差错的主要原因。冲击噪声的持续时间要比数据传输中的每比特发送时间长，因而冲击噪声会引起相邻多个数据位出错。冲击噪声引起的传输差错称为突发差错。

通信过程中产生的传输差错是由随机差错和突发差错共同构成的。

2.6.2　差错控制

差错控制就是检测和纠正数据通信中可能出现的差错的方法。它可以保证计算机通信中数据传输的正确性和传输效率。

差错检测的方法是差错控制编码。在向信道发送数据之前，先按照某种关系附加一定的冗余位，构成一个码字后再发送，这个过程称为差错控制编码过程。接收端收到该码字后，检查信息位和附加的冗余位之间的关系，以判断传输过程中是否有差错发生，这个过程称为检验过程。

差错控制编码可分为检错码和纠错码。检错码是只能自动发现差错的编码；纠错码是不但能发现差错，而且能自动纠正差错的编码。

常用的差错控制方式有自动请求重发和前向纠错。

1. 自动请求重发

自动请求重发（Automatic Repeat Request，ARQ）是计算机网络中较常采用的差错控制方法。ARQ的原理是发送方将要发送的数据附加一定的冗余检错码后一并发送，接收方则根据检错码对数据进行差错检测。如发现差错，则接收方返回请求重发的信息（NAK，即否认信号），发送方在收到请求重发的信息后重新传送数据；如没有发现差错（ACK，即确认信号），则发送方发送下一个数据，如图 2-31 所示。

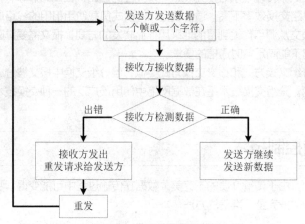

图 2-31　自动请求重发流程

自动请求重发的特点是使用检错码（常用的有奇偶校验码和 CRC 码等）、必须是双向信道、发送方需设置缓冲器。采用这种差错控制方法需要具备双向通道，一般在计算机数据通信中应用。自动请求重发的检错重发方式分为 3 种类型。

（1）停止等待重发：发送端发送数据后，均要等待接收端的回应。特点是系统简单、时延长。

（2）返回重发：发送端发送数据后，不等待接收端的回应，继续发送，当发送端收到 NAK 信号后，重发错误码组以后的所有码组。特点是系统较为复杂、时延较短。

（3）选择重发：发送端发送数据后，不等待接收端的回应，继续发送，当发送端收到 NAK 信号后，重发错误码组、特点是系统复杂、时延最短。

2. 前向纠错

前向纠错（Forward Error Correction，FEC）的原理是发送方将要发送的数据附加一定的冗余纠错码后一并发送，接收方则根据纠错码对数据进行差错检测，如发现差错，由接收方进行纠正，如图 2-32 所示。

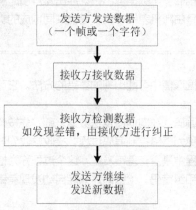

图 2-32　前向纠错流程

前向纠错的特点是使用纠错码（纠错码编码效率低且设备复杂）、单向信道、发送方无须设置缓冲器。

3. 混合纠错检错方式

混合纠错检错方式（Hybrid Error Correction，HEC）是前向纠错方式和自动请求重发方式的结合，发送端发出的码有一定的纠错能力，对于超出其纠错能力的错误则要具有检错能力。这种方式在实时性和复杂性方面是前向纠错方式和自动请求重发方式的折中，因而近年来在数据通信系统中采用较多。

4. 反馈校验方式

反馈校验方式（Information Repeat Request，IRQ）又称回程校验。接收端把收到的数据序列全部由反向信道送回发送端，发送端比较发送数据与回送数据，从而发现是否有错误，并把认为错误的数据重新发送，直到发送端没有发现错误为止。

反馈校验方式的特点是不需要纠错、检错的编译器；设备简单，但需要反向信道；实时性差；发送端需要一定容量的存储器。反馈检验方式仅适用于传输速率较低、数据差错率较低、控制简单的系统。

2.6.3 差错控制编码

差错控制编码的原理是：发送方对准备传输的数据进行抗干扰编码，即按某种算法附加一定的冗余位，构成一个码字后再发送。接收方收到数据后进行校验，即检查信息位和附加的冗余位之间的关系，以检查传输过程中是否有差错发生。

衡量编码性能好坏的一个重要参数是编码效率 R，其公式为

$$R = \frac{k}{n} = \frac{k}{k+r}$$

式中，n 表示码字的位长，k 表示数据信息的位长，r 表示冗余位的位长。

计算机网络中常用的差错控制编码是奇偶校验码和循环冗余码。

1. 奇偶校验

奇偶校验码是一种最简单的检错码。其原理是通过增加冗余位来使得码字中"1"的个数保持为奇数（奇校验）或偶数（偶校验）。奇偶校验的举例见表 2-3、表 2-4。

表 2-3 偶校验举例

发送顺序							偶校验
1	1	0	0	1	0	1	0

表 2-4 奇校验举例

发送顺序							奇校验
1	1	0	0	1	0	1	1

在实际使用时，奇偶校验可分为以下 3 种方式，具体为垂直奇偶校验、水平奇偶校验和水平垂直奇偶校验。

（1）垂直奇偶校验。其原理是将要发送的整个数据分为定长为 p 位的 q 段，每段的后面按"1"的个数为奇数或偶数的规律加上一位奇偶位，如图 2-33 所示。

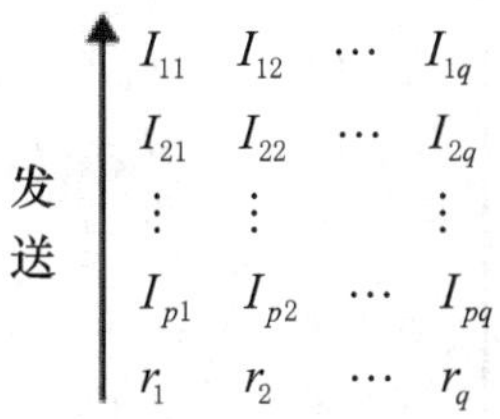

图 2-33 垂直奇偶校验

编码效率：$R = \dfrac{p}{p+1}$。

检错能力：能检出每列中的所有奇数个错，但检不出偶数个错；对突发错的漏检率约为50%。

表2-5是垂直奇偶校验的举例。

表2-5　　　　　　　　　　　　　　　　垂直奇偶校验举例

发送 顺序 ↑	1	1	0	0	1	0	1
	1	1	0	1	1	0	1
	0	1	0	0	1	1	0
	0	1	0	1	0	0	0
	1	1	1	0	0	1	0
	1	1	1	1	1	0	0
	0	1	1	0	0	1	0
偶校验	0	1	1	1	0	1	0

（2）水平奇偶校验。其原理是将要发送的整个数据分为定长为 p 位的 q 段，对各个数据段的相应位横向进行编码，产生一个奇偶校验冗余位，如图2-34所示。

$$
\begin{array}{cccccc}
I_{11} & I_{12} & \cdots & I_{1q} & r_1 \\
I_{21} & I_{22} & \cdots & I_{2q} & r_2 \\
\vdots & \vdots & & \vdots & \vdots \\
I_{p1} & I_{p2} & \cdots & I_{pq} & r_p
\end{array}
$$

发送 ↑

图2-34　水平奇偶校验

编码效率：$R = \dfrac{q}{q+1}$。

检错能力：能检出每列中发生的奇数个错误，但检不出偶数个错误；因而对差错的漏检率接近50%。

表2-6是水平奇偶校验的举例。

表2-6　　　　　　　　　　　　　　　　水平奇偶校验举例

								偶校检
发送 顺序 ↑	1	1	0	0	1	0	1	0
	1	1	0	1	1	0	1	1
	0	1	0	0	1	1	0	1
	0	1	0	1	0	0	0	0
	1	1	1	0	0	1	0	0
	1	1	1	1	1	0	0	1
	0	1	1	0	0	1	0	1

（3）水平垂直奇偶校验。其原理是能同时进行水平和垂直奇偶校验，如图2-35所示。

$$
\begin{array}{ccccc}
I_{11} & I_{12} & \cdots & I_{1q} & r_{1q+1} \\
I_{21} & I_{22} & \cdots & I_{2q} & r_{2q+1} \\
\vdots & \vdots & & \vdots & \vdots \\
I_{p1} & I_{p2} & \cdots & I_{pq} & r_{pq+1} \\
r_{p+1,1} & r_{p+1,2} & \cdots & r_{p+1,q} & r_{p+1,q+1}
\end{array}
$$

发送 ↑

图2-35　水平垂直奇偶校验

编码效率：$R = \dfrac{pq}{(p+1)(q+1)}$。

检错能力：能检出所有 3 位或 3 位以下的错误，能检出所有奇数个错和很大一部分偶数个错，并能检出突发长度 $\leqslant p+1$ 的突发错。

表 2-7 是水平垂直奇偶校验的举例。

表 2-7   水平垂直奇偶校验举例

								偶校检
↑	1	1	0	0	1	0	1	0
	1	1	0	1	1	0	1	1
	0	1	0	0	1	1	0	1
	0	1	0	1	0	0	0	0
	1	1	1	0	0	1	0	0
发送顺序	1	1	1	1	1	0	0	1
	0	1	1	0	0	1	0	1
偶校检	0	1	1	1	0	1	0	0

2. 循环冗余校验

循环冗余校验（Cyclic Redundancy Check，CRC）是采用一种多项式的编码方法。它把要发送的报文看成系数为 1 或 0 的多项式，将一个 K 位的报文看成从 X^{K-1} 到 X^0 的一个 K 位多项式的系数序列。例如一个要发送的报文的二进制序列为 1010110，具有 7 位。

相应报文的多项式如下：

$$M(X) = 1X^6 + 0X^5 + 1X^4 + 0X^3 + 1X^2 + 1X^1 + 0X^0$$

在发送时将要发送的报文用另一个多项式 $G(X)$ 来除，$G(X)$ 称为生成多项式。生成多项式由通信双方约定，已有多种生成多项式成为国际标准，如 CRC16：

$$G(X) = X^{16} + X^{15} + X^2 + 1$$

多项式的运算以 2 为模相加，如同逻辑异或运算。除法也同二进制运算一样，只要被除数具有和除数一样多的位，即把除数"加到"被除数上。在发送报文时将相除结果的余数 $R(X)$ 作为校验码，附在报文码之后发送出去。

当接收方收到带校验码的报文时，用同一生成多项式 $G(X)$ 去除它，若能除尽，即余数为 0，表明传输正确；若有余数，则传输有错误，再请求重传。

【例 2-2】要发送的报文是 1101011011，生成多项式为 $G(X) = X^4 + X + 1$，求 CRC 码和要发送的码字。

解答如下。

发送数据比特序列为 1101011011（10 比特）；

生成多项式比特序列为 10011（5 比特，$K = 4$）；

将发送的数据比特序列乘以 2^4，产生的乘积的比特序列为 11010110110000；

用生成的多项式比特序列去除乘积比特序列，使用模 2 算法（即异或运算），运算方式为：

$1 \pm 0 = 1$，$1 \pm 1 = 0$，$0 \pm 1 = 1$，$0 \pm 0 = 0$

除法运算如下：

$$
\begin{array}{r}
1100001010 \\
10011\overline{)11010110110000} \\
\underline{10011} \\
\underline{10011} \\
\underline{10011} \\
10110 \\
\underline{10011} \\
10100 \\
\underline{10011} \\
1110
\end{array}
$$

求得余数比特序列为 1110。

余数比特序列 1110 就是 CRC 校验码，把它附加在发送数据比特序 1101011011 的后面就构成发送的码字 11010110111110。

接收方用收到的码字除以生成多项式，若能除尽，即余数为 0，表明传输正确；若有余数，则传输有错误，再请求重传。

在实际网络应用中，CRC 校验码的生成与校验过程可以用软件或硬件方法来实现。目前有很多超大规模集成电路芯片内部的硬件可以非常方便、快速地实现标准 CRC 校验码的生成与校验功能。

CRC 校验码的检错能力很强，它除了能检查出离散错外，还能检查出突发错。

【自测训练题】

1. 名词解释

数字通信，调制，编码，带宽，传输速率，传输时延，多路复用，双工，同步技术，电路交换，分组交换，差错控制。

2. 选择题

（1）单工通信是指（　　）。

A. 通信双方可同时进行收、发信息的工作方式

B. 通信双方都能收、发信息，但不能同时进行收、发信息的工作方式

C. 信息只能单方向发送的工作方式

D. 通信双方不能同时进行收、发信息的工作方式

（2）数据通信的信道包括（　　）。

A. 模拟信道 　　　　　　　　　　　　　B. 数字信道

C. 模拟信道和数字信道 　　　　　　　　D. 同步信道和异步信道

（3）全双工通信是指（　　）。

A. 通信双方可同时进行收、发信息的工作方式

B. 通信双方都能收、发信息，但不能同时进行收、发信息的工作方式

C. 信息只能单方向发送的工作方式

D. 通信双方不能同时进行收、发信息的工作方式

（4）半双工通信是指（　　）。

A. 通信双方可同时进行收、发信息的工作方式

B. 通信双方都能收、发信息，但不能同时进行收、发信息的工作方式

C. 信息只能单方向发送的工作方式

D. 通信双方不能同时进行收、发信息的工作方式

（5）完整的通信系统由（　　）构成。

A. 信源、变换器、信道、反变换器、信宿

B. 信源、变换器、信道、信宿

C. 信源、变换器、反变换器、信宿

D. 变换器、信道、反变换器、信宿

（6）（　　）是将一条物理线路按时间分成一个个互不重叠的时间片，每个时间片常称为一帧，帧再分为若干时隙，轮换地为多个信号所使用。

A. 波分多路复用   B. 频分多路复用

C. 时分多路复用   D. 码分多路复用

（7）（　　）是一种按频率来划分信道的复用方式，它将物理信道的总带宽分割成若干个互不交叠的子信道，每一个子信道传输一路信号。

A. 波分多路复用   B. 频分多路复用

C. 时分多路复用   D. 码分多路复用

（8）（　　）方式，就是通过网络中的节点在两个站之间建立一条专用的通信线路，是两个站之间的一个实际的物理连接。

A. 电路交换   B. 分组交换

C. 电流交换   D. 分页交换

（9）线路交换不具有的优点是（　　）。

A. 传输时延小   B. 对数据信息格式和编码类型没有限制

C. 处理开销小   D. 线路利用率高

（10）（　　）传递需进行调制编码。

A. 数字数据在数字信道上   B. 数字数据在模拟信道上

C. 模拟数据在数字信道上   D. 模拟数据在模拟信道上

（11）设传输 1KB 的数据，其中有 1 位出错，则信道的误码率为（　　）。

A. 1   B. 1/1024   C. 0.125   D. 1/8192

（12）网络中用集线器或交换机连接各计算机的这种结构物理上属于（　　）。

A. 总线型结构 B. 环形结构 C. 星形结构 D. 网状结构

（13）下列说法正确的是（　　）。

A. Modem 仅用于把数字信号转换成模拟信号，并在线路中传输

B. Modem 是对传输信号进行 A/D 和 D/A 转换的，所以它在模拟信道中传输数字信号时是不可缺少的设备

C. Modem 是一种数据通信设备 DTE

D. 56kbit/s 的 Modem 的下传速率比上传速率小

（14）双绞线绞合的目的是（　　）。

A. 增大抗拉强度   B. 提高传输速率

C. 减少干扰   D. 增大传输距离

（15）模拟电视要上网，还必须具备一个外围设备，它使用户利用模拟电视接收数字信号，这种外设的名称是（　　）。

A. 机顶盒 B. 调制解调器 C. 网络适配器 D. 信号解码器

（16）下列交换方式中实时性最好的是（　　）。

A. 数据报分组交换方式   B. 虚电路分组交换方式

C. 电路交换方式　　　　　　　　　　　　　D. 各种方法都一样

（17）在数据通信中，当发送数据出现差错时，发送端无须进行数据重发的差错控制方式是（　　）。

A. ARQ　　　　　　　B. FEC　　　　　　　C. BEC　　　　　　　D. CRC

（18）与数据报相比，虚电路的主要优点是（　　）。

A. 消除传输时延　　　　　　　　　　　　　B. 自动纠正错误

C. 可选择最佳路由　　　　　　　　　　　　D. 不必为每个分组单独选择路由

（19）在异步通信中，1 位起始位，7 位数据位，2 位停止位，波特率为 2 400Band，采用 NRZ 编码，有效比特率是（　　）kbit/s。

A. 9.60　　　　　　　B. 2.40　　　　　　　C. 1.72　　　　　　　D. 1.68

3. 简答题

（1）数据通信模型由哪几部分构成？其各部分功能是什么？

（2）通信信道有哪些分类？

（3）试画出信息"001101"的不归零编码、曼彻斯特编码、差分曼彻斯特编码的波形图。

（4）什么是数据传输？其模式有哪些？

（5）什么是多路复用技术？常用的多路复用技术有哪些？

（6）常用的数据交换方式有哪些？

（7）报文交换方式与电路交换方式相比有什么特点？

（8）说明分组交换与报文交换相比所具备的优点。

第 3 章
网络体系结构

03

扫码观看微课视频

【主要内容】

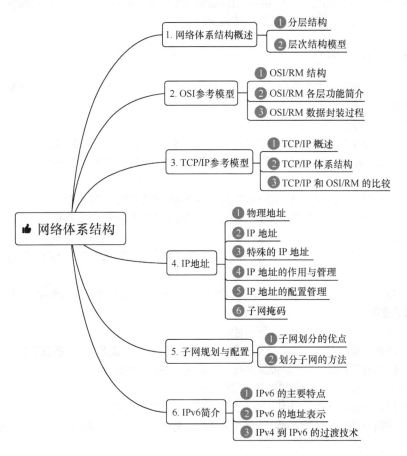

- 网络体系结构
  - 1.网络体系结构概述
    - ① 分层结构
    - ② 层次结构模型
  - 2.OSI参考模型
    - ① OSI/RM 结构
    - ② OSI/RM 各层功能简介
    - ③ OSI/RM 数据封装过程
  - 3.TCP/IP参考模型
    - ① TCP/IP 概述
    - ② TCP/IP 体系结构
    - ③ TCP/IP 和 OSI/RM 的比较
  - 4.IP地址
    - ① 物理地址
    - ② IP 地址
    - ③ 特殊的 IP 地址
    - ④ IP 地址的作用与管理
    - ⑤ IP 地址的配置管理
    - ⑥ 子网掩码
  - 5.子网规划与配置
    - ① 子网划分的优点
    - ② 划分子网的方法
  - 6.IPv6简介
    - ① IPv6 的主要特点
    - ② IPv6 的地址表示
    - ③ IPv4 到 IPv6 的过渡技术

【知识目标】

（1）理解网络体系结构的概念。

（2）理解网络协议的概念。

（3）掌握 ISO/OSI 参考模型的层次结构和各层的功能。

（4）掌握 TCP/IP 体系结构各层的功能。

（5）掌握 IP 地址、子网掩码及下一代 IPv6 的概念。

网络体系结构

【技能目标】

（1）能够清晰地描述 ISO/OSI 参考模型与 TCP/IP 体系结构的共同点和差别。

（2）能够进行简单的网络设计及子网的规划。

（3）能够清晰地描述 IPv4 和 IPv6 的差别。

3.1 网络体系结构概述

计算机网络是一个复杂的系统，网络体系结构是了解计算机网络的基础。计算机网络体系结构（Computer Network Architecture，CNA）是指为了完成计算机之间的通信，把每台计算机互连的功能划分成有明确定义的层次，并规定同层次进程通信的协议及相邻层次之间的接口和服务，用分层研究方法定义网络各层的功能、各层协议和接口的集合。

3.1.1 分层结构

分层可以把一个复杂的大系统分解为若干个容易处理的小系统，然后逐个解决。计算机网络体系结构就采用了分层的方法。

1. 分层结构的优点

分层结构是处理复杂问题的一种有效方法，合理的分层结构的优点如下所述。

（1）易于实现和维护。系统被分割为相对简单的若干层，使得实现和调试一个复杂系统变得易于处理，只需要分层去实现和维护。

（2）各层功能明确，相对独立。每一层实现一种相对独立的功能，并不需要知道其他层是如何实现的，只需要知道该层通过层间接口所提供的服务。这便于各层软硬件和互连设备的开发。

（3）灵活性好。当某层的功能需要发生变化时，只要层间的接口关系保持不变，该层的相邻上下各层都不受影响，这有利于技术进步和模型的改进。当不再需要某层的服务时，也可以把该层取消或将其与相邻层合并。

（4）易于标准化工作。各层结构清晰，每层的功能服务都有精确的说明，容易理解和标准化。

2. 分层的原则

计算机网络分层时要遵循的原则如下所述。

（1）结构清晰，层数适中。层数过多则会导致结构过于复杂，描述和实现各层功能时会遇到困难；层数过少则功能划分不明确，多种功能聚集在一个层次，每层的协议会很复杂。

（2）层间接口清晰，跨越接口的通信量尽可能少。

（3）每一层都通过层间接口使用下层的服务，并为上层提供服务。

（4）网络中各节点都有相同的层次，各个节点的对等层按照协议实现对等层之间的通信。

3. 层次结构中的相关概念

计算机网络的层次结构的相关概念如下所述。

（1）实体（Entity）。在计算机网络体系结构中，每一层都由一些实体组成，其抽象地表示了通信时的软件元素（如进程或子程序）或硬件元素（如智能 I/O 芯片）。实体是通信时能发送和接收信息的软硬件设施。对等实体是不同机器上位于同一层次、完成相同功能的实体。

（2）协议（Protocol）。网络协议就是使计算机网络能协同工作实现信息交换和资源共享所必须遵循的某种互相都能接受的规则、标准或约定。网络协议的 3 要素分别是语法、语义和同步。

语法（Syntax）规定通信双方"如何讲"，确定数据与控制信息的结构、格式、信号电平等，一般以二进制形式表示。语义（Semantics）规定通信双方"讲什么"，确定协议元素的种类，即需要发出何种控制信息，完成何种动作及做出何种应答。同步（Synchronization）包括速度匹配和排序等，即事件实现顺序的详细说明。

（3）接口（Interface）。服务是通过接口完成的，在同一系统中相邻两层的实体进行交互的地方，通常称为服务访问点（Service Access Point，SAP）。每个 SAP 都有个标识，称为端口（Port）或套接字。

（4）服务（Service）。在网络分层结构模型中，每一层为相邻的上一层所提供的功能称为服务。

3.1.2 层次结构模型

层次结构一般以垂直分层模型来表示，如图 3-1 所示。

（1）除了在物理介质上建立的物理连接是实通信外，其他各对等层之间的连接都是建立在逻辑连接上的虚通信。

（2）各对等层间的虚通信必须遵循层的协议。

（3）n 层的虚通信是通过 n 层和 $n-1$ 层间接口处的 $n-1$ 层提供的服务及 $n-1$ 层的通信来实现的。

在层次结构中，n 层是 $n-1$ 层的用户又是 $n+1$ 层的服务提供者。$n+1$ 层直接使用 n 层的服务，间接使用了 $n-1$ 层及其下所有各层的服务。

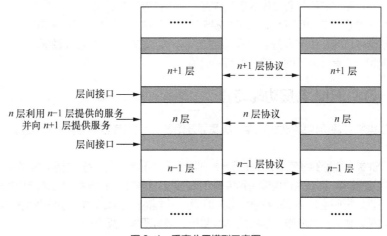

图 3-1 垂直分层模型示意图

3.2 OSI 参考模型

为了能让不同的计算机网络实现互连，ISO 提出了一种让各种计算机在世界范围内实现互连的标准框架，就是著名的开放系统互连参考模型（Open System Interconnection Reference Model，OSI/RM）。这是一个标准化开放式计算机网络层次结构模型，只要遵循 OSI 标准，世界上任何地方的两个系统都能够互相连接通信。

3.2.1　OSI/RM 结构

OSI 采用层次结构，将整个网络的通信功能划分为 7 个层次，如图 3-2 所示，这 7 个层次从下至上依次为物理层（Physical Layer，PL）、数据链路层（Data Link Layer，DLL）、网络层（Network Layer，NL）、传输层（Transport Layer，TL）、会话层（Session Layer，SL）、表示层（Presentation Layer，PL）和应用层（Application Layer，AL）。层与层之间的联系是通过各层之间的接口实现的，上层通过接口向下层提出服务请求，下层通过接口向上层提供服务。

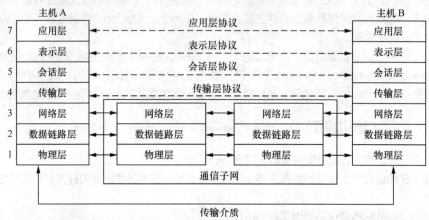

图 3-2　OSI 7 层参考模型

在 OSI 7 层模型中，处于底部的 3 层被称为通信子网，主要通过相关网络硬件来完成通信功能；处于顶部的 3 层主要通过相关协议为用户提供网络服务，被称为资源子网；中间的传输层的作用是屏蔽具体通信的细节，使得高层不用关心具体的通信实现而只进行信息的处理。

OSI 并非指一个现实的物理网络，它只是规定了每一层的功能，是一个为制定统一标准而提出的设计蓝图。不同软硬件厂商在生产设备时，只需要按照这个蓝图来生产符合标准的硬件设备和软件产品，不管产品的外观和样式有什么不同，都能够互相通信。

3.2.2　OSI/RM 各层功能简介

OSI 参考模型将计算机网络分为 7 层，从底层开始各层所要完成的功能如下所述。

1. 物理层

物理层是 OSI 参考模型的最底层，其作用就是利用传输介质传输原始的二进制比特流（0 和 1）。注意物理层不是指某个物理设备，而是对通信设备和传输介质之间互连的接口的描述和规定。其主要体现如下所述。

（1）机械特性。指明连接电缆的材质、接口所用连接器的形状和尺寸、引线数目和排列、固定和锁定装置等。这和平时我们见到的电源插头的形状和尺寸都有严格的规定一样。

（2）电气特性。规定了物理连接中线缆的电气连接和有关电路的特性。包括接收器和发送器电路特性的说明、电压和电流信号的识别、"0"和"1"信号的电平表示以及收发双方的协调等内容。

（3）功能特性。规定了接口信号的来源、作用以及其他信号间的关系，即某条线路上出现的某一电平的电压表示何种意义。

（4）规程特性。规定了通信双方的初始连接要如何建立、采用的传输方式是哪种、结束通信时如何解除连接等；规定了使用电路进行数据交换的控制步骤，从而保证比特流的传输能够完成，也就是规定了不同功能的可能事件的出现顺序。

数据在计算机中是并行传输的，但在通信线路上一般是串行传输的，因此物理层还要完成传输方式的转换。除此以外，物理层还涉及信道上信息的传输方向，是单工、半双工还是全双工；信号选择电信号还是光信号；是有线还是无线介质等问题。物理层的标准有美国电子工业协会的 EIA-232-E 标准、RS-449 标准和 ITU-T 的 X.21 标准等。物理层协议标准中规定的机械特征如图 3-3 所示。

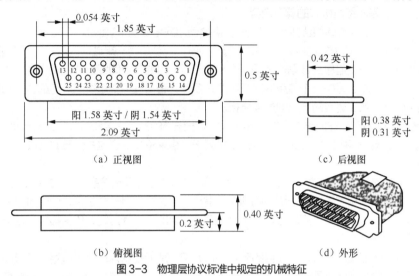

（a）正视图　　　　　　　　　　（c）后视图

（b）俯视图　　　　　　　　　　（d）外形

图 3-3　物理层协议标准中规定的机械特征

注：1 英寸=2.54cm

2. 数据链路层

在物理层提供比特流传输服务的基础之上，数据链路层通过在通信的实体之间建立数据链路连接传输称为"帧"（Frame）的数据单元，并且进行差错控制，使有差错的物理线路变成无差错的数据链路。数据帧中包括帧起始标识、目的站、控制段、数据段、帧校验序列（Frame Check Sequence，FCS）和帧结束标识等。数据链路层利用物理层建立的链路，将报文从一个节点传输到另一个节点，其上层接收信息时可认为信息是在无差错的链路里传输的。帧格式如图 3-4 所示。

图 3-4　帧格式

数据链路层主要包含数据链路的建立、维持和释放、流量控制、差错控制等功能，在局域网的标准中，数据链路层分成两个子层：逻辑链路控制（Logic Link Control，LLC）子层和介质访问控制（Media Access Control，MAC）子层。

（1）逻辑链路控制子层。数据链路层中与媒体接入无关的部分都集中在逻辑链路控制子层。LLC 的主要功能：建立和释放数据链路层的逻辑连接；提供与高层的接口；差错控制以及给帧加上序号。

（2）介质访问控制子层。其主要功能：将上层传下来的数据封装成帧进行发送（接收时进行相反的过程，将帧拆卸）；实现和维护 MAC 协议；差错检测以及按物理地址寻址。

LLC 子层与 MAC 子层的关系：LLC 子层位于数据链路层的上层，MAC 子层位于数据链路层的下层；所有的高层协议要和各种局域网的 MAC 子层交换信息必须通过同样的一个 LLC 子层；在 LLC 子层的上面看不到具体的局域网，局域网对 LLC 子层是透明的，只有下到 MAC 子层才能看见所连接的是采用什么标准的局域网。

3. 网络层

网络层是 OSI 参考模型的第三层，也是通信子网的最高层。它传输的数据单元是数据包（Packet），也叫分组。网络层建立在数据链路层所提供的相邻节点间数据帧的传输功能之上，将数据从源端经过若干节点传输到目的端，交付给目的节点的传输层。网络层考虑的是源节点和目的节点传输数据时需要经过的若干中间节点的情况，由于网络上任何两个节点间的路径可能有很多，因此路由选择、流量和拥塞控制、不同网络协议的网络间的互连都是网络层的功能。网络层要涉及不同网络之间的数据传输，网络地址（IP 地址）也是网络层协议的重要内容。

（1）IP 地址寻址。当数据要跨网络传输时，需要使用网络层的 IP 地址。在数据包的头部控制信息中会包含有 IP 地址信息相关的内容。数据链路层的 MAC 地址是同一局域网内寻址用的地址。

（2）路由选择。路由信息是数据包在网络中从源节点到目的节点间经过的若干中间节点及其链路的有序集合。从一个节点到另外一个节点的路径可能有多条，路由选择就是按照一定的原则和算法从这些可能的路径中选出一条到达目的节点的最佳路径。

（3）流量和拥塞控制。在网络信息的传输过程中，发送端的发送速度和接收端的接收速度要协调好，控制好数据流量。当网络中的信息到达一定程度以至于网络来不及处理这些信息时就会发生拥塞。

4. 传输层

传输层传输的信息单位被称为报文（Message），其功能是提供无差错的、可靠的、端到端的服务，提供端到端的差错控制和流量控制。所谓端到端是指从一个主机到另一个主机，中间可以有一个或多个交换节点。传输层建立的是一条逻辑链接，可以在源端和目的端之间透明地传送报文，使高层用户不必关心通信子网的存在。

传输层可以对大报文进行分段，在目的节点进行重组，从而控制传输层的流量，提高网络资源的利用率。传输层关心的主要问题是建立、维护和中断虚电路，传输差错校验和恢复，以及信息流量控制。传输层采用了面向连接的虚电路和无连接的数据报两种服务，是 OSI 参考模型中最重要的一层。

5. 会话层

会话层的作用是建立、维护和释放面向用户的连接，并且对会话质量进行管理和控制，保证会话数据可靠传输。传输数据时如果发生中断，当再次连接时，会话层可以使用校验点使通信会话从断点处恢复通信。会话类型有全双工、半双工和单工几种方式可以选择。此外会话层可以提供缓冲区来保证通信速度不匹配的双方正常通信。

会话层对传输层的服务进行包装，提供一个更为完善、能满足多方面应用要求的连接服务。会话层的连接和传输层的连接有 3 种关系：一个会话连接对应一个传输连接的一对一关系，一个会话连接对应多个传输连接的一对多关系，多个会话连接对应一个传输连接的多对一关系。

6. 表示层

表示层的作用是处理传输信息的语法和语义，使从一个系统应用层发出的信息能被另一个系统的应用层识别。这涉及数据的转码、数据的加密和解密、认证和数据压缩与解压缩等问题。表示层的工作过程如图 3-5 所示。

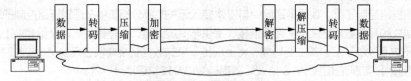

图 3-5　表示层的工作过程

例如，通信的双方如果一方采用 ASCII 码，另一方采用 EBCDIC 码，表示层的相关协议能起到翻译作用；为了通信双方通信的安全，防止数据在传输过程被复制或窃听，发送方传输的数据会加密，接收方收到数据后再解密，这个过程在表示层中实现；为了验证通信双方身份的真伪，通信中往往会用数字签名来防止伪造，基于公开密钥技术的数字签名也是在表示层中实现的；另外传输中为了节省通信带宽、提高传输效率而采用的压缩与解压缩手段也是由表示层进行处理的。

7. 应用层

应用层是距离用户最近的一层，是用户能直接使用相关服务的一层，是用户与网络系统之间的接口和界面。应用层能识别并证实通信双方的可用性，协调各个应用程序间的工作并使其保持同步，监督和管理各种资源和服务的使用情况。简单地说就是接收用户数据。

3.2.3 OSI/RM 数据封装过程

计算机网络通信时，为了实现对应每层的功能，会对数据按本层协议进行协议头和协议尾的数据封装，然后将封装好的数据传送给下层。OSI/RM 层次结构模型的数据传输过程包括各层的数据封装过程，如图 3-6 所示。发送方向接收方发送数据的过程实际上是数据经过发送方各层封装后从上到下传输到发送方物理层，通过物理层介质传输到接收方的物理层，再由接收方物理层从下到上依次传递，进行解封，最后到达接收方。

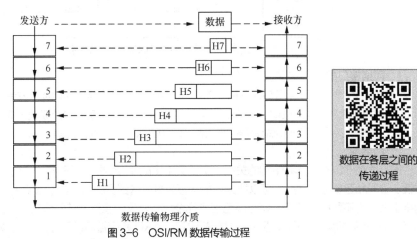

图 3-6　OSI/RM 数据传输过程

3.3 TCP/IP 参考模型

ISO 提出的开放系统互连参考模型是一个计算机网络的理论参考模型，对计算机网络的研究和发展具有重要的意义。但是由于 OSI 模型的定义过于复杂，实现起来有困难，因此没有得到很好的推广。与此同时，另外一个分层次的网络模型却逐渐被众多的网络产品生产厂家所支持，称为互联网标准，就是我们经常提到的 TCP/IP 模型。

3.3.1 TCP/IP 概述

TCP/IP（Transmission Control Protocol/Internet Protocol）是传输控制协议/因特网协议的英文缩写，是指一组通信协议所组成的协议簇，而 TCP 和 IP 是其中最重要的两个协议，这两个协议解决网络互联的问题。

TCP/IP 的产生和 OSI/RM 不同，它是一个慢慢发展、演变和不断完善的过程。TCP/IP 最早出现在美国国防部的高级研究计划局网络 ARPAnet 上，作为网络传输和控制的协议。随着 ARPAnet 逐步发展成为今天 Internet 的主干，TCP/IP 也成了网络的标准。TCP/IP 至今仍在发展和变化。

3.3.2 TCP/IP 体系结构

TCP/IP 体系结构的划分和 OSI/RM 类似，在层次划分方面只有 4 个层次，自下向上依次为网络接口层（Network Interface Layer）、网际层（Internet Layer）、传输层（Transport Layer）和应用层（Application Layer）。两个模型的对应关系如图3-7所示。

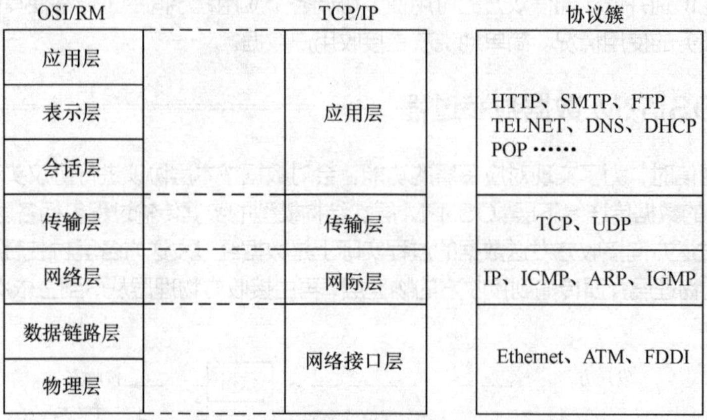

OSI/RM	TCP/IP	协议簇
应用层	应用层	HTTP、SMTP、FTP TELNET、DNS、DHCP POP……
表示层		
会话层		
传输层	传输层	TCP、UDP
网络层	网际层	IP、ICMP、ARP、IGMP
数据链路层	网络接口层	Ethernet、ATM、FDDI
物理层		

图 3-7　OSI/RM 与 TCP/IP 的对应关系

1. 网络接口层

TCP/IP 的网络接口层和 OSI/RM 的物理层及数据链路层对应。该层没有具体的特定协议，只是给出了支持物理通信的网络接口，基本上已有的各种逻辑链路控制和介质访问控制协议都支持。例如，X.25、帧中继、ATM 和 Ethernet 都可以运行在 TCP/IP 架构网络上。

2. 网际层

网际层是 TCP/IP 体系结构的关键，主要负责生成 IP 数据报、IP 寻址、路由选择、校验数据报有效性、分段和包重组等功能。可以把数据报从源主机发送到目的主机，不管源主机与目的主机在相同的网络上还是在不同的网络上。网际层包含了几个核心协议，包括因特网协议 IP、因特网控制报文协议 ICMP、地址解析协议 ARP、反向地址解析协议 RARP 和因特网组管理协议 IGMP。

（1）因特网协议 IP（Internet Protocol）。IP 的作用是进行寻址和路由选择，将数据包从一个网络发送到另一个网络。IP 本身是一个不可靠的、无连接的传输协议，数据包到达目的网络后没有回送确认信息，不能保证传输的正确与否，而且没有流量控制和差错控制功能。因此 IP 提供的是一种尽可能传输信息的服务。

（2）因特网控制报文协议 ICMP（Internet Control Message Protocol）。IP 数据包在网络中传输时因为网络拥塞、传输故障等原因可能发生错误，ICMP 能够提供错误报告和相关的控制信息。在网络中，ICMP 报告可以提供诊断功能，如目的地或端口不可达，或者网络出现拥塞。

（3）地址解析协议 ARP（Address Resolution Protocol）。IP 数据包在网络中传输时要依靠 IP 地址确定数据包发送的目的地，而局域网中的数据是通过物理地址（MAC 地址）到达某台主机的。只知道 IP 地址是不能够确定主机的 MAC 地址的，ARP 的任务就是完成 IP 地址到物理地址的映射，采用的方式是广播。

（4）反向地址解析协议 RARP（Reverse Address Resolution Protocol）。RARP 的作用和 ARP 刚好相反，主要是完成物理地址到 IP 地址的转换，采用的也是广播的方法。

（5）因特网组管理协议 IGMP（Internet Group Management Protocol）。IGMP 的作用是管理 IP 组播分组，协助路由器表示局域网中的组播主机成员。

3. 传输层

传输层的功能是提供从发送主机应用程序到接收主机应用程序的通信，被称为端到端的通信。在传输层中，TCP/IP 定义了两个主要的协议，分别为传输控制协议 TCP 和用户数据报协议 UDP。

（1）传输控制协议 TCP（Transmission Control Protocol）。TCP 使用点到点的面向连接的通信，

提供全双工可靠的数据传输，通过建立连接对发送的数据进行编号和应答，采用重传机制确保数据传输的可靠性。TCP 不仅适合少量字符的交互式终端的通信应用，也适合大量数据的文件传输，能够在传输中采用差错控制和流量控制手段保证数据传输的质量。

TCP 是因特网中的传输层协议，使用三次握手协议建立连接，然后进行数据传输，TCP 把数据流分区成适当长度的报文段。把结果包传给 IP 层，由它通过网络将包传输给接收端实体的 TCP 层。TCP 为了保证不发生丢包，就给每个包一个序号，同时序号也保证了传输到接收端实体的包被按序接收。然后接收端实体对已成功收到的包发回一个相应的确认（ACK）；如果发送端实体在合理的往返时延（RTT）内未收到确认，那么对应的数据包就被假设为已丢失，将会被重传。TCP 用一个校验和函数来检验数据是否有错误，在发送和接收时都要计算校验和。TCP 的连接与数据传输过程如图3-8 所示。

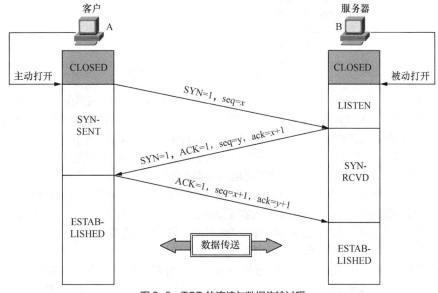

图 3-8　TCP 的连接与数据传输过程

（2）用户数据报协议 UDP（User Datagram Protocol）。UDP 提供的是一种面向无连接的、不可靠的数据传输服务，和 TCP 相比要简单很多。使用 UDP 通信时，通信双方不需要事先建立连接，这样可以提供更高效的数据传输但不能保证传输一定能完成。UDP 在对要求效率比较高的场合使用，如可视电话、现场直播和视频点播等应用。

网络使用"ping"命令来测试两台主机之间的 TCP/IP 通信是否正常，其实"ping"命令的原理就是向对方主机发送 UDP 数据包，然后对方主机确认收到数据包，如果数据包到达的消息及时反馈回来，那么网络就是通的。

4. 应用层

位于 TCP/IP 中最高层的应用层给应用程序提供了访问其他层服务的能力，功能相当于 OSI 模型中的会话层、表示层和应用层 3 层的功能。应用层给出了调用和访问网络上各种应用程序的接口，并且提供了标准的应用程序和相关协议。

应用层中的协议很多，而且一直在开发新的协议，常见的协议有负责文件传输的协议 FTP（File Transfer Protocol），负责邮件发送和接收的协议 SMTP（Simple Mail Transfer Protocol）和 POP（Post Office Protocol），负责域名系统解析的协议 DNS（Domain Name System），负责超文本文件传输的协议 HTTP（HyperText Transfer Protocol），负责动态主机地址分配的协议 DHCP（Dynamic Host Configuration Protocol），以及远程登录访问协议 TELNET（Telecommunications Network）等。

3.3.3　TCP/IP 和 OSI/RM 的比较

TCP/IP 各层的功能如图 3-9 所示。

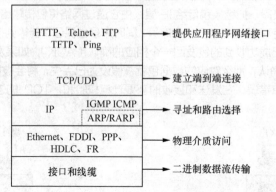

图 3-9　TCP/IP 各层及接口和线缆的功能

TCP/IP 和 OSI/RM 在设计上采用的都是分层的方法，但在层次划分和使用协议上都有不同之处。OSI/RM 的层次过多，太过复杂，难以实现。TCP/IP 模型是在 Internet 的发展中逐渐完善的，是一个先有协议应用再总结出的模型，存在一些先天的不足。两种模型的差异如下所述。

（1）OSI/RM 有 7 层，而 TCP/IP 模型只有 4 层。两者都有网络层、传输层和应用层，但其他层是不同的。TCP/IP 模型把功能完全不同的物理层和数据链路层合并为网络接口层，不利于对模型的理解。

（2）在 OSI/RM 中，服务、接口和协议的概念区分得很清楚，每一层都为其上层提供服务，服务的概念描述了该层所做的工作，并不涉及服务的实现以及上层实体如何访问的问题。接口定义了服务访问所需的参数和期望的结果，也不涉及某层实体的内部机制。只要能够完成它必须提供的功能，对等层之间可以采用任何协议。TCP/IP 模型没有严格区分这几个概念。

（3）OSI/RM 是在其协议被开发之前设计出来的，这意味着 OSI/RM 并不是基于某个特定的协议集而设计的，因而它更具有通用性。而 TCP/IP 模型正好相反，它先有协议，模型只是现有协议的描述，因而协议与模型非常吻合。TCP/IP 模型不是通用的，它在描述非 TCP/IP 模型的网络时用处不大。

3.4　IP 地址

在作为 Internet 通信基础的 TCP/IP 簇中，因特网协议 IP 是一个关键的低层协议。IP 的主要功能是寻址，具备适应各种各样的网络硬件的灵活性，并且对底层网络硬件几乎没有任何要求。IP 地址是 IP 提供的一种统一的地址格式，它为互联网上的每一个网络和每一台主机分配一个逻辑地址，以此来屏蔽物理地址的差异。每台联网的计算机都需要有 IP 地址才能正常通信。

计算机网络通信是通过名字查找主机的，名字在网络系统中必须具有唯一性。名字分为面向机器和面向人两类，面向机器的名字有物理地址和 IP 地址，面向人的名字是域名。

3.4.1　物理地址

物理地址被称为硬件地址或介质访问控制地址，又被习惯地称为网卡（Network Interface Card，NIC）地址。它由生产厂家通过编码烧制在网卡的硬件电路上，不管将网卡拿到什么机器上去使用，它的物理地址总是恒定不变的。

物理地址由 48 位二进制数组成（用 12 位十六进制数表示），高 24 位的二进制数是由 IEEE 分配的地址，低 24 位的二进制数是由网卡生产厂商自己定义的地址，一般是生产的序列号，如图 3-10 所示。每一个网卡的物理地址都是唯一的。

MAC 地址和
IP 地址

查看 IP 地址和物理
地址的方法

IEEE 分配　　　　　　厂商自己分配

图 3-10　物理地址分配

我们可以通过一般的网络检测软件获得物理地址。在 Windows 操作系统中，通过在命令提示符下运行 ipconfig/all 命令，可以得到用十六进制表示的物理地址，如图 3-11 所示，98-E7-F4-2E-B9-51 和 0A-00-27-00-00-24 都是合法的物理地址。

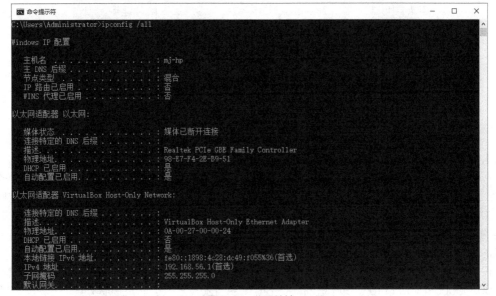

图 3-11　物理地址

3.4.2　IP 地址

IP 规定网络内 IP 地址是确定一台主机的唯一标识符，在同一个网络内不允许两台主机有相同的 IP 地址。当前主流的 IP 是 IPv4 版本。

IPv4 标准的 IP 地址结构要求一个 IP 地址由 4 段组成，每段包含 8 个二进制位，一共由 32 位二进制数组成，习惯上每段之间用"."分隔。如二进制数"11001010.01110100.00010010.00101110"就是一个合法的 IP 地址。为了让 IP 地址形式更短，更易于人们阅读和记忆，可以把 IP 地址的每一个二进制段表示为其对应的十进制数字，这种表示法被称为"点分十进制表示法"。例如，把上面的二进制 IP 地址转化为十进制就是"202.116.18.46"，如图 3-12 所示。

IP 地址是由网络号（网络地址，网络 ID）和主机号（主机地址，主机 ID）两部分组成的，如图 3-13（a）所示。同一网络内的所有主机使用相同的网络号，并且主机号是唯一的，不能相同，当路由寻址时，首先根据 IP 地址的网络号到达该网络，然后通过主机号定位某台主机。

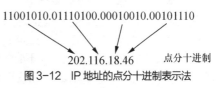

11001010.01110100.00010010.00101110

202.116.18.46　　点分十进制

图 3-12　IP 地址的点分十进制表示法

按照网络规模的大小，IP 地址分为 A 类、B 类、C 类、D 类和 E 类共 5 类，如图 3-13（b）所示。

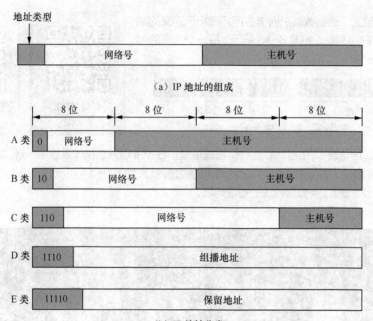

（a）IP 地址的组成

（b）IP 地址分类

图 3-13　IP 地址的组成与分类

1. A 类地址

A 类地址适合于大型网络。它用第一个字节表示网络号，并且网络号以 0 开头。第二、三、四个字节共 24 比特表示主机号。因此 A 类地址的网络数为 2^7 个，其网络号的二进制取值范围为"00000000~01111111"，对应的十进制数值范围是"0~127"；A 类地址的主机个数为 2^{24} 个，其主机号的二进制取值范围为"00000000. 00000000. 00000000~11111111. 11111111. 11111111"，对应的十进制数值范围为"0.0.0 ~ 255.255.255"。

IP 地址中规定，网络号全"0"和全"1"保留做特殊用途。因此 A 类地址的合法网络号取值范围为"00000000~01111110"，即十进制"1~126"，共 126（2^7-2）个。主机号全"0"和全"1"也有特殊用途，因此一台主机能使用的合法主机号取值范围为"0.0.1~255.255.254"，共 16 777 214（2^{24}-2）个。所以真正可以分配给用户的 A 类 IP 地址的范围为"1.0.0.1~126.255.255.254"。如果一个公司分配到的网络 ID 为"34"，则该公司获得的 IP 地址范围为"34.0.0.1 ~ 34.255.255.254"。A 类地址的范围如图 3-14 所示。

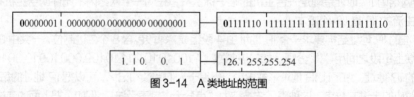

图 3-14　A 类地址的范围

2. B 类地址

B 类 IP 地址前两个字节表示网络号，并且以"10"开头，后两个字节表示主机号，一般用于中等规模的网络。B 类 IP 地址的网络号取值范围为"128.0 ~ 191.255"，由于网络号前两位固定为"10"，不存在全"0"和全"1"的网络号的可能，因此共有 16 384（2^{14}）个可供选择的网络地址。主机号的取值方式和 A 类地址类似（主机号不能取全"0"和全"1"），其范围为"0.1~255.254"，共有 65 534（2^{16}-2）个可供选择的主机地址。一台主机能够使用的 B 类 IP 地址的有效范围是"128.0.0.1 ~ 191.255.255.254"，如图 3-15 所示。

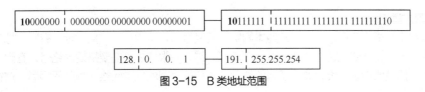

图 3-15　B 类地址范围

3. C 类地址

C 类 IP 地址前三个字节表示网络号，并且以"110"开头，最后一个字节表示主机号，一般用于规模较小的网络。C 类 IP 地址的网络号取值范围为"192.0.0 ~ 223.255.255"，由于网络号前两位固定为"110"，不存在全"0"和全"1"的网络号的可能，因此共有 2 097 152（2^{21}）个可供选择的网络地址。主机号的取值方式和 A 类地址类似（主机号不能取全"0"和全"1"），其范围为"1~254"，共有 254（2^8–2）个可供选择的主机地址。一台主机能够使用的 C 类 IP 地址的有效范围是"192.0.0.1 ~ 223.255.255.254"，如图 3-16 所示。

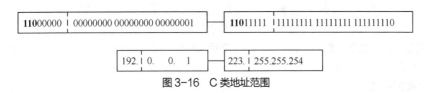

图 3-16　C 类地址范围

4. D 类地址

D 类 IP 地址的第一个字节前四位以"1110"开头，D 类地址用于组播，组播就是同时把数据包发给一组主机。组播的工作原理和我们日常的广播相似，和广播不同的是，广播把数据包发送到所有可能的目的节点，而组播只允许将数据包发送到一个选定的子集。只有那些已经登记可以接收组播地址的主机才能接收组播的数据包。D 类地址的取值范围是"224.0.0.0 ~ 239.255.255.255"。

5. E 类地址

E 类 IP 地址的第一个字节前五位以"11110"开头，E 类地址是为将来预留的，主要用于实验。
A 类、B 类和 C 类是基本的 IP 地址类，3 类地址的比较见表 3-1。

表 3-1　　　　　　　　　　　　　A 类、B 类和 C 类地址的比较

类别	地址的取值范围	网络号数量	主机号数量
A	$1.x.y.z$ ~ $126.x.y.z$	126（2^7–2）	16 777 214（2^{24}–2）
B	$128.0.y.z$ ~ $191.255.y.z$	16 384（2^{14}）	65 534（2^{16}–2）
C	$192.0.0.z$ ~ $223.255.255.z$	2 097 152（2^{21}）	254（2^8–2）

3.4.3　特殊的 IP 地址

在 IP 地址当中，有几种特殊的 IP 地址，也被称为保留地址，这些地址都有特殊的含义，不能分配给任何主机。

1. 广播地址

TCP/IP 规定，主机号部分全为"1"的网络地址为广播地址。广播是指同时向该网络上的所有主机发送报文。例如"192.168.10.255"就表示一个 C 类网络的广播地址，当向这个地址发送信息时，网络号为"192.168.10"内的所有主机都能接收到该信息的一个副本。广播地址仍然包含一个有效的网络号和主机号，也被称为直接广播地址，在 IP 网络中，任意一台主机均可以向其他网络进行直接广播。

2. 有限广播地址

当需要在本网络内广播，但又不知道本网络的网络号时，可用有限广播地址。有限广播地址的全部比特位都为"1"，即十进制的"255. 255. 255. 255"，有限广播不需要指明网络号。有限广播的范围被限制在最小的范围内。在没有划分子网的情况下，广播范围就是本网络；划分子网后，广播范围被限制在本子网内。

3. 网络 ID

TCP/IP 规定，主机号全为"0"用于标识一个网络，称为网络 ID 或网络号。例如"50. 0. 0. 0"表示一个 A 类网络，该网络的网络 ID 为"50"；"134. 66. 0. 0"表示一个 B 类网络，该网络的网络 ID 为"134. 66"；"196. 168. 10. 0"表示一个 C 类网络，该网络的网络 ID 为"196. 168. 10"。网络 ID 不能分配给主机。

4. 回送地址

A 类地址的第一段为"127"就是回送地址。回送地址用于网络软件测试以及本地机器进程间的通信。例如开发一个网络应用程序，程序员可以使用回送地址来调试程序，当两个应用程序之间要进行通信时，可以不用把两个程序安装在两台机器上，而是在同一台机器运行两个应用程序，并指示它们在通信时使用回送地址。"127. 20. 178. 2"就是一个回送地址。主机地址部分不同时，处理都一样。人们习惯将"127. 0. 0. 1"作为回送地址。

5. 内部保留地址

另外有一些 IP 地址留给用户在组建自己的局域网和内部网时使用，Internet 不负责分配这些地址，它们被称为内部 IP 地址或私有地址，如下所述。

- A 类：10. 0. 0. 1 ~ 10. 255. 255. 254。
- B 类：172. 16. 0. 1 ~ 172. 31. 255. 254。
- C 类：192. 168. 0. 1 ~ 192. 168. 255. 254。

3.4.4 IP 地址的作用与管理

公网 IP 地址是 Internet 上通信所使用的 IP 地址，由指定机构管理并正式发布在网络中，必须是唯一的。私有 IP 地址就是在本地局域网中所使用的 IP 地址，由管理员管理。

1. IP 地址的作用

在 Internet 中，IP 地址有重要的作用，如下所述。

（1）IP 地址在 Internet 上有唯一性。直接连接在 Internet 上的每一台计算机都被分配一个 IP 地址，这个 IP 地址在整个 Internet 上是唯一的。

（2）地址格式统一、通用。IP 地址是供全球使用的通信地址，其地址格式由专门机构负责制定，全球通用，目前在使用的是 32 位的 IPv4 格式。

（3）路由器、网关等网络连接设备也有 IP 地址。不仅仅是计算机要分配 IP 地址才能连接到 Internet，Internet 上的网络连接设备，如路由器和网关也需要 IP 地址，而且这些网络连接设备的 IP 地址通常有两个或者更多，这样才能连接多个网络。

（4）IP 地址是运行 TCP/IP 的标识符。一切运行 TCP/IP 的机器连入 Internet 均要获得 IP 地址才能访问网络。

2. IP 地址的管理

Internet 中的 IP 地址是由指定机构负责分配管理的，分为 3 个级别。最高一级的 IP 地址由国际网络信息中心（Network Information Center，NIC）负责分配，其职责是分配 A 类 IP 地址、授权分配 B 类 IP 地址的组织并有权刷新 IP 地址；第二级是负责分配 B 类 IP 地址的国际组织，有 InterNIC、APNIC 和 ENIC，InterNIC 负责北美地区的 IP 地址分配，APNIC 负责亚太地区的 IP 地址分配，ENIC 负责欧洲地区的 IP 地址分配；第三级是大洲地区网络中心向国家和地区网管中心申请分配。

由指定机构负责分配的 IP 地址可以让外部用户访问它们，被称为共有地址。局域网内部的计算机如果不作为 Internet 的主机供其他用户访问，那么 IP 地址可以任意分配。通常小公司、网吧和家庭网络等小型局域网使用保留的 C 类内部地址。IPv4 的地址由于只有 32 位，资源已十分紧张，在新一代的 Internet 中，将会使用 128 位的 IPv6 地址。

3.4.5　IP 地址的配置管理

IP 地址的配置管理的类型如下所述。

1. 静态 IP 地址

静态 IP 地址是经过申请后得到的 IP 地址，由用户或者网络管理员人工对主机的 TCP/IP 的有关选项进行配置。一旦配置静态 IP 地址，不论计算机什么时候启动，其 IP 地址都是固定不变的。用户或网络管理员通过计算机"网络连接"的"属性"中"Internet 协议版本 4（TCP/IPv4）"一项可以配置静态 IP 地址。在 Windows10 客户机中进行静态 IP 地址的设置时，矩形区域里的 IP 地址就是人工设置的 IP 地址，如图 3-17 所示。

图 3-17　静态 IP 地址的设置

静态 IP 地址也有两类：一类是在指定机构申请而得到的 Internet 上的 IP 地址，称为 IP 公有地址；另一类是在局域网内部使用的 IP 地址，称为 IP 私有地址，这类地址没有什么具体的要求，但只能在内网中使用。

2. 动态 IP 地址

动态 IP 地址是由网络中的动态主机配置协议 DHCP（Dynamic Host Configuration Protocol）服务器动态分配的 IP 地址。DHCP 服务器给用户分配的是一个临时的 IP 地址，一个请求 DHCP 服务的客户机每次申请 IP 地址时，所得到的 IP 地址可能是不同的，这和 DHCP 服务器分配 IP 地址的规则有关。客户机申请 IP 地址时，DHCP 服务器将某个 IP 地址临时分配给客户机；当客户机使用结束后，DHCP 服务器又将 IP 地址回收，供其他客户机使用。

动态 IP 地址主要用于网络中主机数量较多、静态 IP 地址不够的场合，例如拨号上网的用户分配到的就是动态 IP 地址和一些相关信息，DHCP 服务器自动为其配置各个选项。另外，当网络中的主机较多，网络管理员为了管理方便，避免为每台主机配置 IP 地址及其选项时也会采用 DHCP 方式分配 IP 地址。在一些网络中主机经常有变动的场合，例如笔记本电脑移动办公，也会采用动态 IP 地址。在 Windows 10 客户机中进行动态 IP 地址的设置时，矩形区域里的选项就是申请动态 IP 地址时的选项，如图 3-18 所示。

图 3-18　动态 IP 地址的设置

3. IP 地址的查看

查看通过 DHCP 服务器分配到的 IP 地址，可以通过在 Windows 10 操作系统的控制面板窗口中选择"网络和 Internet"选项，打开网络和 Internet 窗口，然后选择"网络连接"选项，打开网络连接窗口，右击"网络设备"，选择"状态"选项，打开设备状态窗口，再单击"详细信息"按钮，打开网络连接详细信息窗口来查看。可以查看的内容包括 IP 地址、子网掩码、DHCP 服务器地址、租约时间及 DNS 等其他网络信息，如图 3-19 所示。

4. 自动专用 IP 地址

自动专用 IP 地址 APIPA（Automatic Private IP Addressing）是 Windows 操作系统里的一个增强功能。它用于虽然在网络中有 DHCP 服务器，但因为 DHCP 服务器尚未开启、DHCP 服务器有故障或 IP 地址池中的可用 IP 地址已经用完等，导致 DHCP 客户机不能得到 IP 地址的情形。这时 Windows 操作系统会自动产生一个专用的 IP 地址，并且用广播的方式将这个地址发送到网络上进行确认。如果这个 IP 地址没有被使用，则 DHCP 客户机使用这个 IP 地址；否则重复这个过程，直到产生一个自动专用的 IP 地址为止。自动专用 IP 地址的网络号是"169.254"，其地址空间为"169.254.0.1 ~ 169.254.255.254"。

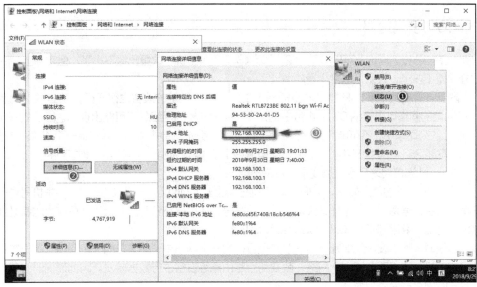

图 3-19　IP 地址的查看

5. 默认网关

和 IP 地址的配置一样，默认网关（Default Gateway）可以通过计算机中"网络连接"的"属性"中的"Internet 协议版本 4（TCP/IPv4）"一项和 IP 地址一起设置。默认网关的设置如图 3-20 所示。在两个远程网络进行通信时，默认网关可以把数据发送到不同网络号的目的主机，它是远程网络通信的接口。如果没有指定默认网关，则通信仅局限于本地网络。

默认网关可以由本地网络中的某台计算机担任，也可以由路由器担任。一般由计算机担任的网关用于单位内部局域网之间的通信；路由器的功能更强大些，外部网络之间的通信则选择外部路由器。

图 3-20　默认网关的设置

3.4.6　子网掩码

IP 地址有 32 位，理论上可以分配给 2^{32}（近 43 亿）台主机，数量已经不小了。但实际上，IP 地址已经被分得差不多了，只剩下非常少量的地址了。

除了随着计算机的增多，IP 地址本身的需求较大外，IP 地址的浪费也很严重，以 B 类地址为例，一个 B 类地址的网络可以容纳 65 534 台主机，而如此大规模的网络是不可能出现的。因此对一个获得 B 类 IP 地址的公司来说，不可能用完这么多的地址，大部分地址会被闲置。对获得一个 C 类 IP 地址的公司来说，可能 254 个地址又不够用，但如果申请多个 C 类 IP 地址，就相当于建立了多个 LAN，用路由器把这些 LAN 连接起来又会增加成本，带来不便。

为了提高 IP 地址的使用效率，在 IP 地址基础分类上对 IP 地址进行相应的改进，将主机号进一步划分为子网号和主机号两部分，这样不仅可以节约网络号，还可以充分利用主机号部分庞大的编址能力。实现这样的功能就要用到子网掩码（Subnet Mask）。

网络通信时，网络设备先要判断通信双方是否在同一个网络中，如果在同一个网络，则把数据直接传输到目的主机；如果不在同一个网络，就要利用路由器等设备进行数据转发。因此通信时必须首先判断通信双方的网络号是否相同。

1. 子网掩码技术的提出

IP 地址最初使用两层地址结构（包括网络地址和主机地址），在这种结构中 A 类和 B 类网络所能容纳的主机数非常庞大，但使用 C 类 IP 地址的网络只能接入 254 台主机。因此人们提出了三级结构的 IP 地址，把每个网络进一步划分成若干个子网（Subnet），子网内主机的 IP 地址由 3 部分组成，如图 3-21 所示，把两级 IP 地址结构中的主机地址分割成子网地址和主机地址两部分。

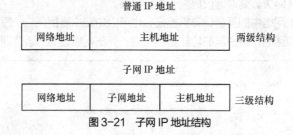

图 3-21　子网 IP 地址结构

2. 子网掩码的作用

子网划分后的 IP 地址结构如图 3-22 所示。如果只用 IP 地址标识一台主机，我们无法识别它的网络号，只有 IP 地址和子网掩码一起使用才能识别某个主机的网络号。子网掩码的作用就是分出 IP 地址中哪些位是网络号，哪些位是主机号。子网掩码也是长度为 32 位的二进制数，通过它和 IP 地址的二进制按位"逻辑与（AND）"运算，可以得到 IP 地址的网络号，从而求出主机号。进行"逻辑与"运算时，如果参与运算的两个二进制位都是"1"，那么运算结果也为"1"；如果参与运算的两个二进制位有一位为"0"，那么运算结果就为"0"。两台计算机 IP 地址和子网掩码经过"逻辑与"运算后的结果如果相同，则表示两台计算机属于同一网络。

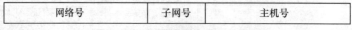

图 3-22　子网划分后的 IP 地址结构

3. 子网掩码的定义

子网掩码的选取是这样规定的：第一，子网掩码是 32 位的二进制数；第二，子网掩码前半部分全为"1"，后半部分全为"0"。对应 IP 地址中网络地址（包括网络号和子网号）中的每一位，子网掩码中的各位都置为"1"；对应 IP 地址中主机地址中的每一位，子网掩码中的各位都置为"0"。例如子网掩码为"11111111 11111111 00000000 00000000",表示前 2 个字节为网络地址,后 2 个字节表示该网络中的主机地址。为了方便记忆,子网掩码也采用 IP 地址的"点分十进制"方法来表示,上面的子网掩码可以写为"255.255.0.0"。采用"点分十进制"方法表示的 A 类、B 类和 C 类 IP 地址的默认子网掩码,见表 3-2。

表 3-2 点分十进制表示的子网掩码

网络类别	子网掩码(点分十进制)	子网掩码(二进制)
A 类	255.0.0.0	11111111.00000000.00000000.00000000
B 类	255.255.0.0	11111111.11111111.00000000.00000000
C 类	255.255.255.0	11111111.11111111.11111111.00000000

子网掩码除了可以用"点分十进制"方法表示外,还可以用另外一种被称为"网络前缀标记法"的表示方法。根据子网掩码选取的规定,可以用表示 IP 地址中网络号长度的方法来表示子网掩码。由于网络号是从 IP 地址高字节开始以连续方式选取的,即从左到右连续选取若干位作为网络号,例如 A 类地址取前 8 位作为网络号,B 类地址取前 16 位作为网络号,C 类地址取前 24 位作为网络号。因此可以采用一种简便的方法来表示子网掩码中对应的网络号部分,即用网络前缀/<#位数>表示,它定义了网络号的位数。例如用地址 192.168.1.1/24 可以表示 IP 地址和子网掩码。用网络前缀标记法表示的 A 类、B 类和 C 类 IP 地址的默认子网掩码,见表 3-3。

表 3-3 网络前缀标记法表示的子网掩码

网络类别	子网掩码(网络前缀标记)	子网掩码(二进制)
A 类	/8	11111111.00000000.00000000.00000000
B 类	/16	11111111.11111111.00000000.00000000
C 类	/24	11111111.11111111.11111111.00000000

4. 子网掩码的"逻辑与"运算

下面通过具体例子来说明如何通过默认子网掩码确定 IP 地址的网络地址。

【例 3-1】已知 IP 地址为 170.54.32.61,子网掩码为 255.255.0.0,请指明该 IP 地址的网络地址是多少。

分析:170.54.32.61 是一个 B 类 IP 地址,采用的子网掩码是默认的,没有划分子网,将 IP 地址和子网掩码进行二进制按位"逻辑与"运算,结果如图 3-23 所示。

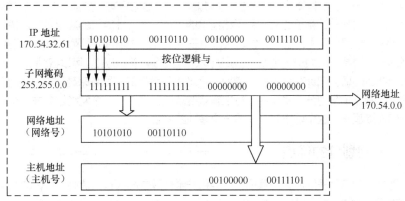

图 3-23 子网掩码的运算

结果为:IP 地址为 170.54.32.61,子网掩码为 255.255.0.0,该 IP 地址的网络地址为 170.54.0.0,主机地址为 32.61。

【例3-2】已知IP地址为170.54.32.61，子网掩码为255.255.255.0，请指明该IP地址的网络地址是多少。

分析：170.54.32.61是一个B类IP地址，采用的子网掩码不是默认的，已经划分了子网，将IP地址和子网掩码进行二进制按位"逻辑与"运算，结果如图3-24所示。

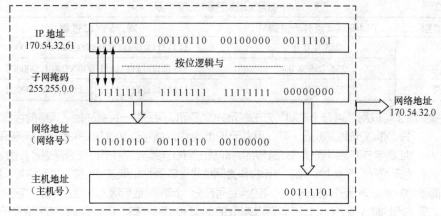

图3-24　子网掩码的运算

结果为：IP地址为170.54.32.61，子网掩码为255.255.255.0，该IP地址的网络地址为170.54.32.0，主机地址为61。

总之，如果IP地址采用的是默认的子网掩码，则没有划分子网；如果采用的不是默认的子网掩码，则划分了子网。对于子网掩码的4个字节的取值，如果不是"255"就是"0"，称为边界级子网掩码。边界级子网掩码的网络地址容易得到，十进制255数就是二进制数11111111，十进制数0就是二进制数00000000。因此，对应于子网掩码为"255"的IP地址部分，网络地址与其相同；对应于子网掩码为"0"的IP地址部分，网络地址就是0。

3.5　子网规划与配置

A类、B类和C类IP地址是经常使用的IP地址，它们适用于不同的网络规模。例如一个B类网络地址为170.54.0.0，该网络可以容纳6万多台主机，那么多台主机在不使用路由设备的单一网络中是无法正常工作的，而且几乎也没有使用这么多台计算机的公司，通常只有一少部分IP地址得到使用，从而造成大量的地址浪费。随着计算机的发展和网络技术的进步，个人计算机的应用普及很快，小型网络越来越多，这些网络多则拥有几十台主机，少则拥有两三台主机。这样的小型网络即使分配给它一个C类网络地址仍然是一种浪费，因为每一个C类网络地址拥有254个主机号，可以容纳254台主机。

随着局域网数目的增加和计算机数量的增加，IP地址不够用的问题越来越严重，人们开始寻找新的方法来解决这个问题。子网划分技术是目前行之有效的解决办法：把一个网络划分成多个子网，并使用路由设备把它们连接起来，这个网络对外还是一个单独的网络。

3.5.1　子网划分的优点

一个网络划分为若干个子网后，在管理、性能和安全性等方面都有所提高，具体的优点如下所述。

1. 可以连接不同的网络

某单位的网络拓扑结构如图3-25所示。查看主机IP地址与子网掩码，发现主机的网络地址相同，属于同一个B类地址的网络。

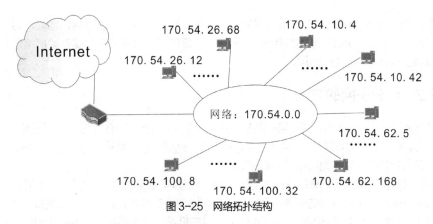

图 3-25　网络拓扑结构

在有些情况下，该单位的网络由于各种原因是由几个不同类型的网络构成的，如以太网、令牌环网等，那么就必须将不同类型的网络划分为不同的子网，使每一个子网有它自己的网络地址，并用路由器等网络连接设备将它们连接起来，如图 3-26 所示。从外部看还是同一个 B 类地址的网络，使用不同的子网掩码划分子网后，从 Internet 上看不到该网络被划分成了 4 个子网。

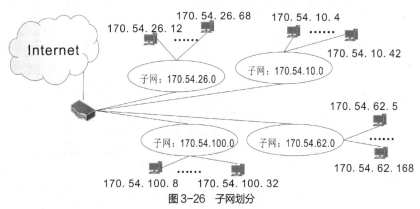

图 3-26　子网划分

4 个子网对外仍是一个网络，但对内部而言，它被分为不同的子网。假如 Internet 上的某个用户发送数据给"170.54.26.68"，其目的地是一个 B 类 IP 地址，数据先到达路由器，"170.54.0.0"是网络号，而"26.68"是主机号。到达路由器后，对 IP 地址的解析有了变化，要根据子网号决定数据的路径。在"170.54.26.68"中，子网号为"26"，于是数据被发送到网络号为"170.54.26"的子网，最后到达主机号为"68"的主机。

2. 提高网络的性能

如果网络中的用户和主机数量如果过于庞大，网络通信会变得很繁忙，网络中的流量会很大。繁忙的网络容易产生冲突，发生丢失数据包和数据包重传等问题，从而降低网络的通信效率。如果把一个大的网络划分为多个规模较小的子网，并且通过路由设备把子网连接起来，则可以减少网络拥塞。路由器可以隔离子网间的广播信息，只有需要在子网间传递的数据才被允许经过路由器，子网内部的本地通信是不会转到其他子网的。另外，路由器还可以限制 Internet 用户对子网的访问，提高子网内部的安全性。

3. 充分利用 IP 地址

一个 B 类 IP 地址中，可容纳的主机数可以有 6 万多个，实际上很少有需要 6 万多个 IP 地址的公司存在。如果把一个 B 类地址的网络分成若干个子网，每个子网按照需要分配几十个或几百个主机号，一个单位分配一个子网，这样就可以节省 IP 地址。多个小规模的子网也有利于管理员进行管理。

利用子网划分技术，还可以将一系列相关的主机集成到一个网段，通过网络地址映射（Network Address Translation，NAT）技术共用一个 IP 地址，信息传输时只要区分是本地网络还是外部网络即可，可以减少公网 IP 地址的使用。

3.5.2 划分子网的方法

划分子网的方法是使 IP 地址的网络号部分不变，将主机号部分进一步划分为子网号和主机号。划分出来子网号后，IP 地址的组成就由网络号和主机号变成了网络号、子网号和主机号，习惯上我们还是把网络号和子网号合并在一起称为网络号或网络地址。

划分子网号的位数取决于具体的需要，创建子网时，是从标准 IP 地址的主机号的前面部分划分出来若干位作为子网号的。子网所占的位数越多，则可分配给主机的位数就越少，也就是每个子网所容纳的主机数就越少。假如一个 B 类网络"170.54.0.0"，将主机号分为两部分，其中前 8 位用于子网号，后 8 位用于主机号，那么这个 B 类网络就被分成了 254 个子网，每个子网可以容纳 254 个主机。

下面看一个用非边界级子网掩码划分子网的例子。对于一个 B 类网络"170.54.0.0"，若将第三个字节的前 3 位作为子网号，而将剩下的位作为主机号，则可以知道子网掩码为"255.255.224.0"，子网号有 3 位说明有 6 个子网，每个子网有 13 位可作为主机号，划分子网后的子网掩码、网络地址、主机号和 IP 地址范围如图 3-27 所示。

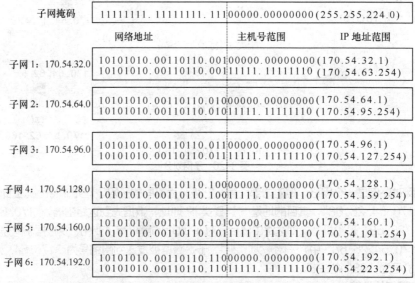

图 3-27　非边界级子网掩码划分子网

1. 子网数目和主机数目的确定

子网划分的首要任务就是确定子网的数目，Internet 的所有标准都是以请求评论文档（Request For Comment，RFC）的形式发布的，在 RFC 文档中规定了子网划分应遵循的规范，其中在子网号上有以下规定。

（1）由于网络号全为"0"代表的是本地网络，所以网络地址中的子网号不能为全"0"，子网号为全"0"表示的是本子网网络。

（2）由于网络号全为"1"代表的是本网络的广播地址，所以网络地址中的子网号不能为全"1"，子网号为全"1"表示的是本子网的广播地址。

图 3-27 中 B 类网络地址"170.54.0.0"使用主机号的前三位作为子网号，按照计算可以有 8（2^3）种组合，划分出"000、001、010、011、100、101、110、111"共 8 个子网号，但根据规范，全

"0"和全"1"的子网号是不能分配的,因此忽略了"170.54.0"和"170.54.224"两个网络地址,共划分了 6 个子网。

在实际应用中,很多网络设备供应商的产品也支持全"0"和全"1"的子网,而且现代网络技术已超越了 A 类、B 类和 C 类 IP 地址的工作方式,通过使用可变长子网技术和 CIDR 技术,已不存在全"0"和全"1"的子网问题,所以全"0"和全"1"的子网在现实中都在使用。但在不加任何说明的情况下,根据规范要求,我们在计算子网数目时仍然要忽略全"0"和全"1"的子网。

根据子网划分的要求,我们得出两个子网划分应满足的条件,如下所述。

(1)划分出来的子网号至少要有两位。

(2)划分出来子网号后,剩下的主机号不能少于两位。

由上述条件可知,A 类 IP 地址的主机号部分有 3 个字节,共 24 位,因此可以划分出 2~22 位去创建子网;B 类 IP 地址的主机号部分有两个字节,共 16 位,可以拿出 2~14 位去创建子网;而 C 类 IP 地址的主机号部分只有 8 位,只能拿出 2~6 位去创建子网。

由此可见,子网数量的计算可以用以下公式表示:

$$N_x = 2^x - 2$$

其中,N_x 表示子网数量,x 是子网号的位数,减去 2 的原因是这个公式忽略了全"0"和全"1"的子网。

子网号一旦确定,主机号也就定下来了,从而也可以知道主机数目。每个子网支持的最大主机数 N 也可以通过以下公式计算出来:

$$N_y = 2^y - 2$$

其中,N_y 表示每个子网的最大主机数量,y 是划分子网后剩余的主机号的位数,减去 2 的原因是主机号为全"0"代表网络地址(网络号+主机号),主机号为全"1"代表这个子网的广播地址,这两个地址都是不能分配给主机的。

将 IP 地址中的主机号划出一部分作为子网号,相应子网中的主机数目就会减少。例如一个 C 类网络,没划分子网前,主机号有 8 位,可以容纳的主机数量为 254 台。如果拿 3 位作为子网号,剩下 5 位为主机号,则可以容纳 30 台主机;如果拿 4 位作为子网号,只剩下 4 位为主机号,则可以容纳 14 台主机。主机数量和子网数量有相互制约的关系。

2. 划分子网后的子网掩码

划分子网后的子网掩码会改变,根据子网掩码的定义,它对应的网络地址中的每一位,子网掩码各位都置为"1"。例如,对于 A 类、B 类和 C 类 IP 地址,如果分别取主机号的前 5、4、3 位作为子网号,则相应的子网掩码变化如下。

A 类 IP 地址:

划分子网前　　11111111. 00000000. 00000000. 00000000　　255. 0. 0. 0

划分子网后　　11111111. 11111000. 00000000. 00000000　　255. 248. 0. 0

B 类 IP 地址:

划分子网前　　11111111. 11111111. 00000000. 00000000　　255. 255. 0. 0

划分子往后　　11111111. 11111111. 11110000. 00000000　　255. 255. 240. 0

C 类 IP 地址:

划分子网前　　11111111. 11111111. 11111111. 00000000　　255. 255. 255. 0

划分子网后　　11111111. 11111111. 11111111. 11100000　　255. 255. 255. 224

3. 划分子网的步骤

给网络划分子网,必须给每个子网分配一个网络号,这就需要确定子网数和每个子网能容纳的最大主机数量。有了这些信息就可以定义子网掩码、网络地址的范围和主机地址的范围。划分子网的步骤如下。

（1）确定子网号的位数和主机号的位数。

（2）确定子网掩码的值。

（3）确定标识每个子网的网络地址。

（4）确定每个子网上主机地址的范围。

下面以两个例子来说明划分子网的过程。

【例 3-3】设有一个 B 类 IP 地址，其网络号为"172.16.0.0"，现要划分 14 个子网，路由器不支持全"0"和全"1"的子网，请计算每个子网的网络地址、每个子网的主机数量和划分子网后的子网掩码。

解答如下。

根据题意，B 类 IP 地址划分 14 个子网，并且去除全"0"和全"1"的子网，由公式 $N_x = 2^x - 2$ 可知，x 的值为 4，也就是拿出主机号的前 4 位作为子网号。每个子网容纳的主机数由公式 $N_y = 2^y - 2$ 可知，主机数 N_y 的值也为 14。划分子网后的子网掩码为：

11111111. 11111111. 11110000. 00000000 （255. 255. 240. 0）

这时，网络地址一共是 20 位，可以用网络前缀表示法"172. 16. 0. 0 / 20"来表示。

第一个子网网络地址为：　10101100. 00010000. 00010000. 0000 （172. 16. 16. 0）

第二个子网网络地址为：　10101100. 00010000. 00100000. 0000 （172. 16. 32. 0）

第三个子网网络地址为：　10101100. 00010000. 00110000. 0000 （172. 16. 48. 0）

......

第十四个子网网络地址为: 10101100. 00010000. 11100000. 0000 （172. 16. 224. 0）

B 类 IP 地址"172.16.0.0"划分子网后的子网号、网络地址、子网掩码和每个子网的主机数量见表 3-4。

表 3-4　　　　　　　　　　　　"172.16.0.0/20"的子网划分情况

序号	子网号	网络地址	子网掩码	主机数量
1	0000	N/A	N/A	N/A
2	0001	172.16.16.0	255.255.240.0	14
3	0010	172.16.32.0	255.255.240.0	14
4	0011	172.16.48.0	255.255.240.0	14
5	0100	172.16.64.0	255.255.240.0	14
6	0101	172.16.80.0	255.255.240.0	14
7	0110	172.16.96.0	255.255.240.0	14
8	0111	172.16.112.0	255.255.240.0	14
9	1000	172.16.128.0	255.255.240.0	14
10	1001	172.16.144.0	255.255.240.0	14
11	1010	172.16.160.0	255.255.240.0	14
12	1011	172.16.176.0	255.255.240.0	14
13	1100	172.16.192.0	255.255.240.0	14
14	1101	172.16.208.0	255.255.240.0	14
15	1110	172.16.224.0	255.255.240.0	14
16	1111	N/A	N/A	N/A

【例3-4】网络拓扑结构如图3-28所示，左半部分是一个C类网络。通过子网规划将网络划分为右半部分的两个子网，每个子网的主机数量相同，应该如何划分，请给出划分后的子网网络地址、子网掩码情况和划分后的网络示意图。

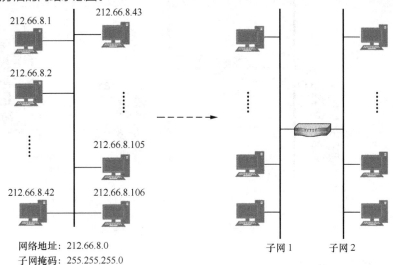

网络地址：212.66.8.0
子网掩码：255.255.255.0

图3-28 网络拓扑结构

解答如下。

由题意可知，C类网络"212.66.8.0"共有106台主机，要划分为两个子网并且每个子网主机数量相同，都是53台。

（1）确定子网的位数：$N_x = 2^x - 2$，N_x的值为2，因此可以得出$x = 2$，也就是子网的位数为2。

（2）确定主机的位数：$N_y = 2^y - 2$，y的值为6=（8-2），因此得出$N_y = 62$，主机数量也满足53台的要求。

所以可以划分出主机号的前两位作为子网号，每个子网最多有62台主机，同时满足子网数量和主机数量的要求。

（3）确定子网掩码：由子网掩码的定义可知，子网掩码为"11111111.11111111.11111111.11000000"，即为"255.255.255.192"。

（4）确定每个子网的网络地址：由分析可知子网号的取值为"01"和"10"，每个子网的网络地址分别为"212.66.8.64"和"212.66.8.128"。

（5）确定每个子网的主机地址范围：子网号确定后，主机地址范围也就确定了，结果见表3-5。

表3-5   一个C类地址划分为两个子网后的结果

序号	子网号	网络地址	主机地址范围
1	00	N/A	N/A
2	01	212.66.8.64	212.66.8.65 …… 212.66.8.126
3	10	212.66.8.128	212.66.8.129 …… 212.66.8.190
4	11	N/A	N/A

最后，画出划分子网后的网络效果图，并且给每台主机分配合适的IP地址，如图3-29所示。

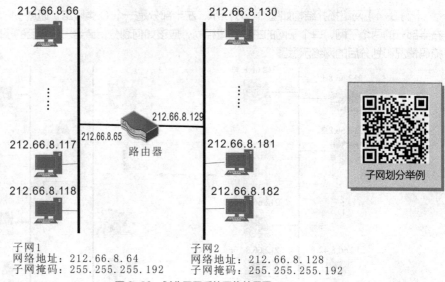

图 3-29　划分子网后的网络效果图

3.6　IPv6 简介

现在使用的 IP IPv4 是 20 世纪 70 年代设计的，在早期主要用于大学、科研机构和美国政府。但从 20 世纪 90 年代中期开始，网络技术迅速发展，Internet 开始被各种各样的人使用，越来越多的企业和家庭通过 Internet 保持联系，可以说 Internet 已经渗透到人们日常生活和工作中。事实证明，IPv4 是一个非常成功的协议，它经受住了各种网络的考验，从 Internet 最初的 4 台主机发展到目前的几亿台网络终端的互连，运行相当正常，创造了不可估计的效益。

但 IPv4 是几十年前基于当时的网络规模和计算机数量设计的，从现在来看，IPv4 的设计者对于网络的发展规模和设想考虑不足，没有想到计算机会以如此快的速度普及。随着 Internet 的进一步发展，IPv4 的局限性也越来越明显。在 IPv4 的一系列问题中，IP 地址即将耗尽是最严重、最迫切的问题。由于 IP 地址的长度只有 32 位，也就是只有大约 43 亿个地址，按照现在网络的发展速度，若干年后就耗尽了。为了彻底解决 IPv4 的问题，因特网工程任务组（IETF）从 1995 年开始着手研究开发下一代 IP，即 IPv6（网际协议第 6 版）。IPv6 具有长达 128 位的地址空间，可以彻底解决 IPv4 地址不足的问题，增强了 Internet 的可扩展性，加强了路由功能，允许诸如 IPX 地址等不同类型的地址兼容共存。除此之外，IPv6 还采用分级地址模式、高效 IP 包头、服务质量、主机地址自动配置、认证和加密等许多技术。

IPv4 和 IPv6 格式的比较如图 3-30 所示。

IPv4:	共 4 字节
11000000.10101000.11001001.01110000	
192.168.201.112　（点分十进制）	
4 294 467 295 个 IP 地址	
IPv6:	共 16 字节
11010001.11011100.11001001.01110001.11010001.11011100. 11001100.01110001.11010001.11011100.11001001.01110001. 11010001.11011100.11001001.01110001	
D1DC:C971:D1DC:CC71:D1DC:C971:D1DC:C971　（冒号分割十六进制）	
$3.4×10^{38}$ 个 IP 地址	

图 3-30　IPv4 和 IPv6 格式的比较

3.6.1 IPv6 的主要特点

IPv6 和 IPv4 相比具有的新特点，如下所述。

1. 更大的地址空间

IPv6 的地址长度有 128 位，共有 2^{128}（约 3.4×10^{38}）个地址空间，这是 IPv4 地址空间的 2^{96} 倍。目前的全球网络设备和终端只占其极小的部分，IPv6 有足够的地址空间可供以后发展所用，在可以预见的将来，即使为所有的移动电话和家用电器等都分配一个 IP 地址也足够使用，不会再出现地址空间不足的问题。

2. 灵活的头部格式

IPv6 使用了新的协议头格式，报文头由一个基本的固定头部和多个扩展头部组成。基本头部具有固定的 40 字节长度，用来放置所有路由器需要处理的信息。由于 Internet 上绝大部分的数据包都是被路由器简单转发，这种结构简化了路由器的操作，降低了路由器处理的开销，具有更高的效率。扩展头部放置一些非主要的和可选的字段，这使得在基本固定头部之后还可以附加不同类型的扩展状况，为定义可选项和新功能提供了灵活性，为以后支持新的应用提供了可能，并允许和 IPv4 在过渡期内共存。

3. 全新的层次化地址结构

IPv6 采用层次化的地址结构，其设计者把 IPv6 的地址空间按不同的前缀来划分，这样不仅可以定义非常灵活的地址层次结构，使同一层次上的多个网络在上层路由器中表示为一个统一的网络前缀，还可以显著减少路由器必须维护的路由表项，大大降低路由器的寻址和存储开销。

在主机配置方面，IPv6 支持手工地址配置、有状态地址自动配置和无状态地址自动配置。有状态地址自动配置是利用专用的地址分配服务器动态分配 IPv6 地址，无状态地址自动配置是网络上的主机能够自动给自己配置合适的 IPv6 地址，因此在统一链路上，所有主机不需要人工干预就可以进行通信。

4. 全新的邻居发现协议

邻居发现协议（Neighbor Discover Protocol，NDP）是 IPv6 的一个重要协议，也是其与 IPv4 的一个主要的区别点。NDP 用来管理相邻节点之间的交互，在无状态地址自动配置中起到了重要作用。NDP 使用更加有效的单播和组播报文，取代了 IPv4 的地址解析协议 ARP。

5. 更方便的内置安全性

IPv4 在设计之初是没有考虑到安全性的，后来为了网络通信安全而开发的 IPSec（Security Architecture for the Internet Protocol）是 IPv4 的一个可选扩展协议，但它在 IPv6 中是必需的，已经被内置了。这样就为网络安全性提供了一种标准的解决方案。IPSec 的主要功能是在网络层对数据分组提供加密和鉴别等安全服务，主要通过认证和加密两种机制来完成。认证机制使 IP 通信的数据接收方能够确认数据发送方的真实身份以及判断数据在网络传输中是否遭受修改。加密机制通过对数据进行编码来保证数据的机密性，以防止数据在传输过程中被非授权的第三方截获而失去机密性。

6. 对 QoS 更好的支持

IPv4 对网络服务质量考虑不多，在图像、视频和音频等许多传输中都采用"尽最大努力"交付。而 IPv6 允许对网络资源进行预分配，支持实时传输多媒体信息的要求，保证一定的带宽。在 IPv6 中，新定义了一个 8 位的业务流类别（Class）和一个 20 位的流标签（Flow Label），它能使网络中的路由器对属于一个流的数据包进行识别并提供特别处理。有了这个标签后，路由器可以不打开传输的内层数据包就可以识别流，即使数据包的数据进行了加密，也一样不影响数据的传输效率，满足 QoS 的要求。

7. 更好的移动传输支持

移动通信和移动互联网已经显示出巨大的威力，改变着我们生活的方方面面。IPv6 为用户提供可移动的 IP 数据服务，让用户可以在世界各地使用同样的 IPv6 地址，非常适合未来无线上网的要求。

3.6.2　IPv6 的地址表示

IPv6 庞大的地址空间相当于为地球表面每平方米的面积上提供了约 6.65×10^{23} 个地址，为地球上的每个人提供了约 5.7×10^{28} 个 IPv6 地址。下面来看看 IPv6 的地址是如何表示的。

IPv6 的地址由前缀和接口标识组成，前缀和 IPv4 中的网络号有些相似，接口标识和主机号有些相似，但它们的概念是不同的。按照 RFC 中 IPv6 地址结构中的定义，IPv6 在使用中有以下 3 种格式。

1. 首选格式

IPv6 不像 IPv4 那样采用"点分十进制"表示方法，而是将地址每 16 位划分为一段，每段转换为一个 4 位的十六进制数，一共有 8 段，段与段之间用冒号分隔。这种方法称为"冒号十六进制记忆法"。例如"AFCB：A35F：35D7：0000：E3C1：2345：4902：4A46"。在十六进制的基础上，有时会用下面几种简化记忆方法。

2. 零压缩表示法

在"冒号十六进制记忆法"中，有的地址中有多个连续的 0，表示时可将不必要的 0 去掉，称为零压缩法。例如"…：0003：1000：012B：…"可以表示为"…：3:1:12B：…"。但要注意不能把一个段内有效的 0 也压缩了，例如"…：ED01：F032：…"是不能表示为"…：ED1：F32：…"的。

还有一种更特殊的情况是一段或多段都是 0 时，可以用一对冒号来代替，连续几段都是 0 的情况在实际中会经常出现。例如"AC1B：443F：D226：0：0：0：0：481C"可以表示为"AC1B：443F：D226：：481C"，连续的 0 都被压缩了，但在一个地址当中这种方式只能出现一次，否则系统无法判断 0 的个数。

3. 以 IPv4 地址作为后缀

这是 IPv4 向 IPv6 过渡的过程中使用的一种方法，IPv6 地址前面部分用"冒号十六进制记忆法"，后缀部分用"点分十进制"表示法表示 IPv4 的地址。例如：

AC1B：443F：D226：0：0：0：202.36.110.7

AFCB：A35F：35D7：0000：E3C1：3345：119.66.122.34

3.6.3　IPv4 到 IPv6 的过渡技术

IPv4 和 IPv6 在一段时期内共存是一个既成的事实，因此 IETF 研究了几种过渡技术用以完成 IPv4 到 IPv6 的过渡：隧道技术、网络地址转换/协议转换技术和双协议栈技术。

1. 隧道技术

隧道技术就是将一种协议的数据报封装到另一种协议中的技术。在 IPv6 发展的初期，出现许多采用 IPv6 技术的局域网，但这时 IPv4 网络还居于主导地位，利用隧道技术可以通过运行 IPv4 的 Internet 主干网络将局部的 IPv6 网络连接起来。在这种技术中，在起始端（隧道入口处）将整个 IPv6 数据报封装在 IPv4 数据报中，将 IPv6 的全部报文当作 IPv4 的载荷，从而实现利用 IPv4 网络完成 IPv6 节点间通信的目的。在 IPv4 报文中，源地址和目的地址就是隧道入口和出口处的 IPv4 地址。

隧道技术只需要在隧道的出口和入口处进行修改，对其他部分没有要求，实现起来较为容易。基于 IPv4 隧道的 IPv6 的实现过程分为 3 个步骤：封装、解封和隧道管理。封装是指由隧道起始点创建一个 IPv4 报头，将 IPv6 数据报装入一个新的 IPv4 数据报中；解封是指由隧道终点移去 IPv4 报头，还原初始的 IPv6 数据报，并送往目的节点；隧道管理是指由隧道起始点维护隧道的配置信息。

2. 网络地址转换/协议转换技术

网络地址转换/协议转换（Network Address Translation - Protocol Translation，NAT-PT）技术可以实现纯 IPv6 节点和纯 IPv4 节点间的通信。NAT-PT 处于 IPv4 和 IPv6 网络的交界处，协议转换实现 IPv4 和 IPv6 头部之间的转换，网络地址转换是让 IPv4 网络中的主机可以用一个 IPv4 地址来标识 IPv6 网络中的一台主机,IPv6 网络中的主机可以用一个 IPv6 地址来标识 IPv4 网络中的一台主机,从而使得两种网络中的主机能够互相识别对方。

除了能保证双方互相标识外,NAT-PT 服务器还负责 IPv4-to-IPv6 或 IPv6-to-IPv4 的报文转换。网络地址转换/协议转换技术的优点是只需要设置 NAT-PT 服务器就能实现两种网络之间的通信,简单易行;缺点是资源消耗大,服务器的负载较重。

3. 双协议栈技术

双协议栈技术是指在一个节点中同时运行 IPv4 和 IPv6 两个协议栈。这种配置需要一个接口,该接口能够识别两种类型的流量并能使其流向正确的位置。双协议栈节点应该同时能够支持 32 位和 128 位的地址,既有 IPv4 的地址,又有 IPv6 的地址,可以同时收发两种类型的 IP 数据报。双协议栈可以工作在某台主机上,也可以工作在路由器中。在当前的过渡期中,双协议栈用得较为广泛,也构成了其他过渡技术的基础。

IPv6 是公认的未来 IP 技术,它的部署需要一个平滑过渡的过程。各种过渡技术都有其优缺点,在实施时宜根据自身的客观情况选取合适的过渡技术。而且,由于现存的各种网络情况,实现 IPv4 向 IPv6 的转换相当昂贵,不论是路由器、交换机,还是服务器、软件和 TCP/IP 协议栈都需要升级,升级后还会存在其他的问题,因此 IPv4 和 IPv6 会共存相当长的时间。

【自测训练题】

1. 名词解释

IP 地址,物理地址,分层,OSI/RM 结构,TCP/IP 结构,子网掩码,网关,表示层,网络层。

2. 选择题

(1) 关于 OSI 参考模型中的"服务"与"协议"的关系,正确的说法是(　　)。

A. "协议"是"垂直"的,"服务"是"水平"的

B. "协议"是相邻层之间的通信规则

C. "协议"是"水平"的,"服务"是"垂直"的

D. "服务"是对等层之间的通信规则

(2) 在 OSI 参考模型中能实现路由选择、拥塞控制与网络互连功能的层是(　　)。

A. 传输层 　　　　　　B. 应用层 　　　　　　C. 网络层 　　　　　　D. 物理层

(3) IP 地址的位数为(　　)位。

A. 32 　　　　　　　　B. 48 　　　　　　　　C. 128 　　　　　　　D. 64

(4) IP 地址 202.116.40.32 的(　　)表示主机号。

A. 202 　　　　　　　B. 202.116 　　　　　C. 32 　　　　　　　　D. 40.32

(5) 假设一个主机的 IP 地址为 196.128.6.121,而子网掩码为 255.255.255.248,那么该主机的网络号为(　　)。

A. 196.168.6.12 　　　　　　　　　　　B. 196.128.6.121

C. 196.128.6.120 　　　　　　　　　　 D. 196.128.6.32

(6) 以下 IP 地址中,属于 B 类地址的是(　　)。

A. 110.200.10.23 　　　　　　　　　　 B. 211.122.20.21

C. 23.123.211.32 　　　　　　　　　　 D. 166.132.24.17

(7) 在 TCP/IP 中,HTTP 是在(　　)层。

A. 网络接口层 　　　　B. 应用层 　　　　　　C. 传输层 　　　　　　D. 网络层

(8) 下列给出的协议中,属于 TCP/IP 结构的应用层的是(　　)。

A. UDP 　　　　　　　B. IP 　　　　　　　　C. TCP 　　　　　　　D. Telnet

（9）在网络协议中，涉及数据和控制信息的格式、编码及信号电平等内容的是网络协议的（　　）要素。

    A. 语法　　　　　　　　B. 语义　　　　　　　　C. 定时　　　　　　　　D. 语用

（10）OSI 体系结构定义了一个（　　）层模型。

    A. 8　　　　　　　　　　B. 9　　　　　　　　　　C. 6　　　　　　　　　　D. 7

（11）在 OSI 的 7 层模型中，主要功能是在通信子网中实现路由选择的层次为（　　）。

    A. 物理层　　　　　　　B. 网络层　　　　　　　C. 数据链路层　　　　　D. 传输层

（12）在 OSI 的 7 层模型中，主要功能是协调收发双方的数据传输速率，将比特流组织成帧，并进行校验、确认及反馈重发的层次为（　　）。

    A. 物理层　　　　　　　B. 网络层　　　　　　　C. 数据链路层　　　　　D. 传输层

（13）在 OSI 的 7 层模型中，主要功能是提供端到端的透明数据运输服务、差错控制和流量控制的层次为（　　）。

    A. 物理层　　　　　　　B. 数据链路层　　　　　C. 传输层　　　　　　　D. 网络层

（14）在 ISO 的 7 层模型中，主要功能是组织和同步不同主机上各种进程间通信的层次为（　　）。

    A. 网络层　　　　　　　B. 会话层　　　　　　　C. 传输层　　　　　　　D. 表示层

（15）在 OSI 的 7 层模型中，主要功能是为上层用户提供共同的数据或信息语法表示转换，也可进行数据压缩和加密的层次为（　　）。

    A. 会话层　　　　　　　B. 网络层　　　　　　　C. 表示层　　　　　　　D. 传输层

（16）在开放系统互连参考模型中，把传输的比特流划分为帧的层次是（　　）。

    A. 网络层　　　　　　　B. 数据链路层　　　　　C. 传输层　　　　　　　D. 分组层

（17）在 OSI 的 7 层模型中，提供建立、维护和拆除物理链路所需的机械、电气、功能和规程特性的层次是（　　）。

    A. 网络层　　　　　　　B. 数据链路层　　　　　C. 物理层　　　　　　　D. 传输层

（18）在 OSI 的 7 层模型中，负责为 OSI 应用进程提供服务的层次是（　　）。

    A. 应用层　　　　　　　B. 会话层　　　　　　　C. 传输层　　　　　　　D. 表示层

（19）在 OSI 的 7 层模型中，位于物理层和网络层之间的层次是（　　）。

    A. 表示层　　　　　　　B. 应用层　　　　　　　C. 数据链路层　　　　　D. 传输层

（20）允许计算机相互通信的语言被称为（　　）。

    A. 协议　　　　　　　　B. 寻址　　　　　　　　C. 轮询　　　　　　　　D. 对话

3. 简答题

（1）计算机网络为什么采用层次结构？

（2）LLC 层和 MAC 层的功能各是怎样的？

（3）描述 TCP/IP 模型。

（4）分配给用户的 A、B 和 C 类地址的地址范围是多少？

（5）什么是子网掩码和默认网关？它们各有什么作用？

（6）什么是静态 IP 地址和动态 IP 地址？

（7）现需要对一个局域网进行子网划分，局域网获取的是 C 类 IP 地址 202.116.246.0，要求将其划分为 12 个不同的子网，每个子网主机数不超过 12 台。请确定每个子网的网络地址、开始和结束地址，并计算出该网络的子网掩码。

（8）IPv4 的不足之处体现在哪些方面？IPv6 有哪些主要特征？

第 4 章

局域网

04

扫码观看微课视频

【主要内容】

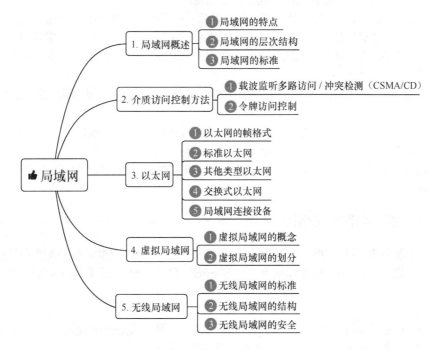

【知识目标】

（1）掌握局域网的概念及局域网的标准。

（2）掌握局域网的介质访问控制方法。

（3）理解以太网的原理及交换式以太网的原理。

（4）了解虚拟局域网的工作原理。

（5）理解无线局域网的标准、结构与安全。

【技能目标】

（1）能够清晰描述局域网的各种介质访问控制方法的区别和特点。

（2）能够说明传统以太网和交换式以太网的区别和特点。

（3）能够举例说明虚拟局域网的概念及其应用情况。

4.1 局域网概述

局域网是一种应用广泛的计算机网络，即在有限的地理范围内（一般不超过 10km），一间机房、一栋大楼、一个学校或一个单位内部的计算机、外设和各种网络连接设备互连在一起，实现数据传输和资源共享的计算机网络系统。局域网的发展始于 20 世纪 70 年代，以太网（Ethernet）是其典型的代表。

4.1.1 局域网的特点

局域网的名字本身就隐含了这种网络地理范围的局域性，虽有较小的地理范围的局限性，但其应用范围的数量远远超过广域网。局域网的特点如下所述。

（1）地理分布范围小，一般是几百米到几千米的范围。

（2）数据传输速率高，误码率低。局域网的带宽一般不小于 10Mbit/s，有些快速的可以达到 10Gbit/s 甚至更高。局域网的发展非常快，速率也越来越高，各种信息都能在局域网中高速传输。一般局域网的误码率在 $10^{-11} \sim 10^{-8}$。局域网通常采用基带传输技术，而且距离有限，经过的网络设备少，因此误码率低。

（3）局域网支持多种通信介质，可以支持双绞线、同轴电缆和光纤。局域网的通信介质有严格的规定。

（4）局域网归属单一，便于管理。一般局域网是归一个单位所有的，所以网络设计、安装、使用和操作不受公共机构的约束，只要自己遵循局域网的标准即可。

（5）局域网协议简单，结构灵活，建网成本低，工作站的数量一般在几十台到几百台之间，管理和扩充都很方便。

4.1.2 局域网的层次结构

局域网只涉及通信子网的功能，它是同一个网络中节点与节点之间的物理层和数据链路层，并且数据链路层被细分为介质访问控制子层和逻辑链路控制子层。OSI 参考模型和局域网参考模型的对比如图 4-1 所示。

1. 物理层

物理层涉及在通信线路上传输的二进制比特流，主要作用是确保在一段物理链路上正确传输二进制信号，完成信号的发送与接收、时钟同步、解码与编码等功能。

2. 数据链路层

局域网的信道大多是共享的，容易因争用传输介质而引起冲突。数据链路层的重点就是考虑介质的访问控制问题。为了使数据链路层不过于复杂，局域网模型把数据链路层又分成两个独立的子层，如图 4-2 所示。

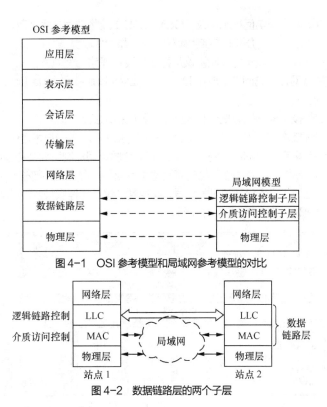

图 4-1　OSI 参考模型和局域网参考模型的对比

图 4-2　数据链路层的两个子层

（1）逻辑链路控制子层（LLC 子层）。LLC 子层的功能完全与介质无关，不针对特定的传输介质，对各种类型的局域网它都是相同的。该子层用来建立、维持和释放数据链路，提供一个或多个逻辑服务接口，向网络层提供服务，完成帧的收、发，提供差错控制、流量控制和发送顺序等功能。LLC 子层独立于介质访问控制方法，隐藏了各种局域网技术之间的差别，为高层提供统一的界面。

（2）介质访问控制子层（MAC 子层）。MAC 子层的功能和介质有关，它包含了许多不同的模块，对于不同类型的局域网都是不同的，例如以太网、令牌总线（Token Bus）网和令牌环（Token Ring）网都有不同的要求。MAC 子层进行信道分配，解决信道争用的问题。它包含了将信息从源点传送到目的地所需的同步、标识、流量和差错控制的规范，并完成帧的寻址和识别、产生帧检验序列和帧校验等功能。

局域网种类繁多，主要可以用 3 种常见的体系结构来划分，分别是以太网、令牌环网和光纤分布式数据接口 FDDI（Fiber Distributed Data Interface）网络。其中以太网在现实中使用的范围最广。

4.1.3　局域网的标准

IEEE 802 又称为局域网/城域网标准委员会（LAN /MAN Standards Committee，LMSC），致力于研究局域网和城域网的物理层和 MAC 层中定义的服务和协议，对应 OSI 网络参考模型的最低两层（物理层和数据链路层）。IEEE 802 系列标准是 IEEE 802 LAN/MAN 标准委员会制定的局域网、城域网技术标准。广泛使用该标准的有以太网、令牌环网、无线局域网等。这一系列标准中的每一个子标准都由委员会中的一个专门工作组负责。

IEEE 802 系列标准如下所述。

IEEE 802.1：局域网体系结构、网络管理和网络互连。

IEEE 802.2：逻辑链路控制子层的定义。

IEEE 802.3：以太网介质访问控制协议（CSMA/CD）及物理层技术规范。

IEEE 802.4：令牌总线网介质访问控制协议及物理层技术规范。

IEEE 802.5：令牌环网介质访问控制协议及物理层技术规范。

IEEE 802.6：城域网介质访问控制协议 DQDB （Distributed Queue Dual Bus，分布式队列双总线）及物理层技术规范。

IEEE 802.7：宽带技术咨询组，提供有关宽带联网的技术咨询。

IEEE 802.8：光纤技术咨询组，提供有关光纤连网（如 FDDI）的技术咨询。

IEEE 802.9：综合声音数据的局域网（IVD LAN）介质访问控制协议及物理层技术规范。

IEEE 802.10：网络安全技术咨询组，定义了网络互操作的认证和加密方法。

IEEE 802.11：无线局域网（WLAN）介质访问控制协议及物理层技术规范。

IEEE 802 标准内部关系结构如图 4-3 所示。

图 4-3　IEEE 802 系列标准

4.2　介质访问控制方法

为保证数据传输的可靠性，局域网中各个节点在使用传输介质进行传输时必须遵循某种传输规则或者协议，我们称之为局域网的介质访问控制方法。局域网通信是共享传输介质的，采用广播式通信方式，如图 4-4 所示。

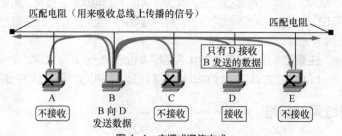

图 4-4　广播式通信方式

常用的局域网介质访问控制方法有 IEEE 802.3 的争用型访问方式，叫作载波监听多路访问/冲突检测（Carrier Sense Multiple Access/Collision Detected，CSMA/CD），它是以太网的核心技术；另外一种是 IEEE 802.5 的定时型访问方式，叫作令牌（Token）访问控制技术，主要用在令牌环网和FDDI 网络中。

4.2.1　载波监听多路访问/冲突检测

载波监听多路访问/冲突检测（CSMA/CD）最早应用于总线型拓扑结构的以太网网络中。

1. 相关概念

（1）冲突（Collision）。在以太网中，当两个数据帧同时被发到物理传输介质上，并完全或部分重叠时，就发生了数据冲突。当冲突发生时，物理网段上的数据都不再有效。

（2）冲突域。在同一个冲突域中的每一个节点都能收到所有被发送的帧。

（3）冲突产生的原因。冲突是影响以太网性能的重要因素，冲突的存在使得传统的以太网在负载超过 40% 时，效率将明显下降。产生冲突的原因有很多，例如同一冲突域中节点的数量越多，产生冲突的可能性就越大。此外，诸如数据分组的长度（以太网的最大帧长度为 1 518 字节）、网络的直径等因素也会导致冲突的产生。因此当以太网的规模增大时，就必须采取措施来控制冲突的扩散。通常的办法是使用网桥和交换机将网络分段，将一个大的冲突域划分为若干个小的冲突域。

在以太网网络中各个站点以帧的形式发送数据，帧中含有源节点和目的节点的地址。网络中的帧以广播的方式传输，连接在信道上的所有设备都能检测到该帧。当某个节点检测到目的地址和自己相符时，就接收帧中所携带的数据，并按规定的协议向源节点返回一个响应。

2. 载波监听多路访问/冲突检测的工作原理

CSMA/CD 的工作原理用通俗的语言表达为：先听后说，边听边说；一旦冲突，立即停说；等待时机，然后再说。其中"听"，即监听、检测之意；"说"，即发送数据之意。

CSMA/CD 的工作流程如图 4-5 所示。

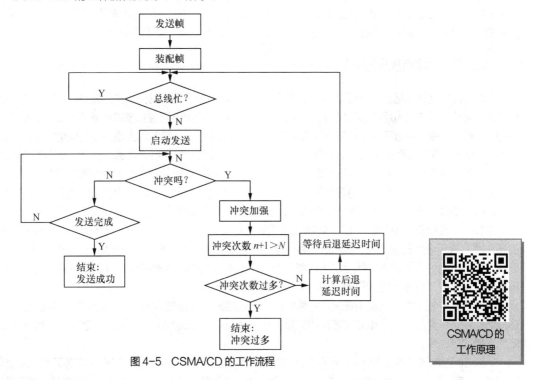

图 4-5　CSMA/CD 的工作流程

所谓载波监听（Carrier Sense），就是网络上各个工作站在发送数据前都要确认总线上有没有数据传输。若有数据传输（称总线为忙），则不发送数据；若无数据传输（称总线为空），则立即发送准备好的数据。多路访问（Multiple Access）的意思是网络上所有工作站收发数据共同使用同一条总线，且发送数据的方式是广播式。冲突也被称为碰撞，若网络上有两个或两个以上的工作站同时发送数据，在总线上就会产生信号的混合，哪个工作站都辨别不出真正的数据是什么。为了减少冲突发生后的影响，工作站在发送数据的过程中要不停地检测自己发送的数据有没有在传输过程中与其他工作站的数据发生冲突，这就是冲突检测（Collision Detected）。

CSMA 本身是不能完全消除冲突的，例如，当 A 节点经过监听，发现信道空闲可以传输数据，A 节点向信道上发送数据后，经过一段比较短暂的时间，某个相隔较远的 B 节点由于传输信道的信号延迟而没有收到 A 节点发送的信息，而 B 节点经过监听后发现信道空闲，也发送了数据，这样两组数据就会在信道上发生碰撞冲突，如图 4-6 所示。还有一种情况，A 节点和 B 节点同时监听信道发现信道空闲，又同时发送数据，这样也会发生碰撞。

CD 就是冲突检测，其目的是保证任一时刻只允许一个节点发送数据。在发送数据前，先监听总线是否空闲。若总线忙，则不发送；若总线空闲，则把准备好的数据发送到总线上。在发送数据的过程中，工作站边发送边检测总线，看自己发送的数据是否有冲突。若无冲突，则继续发送直到发送完全部数据；若有冲突，则立即停止发送数据，但是要发送一个加强冲突的 JAM 信号，以便使网络上所有的工作站都知道网上发生了冲突。然后等待一个预定的随机时间，且在总线为空时再重新发送未发完的数据。

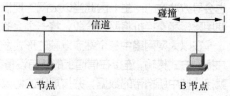

图 4-6　载波监听后发生冲突

从 CSMA/CD 的工作原理可以看出，它是一种"争用型"介质控制方法，网络上各个节点地位平等，结构简单，价格低廉，易于实现。缺点是无法设置介质访问优先权，对站点发送信息不提供任何时间上的保证，不适用于对信息传递实时性要求较高的场合。低负载时，网络传输效率较高；负载较重时，竞争的节点过多，冲突也就增加，传输延迟剧增，网络性能会急剧下降甚至瘫痪。

4.2.2　令牌访问控制

令牌访问控制技术是和"争用型"的 CSMA/CD 技术完全不同的另外一种介质访问控制方法。它采用轮流访问的公平方式占用信道，类似于"击鼓传花"游戏。令牌访问控制技术最早使用在环形网络拓扑结构中。有一个令牌沿着环形总线在入网节点计算机间依次传递，令牌实际上是一个特殊格式的帧，本身并不包含信息，仅控制信道的使用，确保在同一时刻只有一个节点能够独占信道。当环上所有的节点都空闲时，令牌绕环行进。当有节点想发送信息时必须等待，节点计算机只有在取得令牌后才能发送数据帧，因此不会发生碰撞。并且当有信息在网络上传输时就不会再有令牌存在，其他想要发送信息的节点就必须等待。由于令牌在网环上是按顺序依次传递的，因此对所有入网计算机而言，访问权是公平的。

令牌在工作中有"闲"和"忙"两种状态。"闲"表示令牌没有被占用，即网络中没有计算机在传输信息；"忙"表示令牌已被占用，即网络中有信息正在传输。希望传输数据的计算机必须首先检测到"闲"令牌，将它置为"忙"状态，然后在该令牌后面传输数据。当所传数据被目的节点计算机接收时，将数据从网络中除去，将令牌重新置为"闲"状态。

令牌访问控制技术不仅能用在环形网络结构中，还能应用在总线型网络结构中，称为令牌总线。在环形结构中，令牌传递次序和节点连接的物理次序一致；在总线结构中，逻辑环次序不一定和线路上的节点连接次序一致。

令牌访问控制技术有许多优点：不存在信道竞争，不会出现冲突，负载大小对网络影响不大；令牌运行时间确定，实时性好，适合对时间要求较高的场合；可以对节点设置优先级，便于集中管理控制。它的缺点就是令牌访问控制的管理机制较为复杂，有可能发生令牌损坏、丢失或者出现多个令牌的情况，因此需要在网络中配置监控站点。监控站点具有错误检测和恢复能力，能够检查令牌的状态，并进行恢复等操作。

1. 令牌环网的工作原理

令牌访问控制技术使站点能轮流发送数据，消除了不确定性。每次只能发送一帧，这种循环协调的机制称为令牌传递。令牌环网属于环形拓扑结构的网络，采用的令牌环介质访问控制方法属于一种有序的竞争协议。

令牌环网的标准是 IEEE 802.5，它采用差分曼彻斯特编码，寻址方式也是使用 6 字节的 MAC 地址，和以太网一样。令牌环网在物理上是一个由一系列环接口和这些接口间的点对点链路构成的闭合环路，各站点通过环接口连接到网络上，令牌和数据帧沿着环单向流动。

当环上的一个站点希望发送帧时，必须首先等待令牌。令牌是一组特殊的比特，专门用来决定由哪个站点访问网环。一旦收到令牌，站点便可启动发送。帧中包括接收站的地址，以标识哪一站应接收此帧。当帧在环上传送时，不管帧是不是针对自己站点的，所有站点都进行转发，直到传回到帧的始发站，并由该始发站撤销该帧。帧的目的接收者除转发帧外，应针对自身站的帧创建一个副本，并通过在帧的尾部设置"响应比特"来指示已收到此副本。站点在发送完一帧后，应该释放令牌，以便出让给其他站点使用。

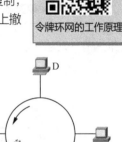

令牌环网的工作原理

在一个令牌环网中，令牌会在环中传递。假定站点 A 想向站点 C 发送帧，其过程为：第一步，站点 A 等待空令牌从上游邻站到达本站，以便有机会发送数据；第二步，站点 A 将帧发送到环上，站点 C 对照数据帧的目的地址，对帧进行复制，并继续将该帧转发到环上；第三步，站点 A 等待接收它所发的帧，并将帧从环上撤离，并发送空令牌，如图 4-7 所示。

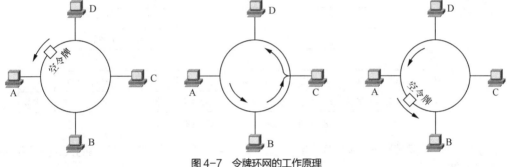

图 4-7　令牌环网的工作原理

2. 令牌环网的组建

一般令牌环网的传输介质通常为同轴电缆，使用 T 型连接器、BNC 接头等连接件将同轴电缆与网卡相连。其物理连接如图 4-8 所示，结构相当于将总线型的网络首尾相接连起来。

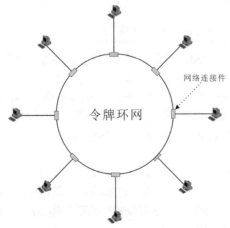

图 4-8　令牌环网的物理连接

令牌环网的传输介质也可以是双绞线，但此时就要用专门的令牌环集线器、RJ45 等连接件与网卡相连，构成物理上的环形网。令牌环集线器的内部结构如图 4-9 所示。

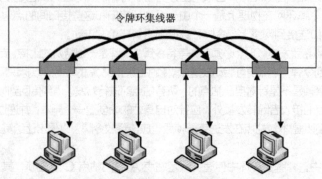

图 4-9　令牌环集线器的内部结构

3. 令牌帧和数据帧的格式

IEEE 802.5 规定了令牌环 MAC 帧有令牌帧、异常终止帧和数据帧 3 种类型，如图 4-10 所示。它们都有一对起始分界符 SD 和结束分界符 ED，用于确定帧的边界。

令牌帧	SD	AC	ED
	1 字节	1 字节	1 字节

异常终止帧	SD	ED
	1 字节	1 字节

数据帧	SD	AC	FC	目标地址	源地址	数据	CRC	ED	FS
	1 字节	1 字节	1 字节	2～6 字节	2～6 字节	最多 4 500 字节	4 字节	1 字节	1 字节

图 4-10　令牌环 MAC 帧的格式

（1）令牌帧。令牌帧是一个包含 3 个字段的帧，每个字段都是一个字节。SD 指明数据帧即将到来，ED 指明帧的结束。

（2）数据帧。数据帧中各标记的具体含义如表 4-1 所示。

表 4-1　　　　　　　　　　　　　　令牌环网数据帧的标记与含义

帧标记	SD	AC	FC	CRC	ED	FS
作用意义	起始分界符	访问控制 （优先级）	帧控制 （帧类型）	循环冗余校验	结束分界符	帧状态位

数据帧由 9 个字段组成。一般的令牌环网是按照站点的物理连接顺序传递令牌的，也可以通过在 AC 字段上设置优先级允许站点按不同的顺序获取令牌。帧状态位 FS 可以由接收站点设置，用来表示这个帧已经被阅读；或者由监控站点设置，表示该帧已经环绕一周，用以通知发送方。

（3）异常终止帧。异常终止帧只有 SD 和 ED 两个字段。它可以由发送方产生，用来停止发送方的传输，也可以由监控站点产生，用来清除线路上旧的传输。

4. FDDI 光纤网

光纤分布式数据接口网络（Fiber Distributed Data Interface Network，FDDI 网络）是由美国国家标准化协会的 X3T9.5 委员会制定的一个以光纤为传输介质的局域网标准，采用时分令牌环访问控制方法。FDDI 网络实现了在网络上同时进行多数据帧传输的功能，提高了宽带的利用率。

FDDI 网络主要应用的环境，如下所述。

（1）用于连接大型计算机的高速外部设备，要求可靠、高速和容错。

（2）用于连接大量的小型机、工作站、个人计算机与各种外部设备。这些设备一般在办公室或建筑物中。

（3）用于连接分布在校园内各个建筑物中的小型机、服务器、工作站和个人计算机，以及多个局域网。

（4）用于连接地理位置相距几千米或几十千米的多个校园或企业网，形成一个局域性的互联网或企业网的主干网。

FDDI 网络的传输速率为 100Mbit/s，覆盖区域可达 100km，可连接 500 多个站点，站间的最大距离为 2km。FDDI 网络采用光纤作为传输介质，多采用双环结构，如图 4-11 所示。

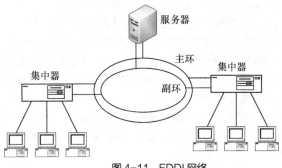

图 4-11 FDDI 网络

4.3 以太网

以太网是由 Xerox 公司创建并由 Xerox、Intel 和 DEC 公司联合开发的基带局域网规范。它是一种计算机局域网组网技术规范，不是一种具体的网络。以太网使用 CSMA/CD 技术，并以 10Mbit/s 的速率运行在多种类型的电缆上。IEEE 802.3 标准给出了以太网的技术规范。

以太网是当今局域网中最通用的通信协议标准。该标准定义了在局域网中采用的电缆类型和信号处理方法，规定了物理层的连线、电信号和介质访问层协议等内容。以太网在互连设备之间以 10Mbit/s~100Mbit/s 的速率传送信息包，双绞线电缆 10 Base-T 以太网由于其低成本、高可靠性以及 10Mbit/s 的速率等特点而成为应用最为广泛的以太网技术。直扩的无线以太网的速率可达 11Mbit/s，许多制造供应商提供的产品都能采用通用的软件协议进行通信，开放性较好。

最开始以太网只有 10Mbit/s 的吞吐量，它所使用的是 CSMA／CD 的访问控制方法。通常把这种最早期的 10Mbit/s 以太网称为标准以太网。除此之外还有快速以太网（100Mbit/s 以太网）、吉比特以太网、10 吉比特以太网、光纤以太网和端到端以太网等多种不同的以太网类型。

4.3.1 以太网的帧格式

IEEE 802.3 定义了一个由 7 个字段组成的 MAC 帧的格式，7 个字段分别是前导符、开始标识、目的地址、源地址、长度、数据和校验序列，如图 4-12 所示。

7 字节	1 字节	6 字节	6 字节	2 字节	46 ~ 1500 字节	4 字节
前导符	开始标识	目的地址	源地址	长度	数据	校验序列

图 4-12 IEEE 802.3 帧格式

以太网的帧格式说明如下所述。

（1）前导符，由 7 个字节组成，通知接收端即将有数据帧到来，使收发双方保持同步。前导符由“1”

和"0"交替构成，形成 7 个由二进制数组成的序列字段"10101010"，该字段的曼彻斯特编码会产生 10MHz 的方波，使发送方和接收方同步。

（2）开始标识。前导符后就是 1 个字节的开始标识，也称为帧首分界符，表示一个帧的开始，其编码形式为"10101011"序列。该序列告知接收方，后面的内容是发送的信息。

（3）目的地址。目的地址长度为 6 个字节，共 48 位，正好对应网卡的物理地址，即帧要到达的接收方的 MAC 地址。

（4）源地址。源地址也是 6 个字节，记录了发送方的物理地址。

（5）长度。2 个字节的长度字段指出了将要到来的数据字段的字节数。

（6）数据。数据部分的内容也是 LLC 的帧。802.3 帧将 LLC 帧当作一个模块化、可拆装的单元包含进来，长度为 46~1 500 字节。802.3 帧和以太网都定义了帧的长度，从目的地址到校验序列的长度为 64~1 518 字节。当数据字段的长度小于 46 字节时，在数据后面加上填充，直到等于 46 字节，这样就可以保证帧的长度满足最短为 46 字节的要求。

（7）校验序列。MAC 帧的最后一个字段是校验序列，它由 4 个字节组成，用于校验帧在传输过程中有无差错，采用循环冗余校验码 CRC。这个 CRC 码由目的地址、源地址、长度和数据字段计算得出，校验范围不包含前导符和开始标识。

根据上述帧的格式定义，发生下列情况时，如帧的长度与长度字段给出的值不一致、帧的长度小于规定的最短长度、帧的长度不是字节长度的整数倍、接收到的帧的 CRC 码校验出错，该帧就是无效的帧，应该被丢弃。

4.3.2 标准以太网

标准以太网是常见的传输速率为 10Mbit/s 的以太网标准规范，都遵循 IEEE 802.3 标准，如图 4-13 所示。

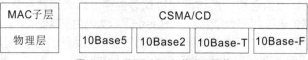

MAC子层	CSMA/CD			
物理层	10Base5	10Base2	10Base-T	10Base-F

图 4-13　IEEE 802.3 物理层规范

以太网技术规范

以太网都遵循 IEEE 802.3 标准，这些标准名称前面的数字表示传输速率，单位是"Mbit/s"，最后一个数字表示单段网线的长度或电缆的类别，Base 表示"基带"，Broad 代表"宽带"。例如 10Broad36 表示传输速率为 10Mbit/s 的宽带传输，使用 75Ω 同轴电缆；10Base5 表示传输速率为 10Mbit/s 的基带传输，使用 50Ω 粗同轴电缆；10Base-T 表示传输速率为 10Mbit/s 的基带传输，使用双绞线。常见的几种以太网标准规范，见表 4-2。

表 4-2　　　　　　　　　　　常见的以太网标准规范

选项	10Base5	10Base2	10Base-T	10Base-F	10Broad36
传输介质	50Ω 粗同轴电缆	细同轴电缆	双绞线	光纤	75Ω 同轴电缆
网段长（m）	500	185	100	2 000	1 800
段站点数	100	30		33	100
电缆直径	10mm	5mm	0.4~0.6mm	62.5/125μm	15mm
拓扑结构	总线型	总线型	星形	星形	总线型
编码技术	曼彻斯特	曼彻斯特	曼彻斯特	曼彻斯特	曼彻斯特
标准	803.3	802.3a	802.3i	802.3i	802.3b

1. 10Base5 规范

10Base5 是最早的以太网，也是最早的局域网，使用阻抗为 50Ω 的粗同轴电缆，传输速率为 10Mbit/s，采用总线型拓扑结构，每段线缆的最大长度为 500m，可以通过中继器延长距离。在网络扩展中，最多使用 4 个中继器连接 5 个网段，因此网络最大跨度为 2 500m，连接的 5 个网段中只允许 3 个网段连接计算机，其余 2 个网段只用来扩充网络距离，用中继器连接的整个网络构成 1 个冲突域，这就是常说的 5-4-3-2-1 中继规则。10Base5 的结构如图 4-14 所示。

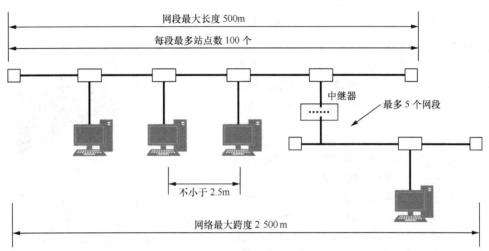

图 4-14　10Base5 结构图

50Ω 粗同轴电缆与插在计算机内的网卡之间通过收发器及收发器电缆连接。收发器的主要功能是经收发器电缆从计算机得到数据向同轴电缆发送，或从同轴电缆接收数据经收发器电缆发送给计算机；检测在同轴电缆上发生的数据帧的冲突；当收发器或所连接的计算机出故障时，保证同轴电缆不受其影响。

粗同轴电缆价格昂贵，连接也很不方便，在 IEEE 802.3 标准中使用得不多，现在已经很少使用了。

2. 10Base2 规范

10Base2 使用细同轴电缆，它和 10Base5 都采用曼彻斯特编码，数据传输速率为 10Mbit/s，都采用总线型拓扑结构。10Base2 降低了 10Base5 的安装成本和复杂性，是作为 10Base5 的一个替代方案出现的。它将 10Base5 收发器的功能移植到网卡上，这样网络组建将更加简单，省去了收发器及收发器电缆，并用 BNC 连接器和 T 型接头实现细同轴电缆和计算机上的网卡之间的连接，如图 4-15 所示。

(a) BNC 连接器　　　　　　　　　　(b) T 型接头

图 4-15　10Base2 电缆连接器

10Base2 规范中一个网段的最大长度为 185m，一个网段的站点数为 30 个，同样适用 5-4-3-2-1 中继规则，其结构如图 4-16 所示。

图 4-16　10Base2 结构图

3. 10Base-T 规范

10Base-T 规范以双绞线为传输介质，采用星形网络拓扑结构，中央节点是一个集线器，每台连网的计算机通过双绞线集中连接到集线器上。集线器的作用类似于一个转发器，它接收来自一条线路上的信号并向其他所有线路转发，尽管从物理上看是个星形网络，但在逻辑上仍然是一个总线型网络，各个站点仍然共享逻辑上的总线，使用的是 CSMA/CD。因此采用集线器构建的以太网仍然属于同一个冲突域。10Base-T 规范的网络结构如图 4-17 所示。

图 4-17　10Base-T 结构图

一个集线器有多个端口，每个端口通过 RJ-45 连接器用双绞线与工作站上的网卡连接，每个端口都具有接收和发送数据的功能。当某个端口有数据到来时，这个端口将收到的数据转发给其他所有端口，再转发给所有工作站。若多个端口同时有数据到来，则发生冲突，集线器就发送干扰信号。其本质上就像一个多端口的转发器。

集线器与网卡上都有发光二极管 LED 指示灯，灯亮表示连接正常。由于要检测冲突和传输衰减，10Base-T 中网段的最大长度为 100m，扩大距离的办法是用光纤代替双绞线或用中继器延长网段。集线器有 4 端口、8 端口、16 端口和 24 端口，当网络中站点数量多、端口数不够时可以通过集线器级联或堆叠来扩充端口。

4. 10Base-F 规范

10Base-F 规范是以光纤为传输介质的标准。IEEE 802.3 中规定每条传输线路都使用一条光纤，每条光纤采用曼彻斯特编码传输一个方向上的信号。每一位数据经编码后，转换为光信号，可以用有光表示电信号中的高电平，无光表示电信号中的低电平。

4.3.3　其他类型以太网

以太网不是一种具体的网络，而是一种技术规范。从标准以太网到高速以太网经历了多年的发展，如图 4-18 所示。

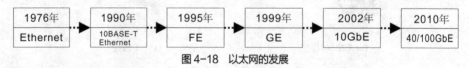

图 4-18　以太网的发展

1. 快速以太网（100Mbit/s 以太网）

随着对网络要求的提高，10Mbit/s 的速率已经不能满足通信要求，为了使 10Mbit/s 的以太网在改变很小的情况下升级到 100Mbit/s 甚至更高的快速以太网，人们想了很多方法。1995 年 IEEE 批准的

802.3u 就是快速以太网（Fast Ethernet）标准，其规范见表 4-3。

表 4-3　　　　　　　　　　　　　　　　快速以太网的规范

标准	传输介质	特性	网段长（m）
100Base-TX	2 对 5 类 UTP	100Ω	100
	2 对 STP	150Ω	100
100Base-FX	1 对单模光纤	8/125μm	40 000
	1 对多模光纤	62.5/125μm	2 000
100Base-T4	4 对 3 类 UTP	100Ω	100
100Base-T2	2 对 3 类 UTP	100Ω	100

快速以太网对标准以太网进行了简单的改进：10Mbit/s 以太网的工作频率是 25MHz，100Mbit/s 以太网的工作频率改为 125MHz；100Mbit/s 以太网的传输速率提高到原来的 10 倍。100Mbit/s 以太网还提供自适应功能，能够在网络设备之间进行自动协商，实现 10Mbit/s 和 100Mbit/s 以太网两种网络的共存和平滑过渡。100Mbit/s 以太网的编码不再采用曼彻斯特编码，而采用 4B/5B 的编码方式。100Mbit/s 以太网和 10Mbit/s 以太网的 MAC 帧结构、长度和校验机制相同；介质访问控制方式相同，都采用 CSMA/CD；组网方法相同。这样从 10Mbit/s 以太网升级到 100Mbit/s 以太网就能很容易实现且成本较低。

快速以太网是通过降低冲突域的直径来提高速度的。10Mbit/s 的以太网冲突域的直径为 2 500m，一个站点发送信息时应该在整个帧传输完毕前检测到是否有冲突。因为以太网的最小帧长度为 64 字节（512 位），以 10Mbit/s 速率传输的话需要花费 51.2ms，在传输最后一位之前，第一位应到达冲突域的尽头，如果没有冲突，紧接着发送下一帧;如果这时发生冲突，发送方必须已经检测到，也就是要在 51.2ms 内检测到冲突并停止下一帧的发送。这一时间足够让信号在传输介质上做一次 5 000m 的来回了。

由上面冲突域的分析可知，100Mbit/s 以太网依然使用 CSMA/CD 的访问控制方式，如果以太网的速度提高到原来的 10 倍，传输一个 512 位的帧时间就减少为原来所用时间的 1/10，变为 5.12ms。在不改变帧的大小的情况下，如果让冲突域的直径降低为原来的 1/10，即从 2 500m 降到 250m，即使发生了冲突，发送方也能检测到。通过降低冲突域的直径的方法，以太网能把传输速率提高 10 倍，特别是在以双绞线为主要传输介质的情况下，距离降到 250m 不会有什么问题，一般的应用，从桌面到集线器，只需要 100m 长的双绞线就够了。

2. 吉比特以太网

吉比特以太网是一种新型高速局域网，它可以提供 1Gbit/s 的通信带宽。它采用和传统 10Mbit/s、100Mbit/s 以太网同样的 CSMA/CD 协议、帧格式和帧长，因此可以在原有低速以太网的基础上实现平滑、连续性的网络升级。吉比特以太网只用于点到点（Point to Point）的传输，连接介质以光纤为主，最大传输距离已达到 70km，可用于 MAN 的建设。吉比特以太网的规范见表 4-4。

表 4-4　　　　　　　　　　　　　　　　吉比特以太网的规范

标准	传输介质	特性	网段长
1000Base-SX	50μm 多模光纤	短波长激光	全双工最长传输距离 550m
	62.5μm 多模光纤		全双工最长传输距离 2 750m
1000Base-LX	9μm 单模光纤	长波长激光	全双工最长传输距离 550m
	50μm、62.5μm 多模光纤		全双工最长传输距离 3 000m
1000Base-CX	同轴电缆		最长传输距离 25m
1000Base-T	5 类 UTP		最长传输距离 100m

由于吉比特以太网采用了与传统以太网、快速以太网完全兼容的技术规范，因此吉比特以太网除了继承传统以太局域网的优点外，还具有升级平滑、实施容易、性价比高和易管理等优点。

吉比特以太网技术适用于大中规模（几百至上千台计算机）的园区网主干，从而实现以吉比特以太网为主干、用快速以太网交换（或共享）到桌面的主流网络应用模式。

3. 10 吉比特以太网

10 吉比特以太网技术与吉比特以太网类似，仍然保留了以太网的帧结构，采用 CSMA/CD 协议，应用在点到点线路上。它通过不同的编码方式或波分复用提供 10Gbit/s 的传输速率。所以就其本质而言，10 吉比特以太网仍是以太网的一种类型。

10 吉比特以太网在设计之初就考虑城域骨干网的需求。首先，带宽 10Gbit/s 足够满足现阶段以及未来一段时间内城域骨干网的带宽需求（现阶段多数城域骨干网的骨干带宽不超过 2.5Gbit/s）。其次，10 吉比特以太网最长传输距离可达 40km，且可以配合 10Gbit/s 传输通道使用，足够满足大多数城市的城域网覆盖。以 10 吉比特以太网为城域网骨干可以节约成本，使以太网端口价格远远低于相应的 POS 端口或者 ATM 端口。最后，10 吉比特以太网使端到端采用以太网帧成为可能，一方面可以端到端使用链路层的 VLAN 信息以及优先级信息，另一方面可以省略在数据设备上的多次链路层封装、解封装以及可能存在的数据包分片，简化网络设备。在城域网骨干层采用 10 吉比特以太网链路可以提高网络性价比并简化网络。

4.3.4 交换式以太网

交换式以太网是以交换机为中心构成的一种星形拓扑结构的网络。可以简单理解为以交换机为核心设备而建立起来的一种高速网络。这种网络近几年来运用得非常广泛。

1. 交换概念的提出

前面介绍的以太网都采用 CSMA/CD 访问控制方法，通过集线器来连接站点。使用集线器连接、堆叠和级联后形成的网络仍属于同一个冲突域。在同一个冲突域中介质是共享的，任何一个时刻只允许一个站点发送数据，网络的带宽是被站点平分的。这样的以太网称为共享式以太网。例如在 10Base-TX 中，当有 10 个站点时，每个站点可以使用的带宽是 1Mbit/s；当有 100 个站点时，每个站点可以使用的带宽只有 0.1Mbit/s。因此当站点数量较少时，共享式以太网有较好的性能和响应时间；当站点数较多时，其传输速率和网络性能会急剧下降。为了解决这些问题，借用电话网中交换的概念。在电话网的中心设备上设置开头，当开头接合上，两个用户的通信线路连通。当两个用户通信完毕，将相应的接点断开，两个用户间的连线就断开了。可以看出该中心设备能够完成任意两个用户之间交换信息的任务，所以称其为交换设备或者交换机。交换（Switch），即接续，就是在通信的源和目的之间建立通信信道，实现信息传送的过程。有了交换设备，对 N 个用户只需要 N 对线就可以满足要求，使线路的投资费用大大降低。

2. 交换式以太网

交换式以太网实现的关键设备是交换机。交换机根据收到的数据帧中的 MAC 地址决定数据帧应发向交换机的哪个端口。因为端口间的帧传输彼此屏蔽，不再像共享式以太网那样把帧发送给网络中的所有节点，因此节点就不用担心自己发送的帧在通过交换机时是否会与其他节点发送的帧产生冲突。交换机的一个端口就是一个冲突域，12 口交换机就有 12 个冲突域，理论上 12 台计算机可以同时发送数据。交换机的工作原理如图 4-19 所示。有了交换机，网络就可同时有多路信息传输。

交换机的端口可以直接连接节点，这样节点之间的连接就是并行连接，发送的数据就可以并行传输，端口的带宽被节点独享；端口也可以连接某个共享式以太网的集线器，该网段的所有节点将共享该端口的带宽。交换机组网如图 4-20 所示。

图 4-19　交换机的原理

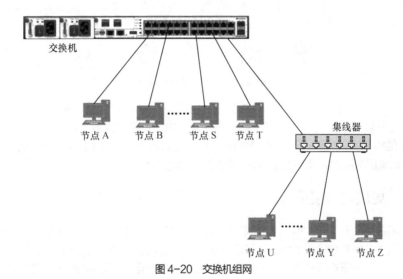

图 4-20　交换机组网

在图 4-20 中，节点 A、B、……、S、T 直接和交换机相连，节点 U、……、Y、Z 通过集线器和交换机相连。节点 A~T 可以同时向其他节点发送数据，例如同时有节点 A 发送数据给节点 T，节点 S 发送数据给节点 B。节点 U~Z 是一个共享式网段，同一时刻只能有一个节点向外发送数据，例如节点 U 向节点 S 发送数据时，其他节点只能等待。

3．交换式以太网和共享式以太网的比较

交换式以太网和共享式以太网相比较有以下不同。

（1）信道不同。交换式以太网中站点和站点之间的连接方式是点对点连接。它是一个并行处理系统，为每个站点提供一条交换通道，某个站点发送数据时，交换机只将帧发送到目的站点所连接的相应端口。共享式以太网中站点与站点之间的连接方式是广播式的共享方式，任一时刻只允许一个站点发送数据，且全网络中的所有站点都能收到发送的数据。

（2）带宽不同。共享式以太网中的所有站点共享带宽，每个站点的实际带宽是用集线器的理论带宽除以站点数量来计算的，随着站点数量的增多，每个站点分到的带宽急剧减少。交换式以太网中，理论上能把连接有 N 个设备的网络提高到 N 倍于交换机速率的带宽。例如在一个 24 口的 100Mbit/s 交换机组成的交换式以太网中，每个端口都提供 100Mbit/s 的专有速率，则该交换机的最大数据流通量为 24× 100Mbit/s。如果交换机能以全双工的方式工作，则处理数据的能力还将翻倍。例如一个 100Mbit/s 或 1Gbit/s 全双工的核心交换机，有 24 个 100Mbit/s 端口，每

交换式以太网和
共享式以太网的
区别

个端口连接 24 个下行链路；有 1 个 1 000Mbit/s 端口，连接一个上行链路；上行链路连接一台服务器，下行链路连接了 24 台计算机或者 10/100Mbit/s 的下一级交换机，如图 4-21 所示，则该交换机所需要的带宽计算如下。

24 × 100Mbit/s + 1 × 1Gbit/s = 3.4Gbit/s

如果链路都以全双工的方式工作，则该核心交换机所需的带宽计算如下。

24 × 100Mbit/s × 2 + 1 × 1Gbit/s × 2 = 6.8Gbit/s

只有当核心交换机的容量大于或等于所需要的带宽时，才可以无阻塞地满负荷工作。

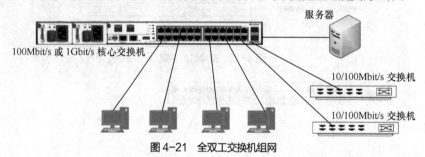

图 4-21　全双工交换机组网

（3）通信方式的区别。共享式以太网的信道是共享的，只能以半双工的通信方式传输数据；交换式以太网是并发传输数据，可以用全双工的通信方式，其性能远远超过共享式以太网。

（4）拓扑结构不同。共享式以太网的物理拓扑结构是星形网络，而逻辑拓扑结构仍为总线型网络；交换式以太网的物理拓扑和逻辑拓扑结构是一致的，都是星形网络。

4.3.5　局域网连接设备

随着局域网应用的普及和发展，和局域网相关的网络连接设备也在日益发生变化。这些设备在网络中不同的工作层次分别有物理层的中继器和集线器，数据链路层的网桥和二层交换机，还有网络层的路由器和三层交换机。计算机就是通过网卡和这些网络连接设备相连从而构成各种不同的局域网的。

1. 网卡

网络适配器（Network Interface Card，NIC）又称网卡或网络接口卡。它是使计算机连网的设备。平常所说的网卡就是将 PC 和 LAN 连接的网络适配器。网卡插在计算机主板插槽中，负责将用户要传递的数据转换为网络上其他设备能够识别的格式，并通过网络介质传输。它的主要技术参数有带宽、总线方式、电气接口方式等。它的基本功能有从并行到串行的数据转换、包的装配和拆装、网络存取控制、数据缓存和网络信号。网卡与计算机的结构关系如图 4-22 所示。

（1）网卡技术。网卡必须具备的两大技术分别是网卡驱动程序和 I/O 技术。驱动程序使网卡和网络操作系统兼容，实现 PC 与网络的通信。I/O 技术可以通过数据总线实现 PC 和网卡之间的通信。网卡是计算机网络中最基本的设备。在计算机局域网中，如果一台计算机没有网卡，那么这台计算机将不能和其他计算机通信，即这台计算机和网络是孤立的。

（2）网卡的分类。根据网络技术的不同，网卡的分类也有所不同，如大家所熟知的 ATM 网卡、令牌环网卡和以太网网卡等。据统计，目前约有 80% 的局域网采用以太网技术。根据工作对象的不同，网卡一般分为普通工作站网卡和服务器专用网卡。服务器专用网卡是为了适应网络服务器的工作特点而专门设计的，价格较贵，但性能很好。网卡种类较多，性能也有差异，可按以下的标准进行分类。按网卡所支持的带宽的不同的网卡可分为 10Mbit/s 网卡、100Mbit/s 网卡、10/100Mbit/s 自适应网卡、1 000Mbit/s 几种；根据总线类型的不同，网卡主要可分为 ISA 网卡、EISA 网卡和 PCI 网卡三大类，其中 ISA 网卡和 PCI 网卡较常使用。ISA 总线网卡的带宽一般为 10Mbit/s，PCI 总线网卡的带宽从 10Mbit/s 到 1 000Mbit/s 都有。同样是 10Mbit/s 网卡，因为 ISA 总线为 16 位，而 PCI 总线为 32 位，所以 PCI 网卡要比 ISA 网卡快。

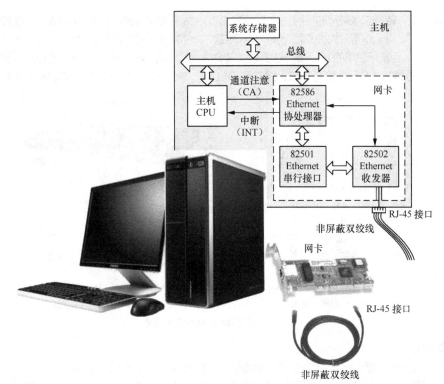

图 4-22　网卡与计算机的结构关系

（3）网卡的接口。根据传输介质的不同，网卡出现了 AUI 接口（粗缆接口）、BNC 接口（细缆接口）和 RJ-45 接口（双绞线接口）3 种接口类型。随着无线网络的快速发展，无线网卡也开始出现。

所以在选用网卡时，应注意网卡所支持的接口类型，否则可能不适用于你的网络。市面上常见的 10Mbit/s 网卡主要有单口网卡（RJ-45 接口或 BNC 接口）和双口网卡（RJ-45 和 BNC 两种接口），带有 AUI 接口的网卡较少。而 100Mbit/s 和 1 000Mbit/s 网卡一般为单口网卡（RJ-45 接口）。除网卡的接口外，我们在选用网卡时还常常要注意网卡是否支持无盘启动，必要时还要考虑网卡是否支持与光纤连接。常见的网卡有 PCI 网卡、USB 网卡和无线网卡，如图 4-23 所示。

BNC 接口网卡　　　　PJ-45 接口网卡　　　　USB 接口网卡　　　笔记本电脑 PCMCIA 接口网卡
图 4-23　几种常见的网卡类型

2. 集线器

集线器是共享式网络进行集中管理的最小单元，是网络节点的汇集点。Hub 是一个共享设备，主要功能是对接收到的信号进行再生广播。正是因为 Hub 只是一个信号放大和中转的设备，所以它不具备自动寻址能力，即不具备交换作用。所有传到 Hub 的数据均被广播到与之相连的各个端口，容易形成数据堵塞，因此有人称集线器为"傻 Hub"。Hub 主要用于共享网络的组建，是解决从服务器直接到桌面的最佳、最经济的方案。使用 Hub 组网比较灵活，它处于网络的一个星型节点，对与节点相连的工作站进行集中管理，不让出问题的工作站影响整个网络的正常运行，并且用户的加入和退出也很自由。

Hub 的分类。依据总线带宽的不同，Hub 分为 10Mbit/s、100Mbit/s 和 10/100Mbit/s 自适应 3 种；按配置形式的不同，Hub 可分为独立型、模块化和堆叠式 3 种；根据管理方式的不同，Hub 可分为智能型和非智能型两种。目前所使用的 Hub 基本上是以上 3 种分类的组合，如 10/100Mbit/s 自适应智能型可堆叠式 Hub 等。Hub 端口的数目主要有 8 口、16 口和 24 口等。常见集线器的结构与工作原理如图 4-24 所示。

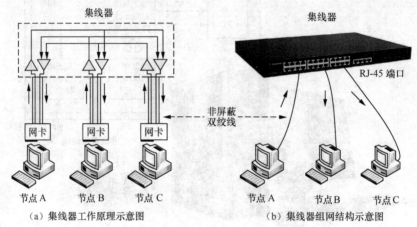

（a）集线器工作原理示意图　　　　　　　（b）集线器组网结构示意图

图 4-24　集线器的结构与工作原理

3. 交换机

交换机是交换式网络进行集中管理的最小单元，也是网络节点的汇集点。交换机工作在数据链路层。它可以根据物理地址对数据帧进行过滤和存储转发，通过对数据帧的筛选实现网络分段。当一个数据帧通过交换机时，交换机检查数据帧的源物理地址和目的物理地址，并从相应的端口转发。

交换机提供了许多网络互连功能，交换机能经济地将网络分成小的冲突网域，为每个工作站提供更高的带宽。协议的透

图 4-25　常用的 48 口交换机

以太网交换机技术原理

明性使得交换机在软件配置简单的情况下直接安装在多协议网络中。交换机对工作站是透明的，这样管理开销低廉，简化了网络节点的增加、移动和网络变化的操作。常用的 48 口交换机如图 4-25 所示。

4.4　虚拟局域网

在传统局域网中，每个网段可以是一个工作组或子网，多个逻辑工作组之间通过互连的交换机或路由器交换数据。如果一个工作组中的站点要转到另外一个工作组中去，需要将站点从一个网段中撤出，连接到另外一个网段上，甚至需要重新进行布线。逻辑工作组的组成受站点所在网段的物理位置的限制。

4.4.1　虚拟局域网的概念

虚拟局域网是建立在物理网络的基础上的一种逻辑子网，虚拟局域网技术使局域网的组网灵活多变。

1. 虚拟局域网的定义

虚拟局域网（Virtual Local Area Network，VLAN）以交换式网络为基础，把网络上的站点分成若干个逻辑工作组，每个逻辑工作组就是一个 VLAN。VLAN 的标准在 IEEE 802.1Q 中有详细的介绍，不同厂商只要遵循相同的标准就可以实现不同品牌的交换机 VLAN 的建立与通信。VLAN 与使用网桥

或交换机构成的一般逻辑子网的最大区别就是不受地理位置的限制。局域网中的站点不受地理位置的限制，因此可根据需要，灵活地将站点组成不同的 VLAN。

VLAN 的建立是在以太网交换机上以软件的方式实现逻辑工作组的划分与管理。逻辑工作组的站点组成不受物理位置的限制，同一逻辑工作组的成员可以分布在相同的物理网段上，也可以位于不同的网络中。例如某公司共有 A、B、C 3 间房间，1~9 号共 9 个站点连接在同一个交换机上，其网络的物理结构如图 4-26 所示。

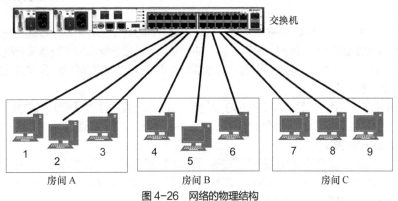

图 4-26　网络的物理结构

公司分两个部门，其中 1、3、5、7 和 9 号站点属于一个部门，逻辑构成一个虚拟局域网，名为 VLAN 1；2、4、6 和 8 号站点属于另一个部门，逻辑构成一个虚拟局域网，名为 VLAN 2。该网络的 VLAN 结构如图 4-27 所示。

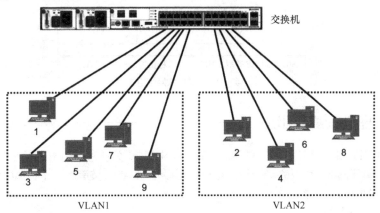

图 4-27　网络的 VLAN 结构

2. 虚拟局域网的应用

虚拟局域网可应用于如下情况。

（1）需要对广播数据包进行隔离操作，数据包只发送给某些特定的网段，避免网络中发生广播风暴。

（2）由于公司人员增加，网络站点扩充，部门不能集中办公，同一网段的人员可能不在同一物理地段中。

（3）公司里的一些关键部门有特殊的安全需要，在保证能够和外界正常通信的同时又有自身内部的网络安全要求。

3. 虚拟局域网的特点

虚拟局域网提高了网络规划的灵活性和扩展性，其特点如下所述。

（1）网络结构灵活，变化多样。划分虚拟局域网，可以把一个物理局域网划分成若干个逻辑子网，而不必考虑具体的物理位置。

（2）减少网络流量，节约带宽。通过划分 VLAN，网络被分割成多个逻辑的广播域，广播数据能被有效隔离，减少了 VLAN 中的通信量。同时 VLAN 内部站点之间的访问可以有比较高的速率和较短的延迟。

（3）提高网络安全性。VLAN 中的广播流量被限制在 VLAN 内部，内部站点间的通信不会影响到其他 VLAN 的站点，降低了数据被窃听的可能性。VLAN 之间站点的访问可以通过路由很好地控制，提高了网络的安全性。

（4）简化网络管理。传统以太网中相当大一部分网络开销是因增加、删除、移动更改网络用户而引起的。每当一个新的站点加入局域网，会有一系列端口分配、地址分配和网络设备重新配置等网络管理任务发生。使用 VLAN 技术后，这些任务都可以被简化。例如物理位置的移动，只需要在交换机中进行简单的软件设置就可以了。

（5）设备投资少。在没使用 VLAN 技术前，广播域的隔离一般要通过昂贵的路由器来完成，现在许多便宜的二层交换机也具备了 VLAN 划分功能，只在需要进行 VLAN 间通信时，才考虑采用路由器。

4. 虚拟局域网的帧格式

虚拟局域网采用 IEEE 802.3au 规范定义的扩展以太网帧格式。该格式是在原有的以太网帧格式的基础上增加一个 4 字节的 VLAN 标记字段，如图 4-28 所示。VLAN 标记字段包含 VLAN 的标识符，该标识符用来唯一标识该数据帧所属的 VLAN。

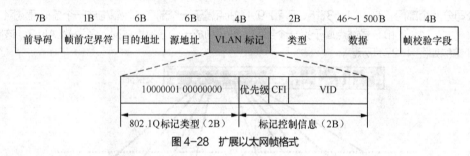

图 4-28　扩展以太网帧格式

4.4.2　虚拟局域网的划分

基于交换式的以太网要划分虚拟局域网，目前有 6 种方法，分别为基于端口的 VLAN、基于 MAC 地址的 VLAN、基于网络层协议的 VLAN、基于 IP 组播的 VLAN、按策略划分 VLAN 和按用户定义、非用户授权划分 VLAN。

1. 基于端口的 VLAN

基于端口的 VLAN 是最常应用也最为有效的一种 VLAN 划分方法，目前绝大多数 VLAN 协议的交换机都提供这种 VLAN 配置方法。这种划分 VLAN 的方法是根据以太网交换机的交换端口来划分的，它将 VLAN 交换机上的物理端口和 VLAN 交换机内部的 PVC（永久虚电路）端口分成若干个组，每个组构成一个虚拟网，相当于一个独立的 VLAN 交换机。

当不同部门需要互访时，可通过路由器转发，并配合基于 MAC 地址的端口过滤来实现。对某站点的访问路径上最靠近该站点的交换机、路由交换机或路由器的相应端口设定可通过的 MAC 地址集，这样就可以防止非法入侵者从内部盗用 IP 地址而从其他可接入点入侵。

例如某公司由两台交换机组网，其 VLAN 的规划为交换机 1 的 1 号、2 号、4 号、8 号端口和交换机 2 的 1 号、2 号、3 号、6 号、8 号端口构成 VLAN 1；交换机 1 的 3 号、5 号、6 号、7 号端口和交换机 2 的 4 号、5 号、7 号端口构成 VLAN 2，如图 4-29 所示。

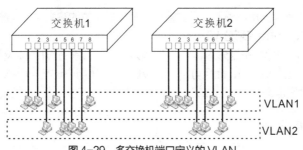

局域网实现 VLAN
实例

图 4-29　多交换机端口定义的 VLAN

这种划分方法的优点是定义 VLAN 成员时非常简单，只要将所有的端口都定义为相应的 VLAN 组即可，适用于任何大小的网络。它的缺点是如果某用户离开了原来的端口，到了一个新的交换机的某个端口，就必须重新配置 VLAN，否则该站点将无法进行通信。

2. 基于 MAC 地址的 VLAN

基于 MAC 地址的 VLAN 的划分方法是根据每个主机的 MAC 地址来划分，即对每个 MAC 地址的主机都配置它属于哪个组。它实现的机制就是每一块网卡都对应唯一的 MAC 地址，VLAN 交换机跟踪属于VLAN MAC 的地址。因为网卡是和主机一起的，主机移动位置后，网卡不变，MAC 地址也就不变，这种方式的 VLAN 允许网络用户从一个物理位置移动到另一个物理位置时，自动保留其所属 VLAN 的成员身份。

这种 VLAN 的划分方法的最大优点就是当用户移动物理位置时，即从一个交换机换到其他交换机时，VLAN 不用重新配置，因为它是基于用户的，而不是基于交换机的端口的。这种方法的缺点是初始化时，所有的用户都必须进行配置，如果有几百个甚至上千个用户的话，配置是非常累的，所以这种划分方法通常适用于小型局域网。而且这种划分方法也导致了交换机执行效率的降低，因为在每一个交换机的端口处都可能存在很多个 VLAN 组的成员，保存了许多用户的 MAC 地址，查询起来相当不容易。另外，对使用笔记本电脑的用户来说，他们的网卡可能会经常更换，这样就必须经常配置 VLAN。

3. 基于网络层协议的 VLAN

VLAN 还可以按网络层协议来划分，可分为 IP、IPX、DECnet、AppleTalk 等 VLAN 网络。这种按网络层协议组成的 VLAN，可使广播域跨越多个 VLAN 交换机。这对希望针对具体应用和服务来组织用户的网络管理员来说是非常具有吸引力的。而且用户可以在网络内部自由移动，但其 VLAN 成员身份仍然保留不变。

这种方法的优点是即使用户的物理位置改变了，也不需要重新配置所属的 VLAN，而且可以根据协议类型来划分 VLAN，这对网络管理者来说很重要。还有，这种方法不需要附加的帧标签来识别 VLAN，这样可以减少网络的通信量。这种方法的缺点是效率低，因为检查每一个数据包的网络层地址是需要消耗处理时间的（相对于前面两种划分方法），一般的交换机芯片都可以自动检查网络上数据包的以太网帧头，但若要让芯片能检查 IP 帧头，则需要更高的技术，同时也更费时。这与各个厂商的实现方法有关。

4. 基于 IP 组播的 VLAN

IP 组播本身实际上也是一种 VLAN 的定义，即认为一个 IP 组播就是一个 VLAN。这种划分方法将VLAN 扩大到了广域网，因此这种方法具有更大的灵活性，也很容易通过路由器进行扩展，主要适用于不在同一地理范围的广域网用户组成一个 VLAN，不适合局域网，主要是因为效率不高。

IP 组播 VLAN 的划分方法可以动态建立 VLAN，当具有多个 IP 地址的组播数据帧要传输时，先动态建立 VLAN 代理，代理再和多个 IP 站点组成 VLAN。组建 VLAN 时，网络通过广播信息通知各站点，若站点响应，则可以加入该 VLAN 中。IP 组播 VLAN 有很强的动态型和极大的灵活性，可以跨越路由器形成 WAN 连接。

5. 按策略划分 VLAN

基于策略组成的 VLAN 能实现多种分配方法的组合，包括 VLAN 交换机端口、MAC 地址、IP 地址、网络层协议等，网络管理人员可根据自己的管理模式和本单位的需求来决定选择哪种类型的 VLAN。

6. 按用户定义、非用户授权划分 VLAN

基于用户定义、非用户授权来划分 VLAN，是指为了适应特别的 VLAN 网络，根据具体的网络用户的特别要求来定义和设计 VLAN，而且可以让非 VLAN 群体用户访问 VLAN，但是需要提供用户密码，在得到 VLAN 管理的认证后才可以加入一个 VLAN。

4.5 无线局域网

无线局域网（WLAN）就是在不采用传统电缆线的同时，提供传统有线局域网的所有功能，网络所需的基础设施不用再埋在地下或隐藏在墙里，网络却能够随着用户的需要移动或变化。

无线局域网技术具有传统局域网无法比拟的灵活性。无线局域网的通信范围不受环境条件的限制，网络的传输范围大大拓宽，最大传输范围可达几十千米。在有线局域网中，两个站点的距离在使用电缆时被限制在 500m 以内，即使采用单模光纤也只能达到 3 000m，而无线局域网中两个站点间的距离目前可达 50km，距离数千米的建筑物中的网络可以集成为同一个局域网。

此外，无线局域网的抗干扰性强、网络保密性好。有线局域网中的诸多安全问题，在无线局域网中基本上都可以避免。而且相对于有线网络，无线局域网的组建、配置和维护较为容易，一般计算机工作人员都可以胜任网络的管理工作。

4.5.1 无线局域网的标准

无线接入技术区别于有线接入的特点之一是标准不统一，不同的标准有不同的应用。目前比较流行的无线局域网标准有 802. 11 标准、蓝牙（Bluetooth）标准以及 Home RF（家庭网络）标准。

1. 802. 11 标准

IEEE 802. 11 无线局域网标准的制订是无线网络技术发展的一个里程碑。802. 11 标准的颁布，使得无线局域网在各种有移动要求的环境中被广泛接受。它是无线局域网目前最常用的传输协议，各个公司都有基于该标准的无线网卡产品。不过由于 802.11 速率最高只能达到 2Mbit/s，在传输速率上不能满足人们的需要，因此 IEEE 小组又相继推出了 802.11b 和 802.11a 两个新标准。802. 11b 标准采用一种新的调制技术，使得传输速率能根据环境变化，速率最大可达 11Mbit/s，满足了日常的传输要求。而 802. 11a 标准的传输速率可达 25Mbit/s，完全能满足语音、数据、图像等业务的需要。

IEEE 802.11 协议簇的最新版本是 802.11n，其采用了多种最新的技术：在物理层，综合采用了 OFDM 调制和多入多出（Multiple Input Multiple Output，MIMO）等先进技术并加以融合，使传输速率可以达到 108Mbit/s，甚至高于 500Mbit/s；智能天线技术使无线网络的传输距离大大增加；独特的双频带工作模式（包含 2.4GHz 和 5GHz 两个工作频段）保障了与以往 IEEE802.11a/b/g 等标准的兼容。在 MAC 层，进一步优化了数据帧结构，提高了网络吞吐量。

无线局域网的最小构件是基本服务集，由基本服务集可以构成扩展服务集。

（1）基本服务集（Basic Service Set，BSS）。BSS 是网络最基本的服务单元。最简单的服务单元可以只由两个站点组成。站点网络最基本的组成部分，通常指的就是无线客户端。站点可以动态地联结（Associate）到基本服务集中。

（2）扩展服务集（Extended Service Set，ESS）。一个 BSS 是孤立的，可通过接入点 AP 连接到一个分配系统 DS（如以太网），然后接到另一个 BSS……，这就构成一个扩展的服务集 ESS，如图 4-30 所示。ESS 还可通过门桥（Portal，无线网桥）为无线用户提供连接到其他 802.x 局域网的接入。

现在许多地方，如办公室、机场、快餐店、旅馆、购物中心等都能向公众提供有偿或无偿接入 Wi-Fi 的服务。这样的地点叫作热点（Hot Spot）。由许多热点和无线接入点（AP）连接起来的区域叫作热区

（Hot Zone）。热点也就是公众无线入网点。

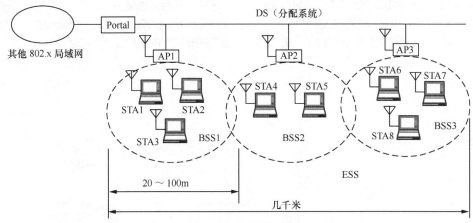

图 4-30 扩展服务集

2. 蓝牙标准

蓝牙（IEEE 802.15）是一项最新标准，对 802.11 来说，它的出现不是为了竞争而是为了相互补充。"蓝牙"是一种先进的近距离无线数字通信的技术标准，其目标是实现最高数据传输速率 1Mbit/s（有效传输速率为 721kbit/s），传输距离为 10cm～10m，通过增加发射功率可达 100m。蓝牙比 802.11 更具移动性，例如，802.11 限制在办公室和校园内，而蓝牙却能把一个设备连接到 LAN 和 WAN 中，甚至支持全球漫游。此外，蓝牙成本低、体积小，可用于更多的设备。蓝牙最大的优势还在于，在更新网络骨干时，如果搭配蓝牙架构进行，使用整体网络的成本肯定比铺设线缆低。

3. Home RF 标准

Home RF 主要为家庭网络设计，是 IEEE 802.11 与 DECT（数字无绳电话）标准的结合，旨在降低语音数据成本。Home RF 也采用了扩频技术，工作在 2.4GHz 频带，能同步支持 4 条高质量语音信道。但目前 Home RF 的传输速率只有 1Mbit/s ～2Mbit/s。

4.5.2　无线局域网的结构

无线局域网的基本结构是由无线网卡、无线接入点、计算机和有关设备组成的。在一个典型的无线局域网环境中，有一些进行数据发送和接收的设备，称为无线接入点（Access Point，AP）。通常，一个无线 AP 能够在几十至上百米的范围内连接多个无线用户。在同时具有有线和无线网络的情况下，无线 AP 可以通过标准的 Ethernet 电缆与传统的有线网络相连，作为无线网络和有线网络的连接点。无线局域网的终端用户可通过无线网卡等访问网络。

无线 AP 作为无线网络中的一个重要设备，其性能的好坏和位置的摆放，直接影响着无线网络传输信号的强弱。要想有效提高无线网络的整体性能，选好和用好无线 AP 就成了不可或缺的一个重要环节。当在室内的传输距离超出 30m，室外的传输距离超出 100m 时，就必须考虑为无线 AP 或无线网卡安装外置天线，以增强信号强度，延伸无线网络的覆盖范围。由于无线 AP 或无线路由器需要为无线网络内所有的无线网卡提供无线连接，因此应当选择全向天线；而对无线网卡而言，由于只需要与无线 AP 或无线路由器进行通讯，因此应当选择定向天线，如图 4-31 所示。

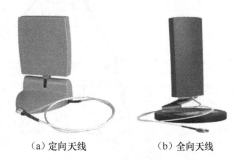

（a）定向天线　　　　（b）全向天线

图 4-31 无线局域网的天线

1. 家庭无线局域网

创建家庭无线局域网的计算机必须具备无线网卡，还需要一台无线路由器。首先需要申请一条入户的宽带线路（如 ADSL），然后将入户线路接入无线 AP（如无线路由器），形成一个以无线 AP 为中心、将有线网络的信号转化为无线信号的无线局域网。家庭无线局域网的结构如图 4-32 所示。

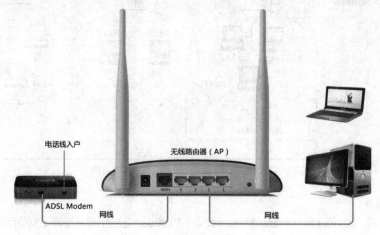

图 4-32　家庭无线局域网的结构

2. 校园无线局域网

有线无线交换中心是校园网的吉比特核心交换设备，负责整个校园网的数据交换工作，可通过光纤连接到网管中心和其他的高速二、三层交换机，或通过无线网桥连接到 AP。网管中心有相应的认证、计费等服务器，是校园网的管理中心。课室和宿舍等可通过光纤连接到二、三层交换机，并且可以通过无线 AP 扩充无线网络。校园无线局域网应用实例如图 4-33 所示。

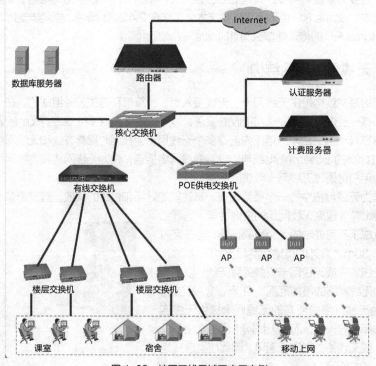

图 4-33　校园无线局域网应用实例

4.5.3　无线局域网的安全

相对有线局域网而言，无线局域网所增加的安全问题的原因主要是其采用了公共的电磁波作为载体来传输数据信号，而其他各方面的安全问题两者是相同的。这几年来随着无线局域网的高速发展，无线局域网的安全技术也得到了快速的发展和应用。下面我们从无线局域网安全技术的发展历程来对无线局域网当中采用的主要安全技术进行介绍。

无线局域网的
常见问题

1. 传统无线局域网安全技术

（1）无线网卡物理地址过滤。每个无线工作站的网卡都由唯一的物理地址标示，该物理地址的编码方式类似于以太网物理地址，是 48 位。网络管理员可在无线局域网接入点 AP 中手动维护一组允许访问或不允许访问的 MAC 地址列表，以实现物理地址的访问过滤。

（2）服务区标识符（Service Set Identifier，SSID）匹配。无线工作站必须出示正确的 SSID，与无线接入点 AP 的 SSID 相同，才能访问无线 AP；如果出示的 SSID 与无线 AP 的 SSID 不同，那么无线 AP 将拒绝它通过本服务区上网。因此可以认为 SSID 是一个简单的口令，通过口令认证机制，保证一定的安全。在无线局域网接入点 AP 上对此项技术的支持就是不允许无线 AP 广播其 SSID 号，这样无线工作站端就必须主动提供正确的 SSID 号才能与无线 AP 进行关联。

（3）有线等效保密（Wired Equivalent Privacy，WEP）。本协议是由 802.11 标准定义的，用于在无线局域网中保护链路层中的数据。WEP 使用 40 位的钥匙，采用 RSA 开发的 RC4 对称加密算法，在链路层加密数据。WEP 加密采用静态的保密密钥，各 WLAN 终端使用相同的密钥访问无线网络。WEP 也提供认证功能，当加密机制功能启用，客户端要尝试连接无线 AP 时，无线 AP 会发送一个明文给客户端，客户端再利用共享密钥将此明文加密后送回存取点以进行认证比对，只有正确无误，才能获准存取网络中的资源。现在的 WEP 一般也支持 128 位的钥匙，提供更高等级的安全加密。

2. WPA 之前的安全解决方案

（1）端口访问控制技术（IEEE 802.1x）和可扩展认证协议（Extensible Authentication Protocol，EAP）。该技术也是用于无线局域网的一种增强性网络安全解决方案。当无线工作站与无线接入点 AP 关联后，是否可以使用 AP 的服务取决于 802.1x 的认证结果。如果认证通过，则无线 AP 为无线工作站打开这个逻辑端口；否则不允许用户上网。

（2）802.1x。要求无线工作站安装 802.1x 客户端软件，无线访问点要内嵌 802.1x 认证代理，同时它还作为 Radius 客户端，将用户的认证信息转发给 Radius 服务器。现今主流的 PC 操作系统都有 802.1x 的客户端功能。

（3）无线客户端二层隔离技术。在电信运营商的公众热点场合，为确保不同无线工作站之间的数据流隔离，无线 AP 也可支持其所关联的无线客户端工作站二层数据的隔离，确保用户数据的安全。

（4）VPN-Over-Wireless 技术。目前已广泛应用于广域网及远程接入等领域的 VPN（Virtual Private Network）安全技术也可用于无线局域网域。与 IEEE 802.11b 标准所采用的安全技术不同，VPN 主要采用 DES、3DES 和 AES 等技术来保障数据传输的安全。对于对安全性要求更高的用户，将现有的 VPN 安全技术与 IEEE 802.11b 安全技术结合起来，是目前较为理想的无线局域网络的安全解决方案之一。

3. WPA 技术（Wi-Fi 保护访问）

在 IEEE802.11i 标准最终确定前，WPA（Wi-Fi Protected Access）技术是在 2003 年正式提出并推行的一项无线局域网安全技术，已成为代替 WEP 的无线局域网安全技术，为现有的大量的无线局域网硬件产品提供一个过渡性的高安全解决方案。WPA 是 IEEE 802.11i 的一个子集，其核心就是 IEEE 802.1x 和 TKIP。

WPA 在 WEP 的基础之上为现有的无线局域网设备大大加强了数据加密安全保护和访问认证控制。

为了更好地支持用户对 WPA 的实施，WPA 针对中、小办公室/家庭用户推出了 WPA-PSK，而针对企业用户则推出了完整的 WPA-Enterprise。WPA 是完全基于标准的，并且在现有已存的大量无线局域网硬件设备上只需简单地进行软件升级便可完成，也能保证兼容 IEEE 802.11i 安全标准。

为了进一步加强无线网络的安全性和保证不同厂家之间无线安全技术的兼容，IEEE 802.11 工作组开发了作为新的安全标准的 IEEE 802.11i，致力于从长远角度考虑解决 IEEE 802.11 无线局域网的安全问题。IEEE 802.11i 标准草案中主要包含加密技术 TKIP 和 AES，以及认证协议 IEEE 802.1x。IEEE 802.11i 为无线局域网的安全提供了可信的标准支持。

无线局域网的发展前景广阔，近年来无线局域网逐渐走向成熟，无线局域网设备的价格也正逐渐下降，相应软件也逐渐成熟。此外，无线局域网已能够通过以与广域网相结合的形式提供移动 Internet 的多媒体业务。未来无线局域网将以它的高速传输能力和灵活性发挥重要作用。

【自测训练题】

1. 名词解释

局域网，CSMA/CD，以太网，交换式以太网，交换机，虚拟局域网，蓝牙，10Base-T。

2. 选择题

（1）有网络需要互连，在链路层上连接需要的设备是（   ）。

A. 中继器　　　　　　　B. 网桥　　　　　　　C. 路由器　　　　　　　D. 网关

（2）网卡的主要功能不包括（   ）。

A. 将计算机连接到通信介质上　　　　　　　B. 网络互连

C. 进行电信号匹配　　　　　　　　　　　　D. 实现数据传输

（3）OSI 参考模型中的网络层的功能主要是由网络设备（   ）来实现的。

A. 网关　　　　　　　　B. 网卡　　　　　　　C. 网桥　　　　　　　D. 路由器

（4）网络接口卡位于 OSI/RM 模型的（   ）。

A. 数据链路层　　　　　B. 传输层　　　　　　C. 物理层　　　　　　D. 表示层

（5）路由选择协议位于（   ）。

A. 物理层　　　　　　　B. 数据链路层　　　　C. 网络层　　　　　　D. 应用层

（6）网络组网中使用光纤的优点是（   ）。

A. 便宜

B. 容易安装

C. 是一个工业标准，在任何电器商店都能买到

D. 传输速率比同轴电缆或双绞线高，不受外界电磁干扰与噪声的影响，误码率低

（7）在局域网中，媒体访问控制功能属于（   ）。

A. MAC 子层　　　　　　B. LLC 子层　　　　　C. 物理层　　　　　　D. 高层

（8）在网络互连设备中，不仅能用来互连同构型网络，还能连接 LAN 与 WAN 的是（   ）。

A. 网关　　　　　　　　B. 中继器　　　　　　C. 路由器　　　　　　D. 桥接器

（9）以太网媒体访问控制技术 CSMA/CD 的机制是（   ）。

A. 争用带宽　　　　　　　　　　　　　　　　B. 循环使用带宽

C. 预约带宽　　　　　　　　　　　　　　　　D. 按优先级分配带宽

（10）具有隔离广播信息能力的网络互连设备是（   ）。

A. 网桥　　　　　　　　B. 中继器　　　　　　C. 路由器　　　　　　D. L2 交换机

（11）局域网的协议结构一般不包括（   ）。

A. 网络层　　　　　　　　　　　　　　　　　B. 物理层

C. 数据链路层   D. 介质访问控制层

（12）局域网常用的拓扑结构有（　　）。

A. 星形   B. 不规则型   C. 总线型   D. 环形

（13）IEEE 802.3 的物理层协议 10Base-T 规定从网卡到集线器的最大距离为（　　）。

A. 100m   B. 185m   C. 500m   D. 850m

（14）一般认为决定局域网特性的主要技术有 3 个，它们是（　　）。

A. 传输媒体、差错检测方法和网络操作系统

B. 通信方式、同步方式和拓扑结构

C. 传输媒体、拓扑结构和媒体访问控制方法

D. 数据编码技术、媒体访问控制方法和数据交换技术

（15）100Base-FX 标准使用的传输介质是（　　）。

A. 双绞线   B. 光纤   C. 无线电波   D. 同轴电缆

（16）在 VLAN 中，每个虚拟局域网组成一个（　　）。

A. 区域   B. 组播域   C. 冲突域   D. 广播域

（17）如果一个 VLAN 跨越多个交换机，则属于同一 VLAN 的工作站要通过（　　）互相通信。

A. 应用服务器   B. 主干（Trunk）线路   C. 环网   D. 本地交换机

（18）IEEE 802.3 标准中 MAC 子层和物理层之间的接口功能不包括（　　）。

A. 发送和接收帧   B. 载波监听

C. 启动传输   D. 冲突控制

（19）1000Base-SX 标准使用的传输介质是（　　）。

A. 长波光纤   B. 铜缆   C. 双绞线   D. 短波光纤

（20）1000Base-LX 标准使用的传输介质是（　　）。

A. UTP   B. STP   C. 同轴电缆   D. 光纤

（21）MAC 地址通常固化在计算机的（　　）上。

A. 内存   B. 网卡   C. 硬盘   D. 高速缓冲区

（22）在局域网模型中，数据链路层分为（　　）。

A. 逻辑链路控制子层和网络子层

B. 逻辑链路控制子层和媒体访问控制子层

C. 网络接口访问控制子层和媒体访问控制子层

D. 逻辑链路控制子层和网络接口访问控制子层

（23）用集线器连接的一组工作站（　　）。

A. 同属一个冲突域，但不同属一个广播域

B. 同属一个冲突域，也同属一个广播域

C. 不同属一个冲突域，但同属一个广播域

D. 不同属一个冲突域，也不同属一个广播域

（24）用交换机连接的一组工作站（　　）。

A. 同属一个冲突域，但不同属一个广播域

B. 同属一个冲突域，也同属一个广播域

C. 不同属一个冲突域，但同属一个广播域

D. 不同属一个冲突域，也不同属一个广播域

（25）802.3 标准中使用的媒体访问控制方式是（　　）。

A. Token Ring   B. Token Bus   C. CSMA/CD   D. ALOHA

（26）当以太网中数据传输速率提高时，帧的传输时间要求按比例缩短，这样有可能会影响到冲突

检测。为了能有效地检测冲突，应该（　　）。

    A. 减少电缆介质的长度或增大最短的帧长

    B. 减少电缆介质的长度且减少最短的帧长

    C. 增大电缆介质的长度且减少最短的帧长

    D. 增大电缆介质的长度且增大最短的帧长

（27）在 100Base-TX 网络中，若两个 DTE 之间使用了两个中断器，则两个 DTE 间的最大跨距为（　　）。

    A. 100m   B. 175m   C. 200m   D. 205m

3. 简答题

（1）什么是局域网？它主要有哪些特点？

（2）CSMA/CD 是什么？简述其工作原理和特点。

（3）描述 Token 访问介质的方法。它和 CSMA/CD 有什么不同？

（4）VLAN、VLAN 的功能是什么？

（5）交换机和集线器有什么区别？

（6）交换式以太网和共享式以太网有什么区别？

第5章
网络互连

扫码观看微课视频

【主要内容】

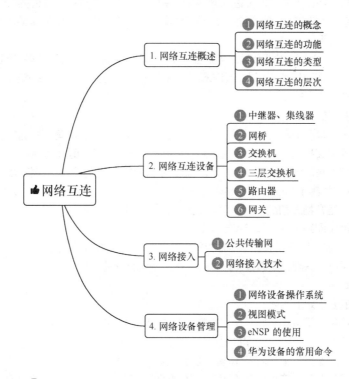

【知识目标】

（1）掌握网络互连的概念及类型。
（2）了解网络互连设备及其作用。

（3）了解公共传输网的基础知识和网络接入技术。

（4）掌握网络设备操作系统。

【技能目标】

（1）能够描述网络互连设备的分类及其作用。

（2）能够描述各种网络接入方式的区别及其作用。

（3）描述计算机网络的管理协议及网络安全的技术。

（4）能够熟练使用华为 eNSP 模拟器软件并通过其进行网络实验操作。

5.1 网络互连概述

网络互连是指将不同的网络连接起来，以构成更大规模的网络系统。我国的三网融合就是网络互连的实例，电信网、广播电视网、互联网等三个独立的网络在向宽带通信网、数字电视网、下一代互联网演进的过程中，通过技术改造，其技术功能趋于一致，业务范围趋于相同，网络互连互通、资源共享，能为用户提供语音、数据和广播电视等多种服务。

5.1.1 网络互连的概念

网络互连是指将分布在不同地理位置的网络、设备相连接，以构成更大规模的互连网络系统，实现互联网络资源的共享。互连的网络和设备可以是同种类型的网络，也可以是不同类型的网络，以及运行不同网络协议的设备与系统。

在互连网络中，每个网络中的网络资源都应成为互连网络中的资源。互连网络资源的共享服务与物理网络结构是分离的。对网络用户来说，互连网络结构是透明的。互连网络应该屏蔽各子网在网络协议、服务类型与网络管理等方面的差异。

1. 各种互连的内涵

在网络互连系统中有多个术语，如互连、互连、互通、互操作，它们有不同的内涵。

（1）互连，指网络在物理上的连接。两个网络之间至少有一条在物理上连接的线路，它为两个网络的数据交换提供了物质基础和可能性，但并不能保证两个网络一定能够进行数据交换。两个网络之间能否交换数据取决于其通信协议是不是相互兼容。

（2）互连，指网络在物理和逻辑上，尤其是逻辑上的连接。

（3）互通，指两个网络之间可以交换数据。

（4）互操作，指网络中不同计算机系统之间具有透明地访问对方资源的能力。

显然，互连和互连是基础，互通是手段，互操作是网络互连的目的。

2. 互连的要求

实现网络互连的要求如下所述。

（1）在互连的网络之间提供链路，至少有物理线路和数据线路。

（2）在不同网络节点的进程之间提供适当的路由来交换数据。

（3）提供网络记账服务，记录网络资源的使用情况。

（4）提供各种互连服务，应尽可能不改变互联网络的结构。

5.1.2 网络互连的功能

网络互连的目的是使一个网络上的用户能访问其他网络上的资源，使不同网络上的用户可以互相通信和交换信息。这不仅有利于资源共享，也可以从整体上提高网络的可靠性。网络互连的功能如下所述。

（1）屏蔽各个物理网络的差别。包括网络寻址机制的差别，每种网络有不同的端点名字、编址方法与目录保持方案，需要提供全局网络编址方法与目录服务；分组最大长度的差别，在互连的网络中，分组从一个网络传送到另一个网络时，往往需要分成几部分，称为分段，然后合并；差错恢复的差别等。

（2）隐藏各个物理网络实现的细节。

（3）为用户提供通用服务。

5.1.3 网络互连的类型

计算机网络分为局域网、城域网和广域网 3 种。它们之间的网络互连类型如下所述。

1. 局域网与局域网互连

局域网与局域网互连是互联网中最常见的一种网络互连，如图 5-1 所示，依据网络使用协议可以进一步分成两种。

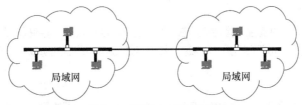

局域网　　　　　　　　　局域网

图 5-1　局域网与局域网互连

（1）同种局域网的互连。同种局域网互连是指符合相同协议的局域网之间的互连，如两个以太网的互连。同种局域网之间的互连比较简单，使用网桥即可实现。

（2）异种局域网的互连。异种局域网的互连是指互连的各局域网使用不同的网络协议，例如一个以太网与一个令牌环网间的互连。异种局域网之间的互连也可使用网桥，但必须经过协议转换，因此异种局域网互连设备必须支持互连的网络所使用的协议。

2. 局域网与广域网互连

局域网与广域网互连是目前常见的网络互连方式之一，是用户接入广域网的重要方法。局域网与广域网互连通常采用路由器或网关来实现。

3. 多个局域网与广域网互连

多个局域网与广域网互连可将分布在不同地理位置的局域网连接起来，从而达到远程登录的目的，连接设备主要有路由器和网关。

4. 广域网与广域网互连

两个或多个广域网的互连可以形成更大的网络，连接设备主要有路由器和网关。

5.1.4 网络互连的层次

依据网络的层次模型，在网络互连时要在两个网络间选择一个相同的协议层作为互连的基础。依据 OSI 参考模型，可将互连层次分为物理层、数据链路层、网络层和传输层及其以上各层。网络互连的层次不同，所需要的互连设备也不一样，包括中继器、集线器、网桥、交换机、路由器、网关等，如图 5-2 所示。

1. 物理层互连

物理层互连只是连接多个网段，起到扩大网络范围的作用。主要设备是中继器和集线器。中继器是最底层的物理设备，在局域网中连接几个网段，只起简单的信号放大作用，用于延伸局域网的长度。严格来说，中继器是网段连接设备而不是网络互连设备。

图 5-2　网间连接设备示意图

2. 数据链路层互连

数据链路层互连在网络中起到对数据帧进行数据接收、地址过滤、存储转发的作用，可以实现多个网络系统之间的数据交换。数据链路层互连时，数据链路层与物理层的协议可以相同也可以不同。数据链路层互连设备是网桥和交换机。

3. 网络层互连

网络层互连时，网络层及其下层的协议可以相同也可以不同。网络层互连设备主要是路由器和第三层交换机。网络层互连主要解决路由选择、拥塞控制、差错处理和分段技术等问题。

如果网络层协议相同，则互连主要是解决路由选择问题。如果网络层协议不同，则需使用多协议路由器。

4. 高层互连

传输层及其以上各层协议不同的网络之间的互连属于高层互连。高层互连需要一个协议转换器起协议转换的作用，为不同网络体系间提供互连接口。高层互连的设备就是网关。网关的种类很多，但高层互连使用的网关大部分是应用层网关。

5.2　网络互连设备

常用的网络互连设备有中继器、网桥、路由器和网关。

5.2.1　中继器、集线器

1. 中继器

中继器又被称为转发器，工作在物理层，对于高层协议完全透明，它是局域网互连用到的最简单的设备。中继器的主要作用是延长网络的长度。由于存在损耗，在线路上传输的信号功率会逐渐衰减，中继器相当于一个信号放大还原的设备。其主要作用是实现信号的复制、调整和放大，以此来延长网络的长度，如图 5-3 所示。

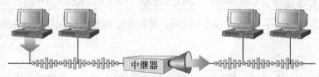

图 5-3　中继器的功能

中继器的特性主要为：中继器工作在物理层，不具有差错检查和纠正功能，也不能隔离冲突；中继器可以连接同类传输介质的局域网，也可以连接不同传输介质的局域网。光纤中继器如图 5-4 所示。

2. 集线器

集线器也称为集中器，作用与中继器类似，也工作在物理层，具有信号放大功能。集线器与一般中继器的区别仅在于能够提供更多的端口服务，所以又叫多端口中继器，如图 5-5 所示。

图 5-4　光纤中继器

图 5-5　集线器

集线器在传统以太网中的应用最为广泛。传统以太网是典型的广播式局域网，集线器在传输数据信号时没有针对性，而是采用了广播的方式进行发送。也就是说，集线器的任何一个端口接收到数据包时，集线器都会将该数据包广播到集线器的其他工作端口上。当这些端口所连接的网卡收到数据包后，会判断该数据包是否是发给自己的，如果是，则接收，反之将其丢弃。集线器是对网络进行管理的最小单元。以太网遵循"先听后说"的 CSMA/CD 协议，所以计算机在发送数据前首先进行载波监听并在发送过程中进行冲突检测。当网络中的站点数过多时，网络的有效利用率将会大大降低。所以采用集线器组网的站点不宜过多。

集线器的分类方法有多种，如下所述。

（1）按尺寸分类。集线器按照外形尺寸有机架式和桌面式两种。机架式集线器是指几何尺寸符合工业规范、可以安装在 19 英寸机柜中的集线器，该类集线器以 8 口、16 口和 24 口的设备为主流。由于集线器统一放置在机柜中，既方便了集线器间的连接或堆叠，又方便了对集线器的管理。桌面式集线器是指几何尺寸不符合 19 英寸工业规范、不能安装在机柜中、只能直接置放于桌面的集线器，仅适用于只有几台计算机的超小型网络。

（2）按带宽分类。集线器按提供的带宽划分有 10Mbit/s 集线器、100Mbit/s 集线器、10/100Mbit/s 自适应集线器 3 种。10/100Mbit/s 自适应集线器是指该集线器可以在 10Mbit/s 和 100Mbit/s 之间进行切换。自适应是每个端口都能自动判断与之相连接的设备所能提供的连接速率，并自动调整到与之相适应的最高速率。

（3）按管理方式分类。集线器按管理方式分为哑集线器和智能集线器两种。哑集线器是指不可管理的集线器，属于低端产品。智能集线器是指能够通过简单网络管理协议（Simple Network Management Protocol，SNMP）对集线器进行简单管理的集线器，如启用和关闭某些端口等。

（4）按扩展方式分类。集线器按照扩展方式分类有堆叠式集线器和级联式集线器两种。堆叠式指能够使用专门的连接线，通过专用的端口将若干集线器堆叠在一起，从而将堆叠中的几个集线器视为一个集线器来使用和管理的方式。级联是在网络中增加节点数的另一种方法，但是有一个条件必须具备：集线器必须提供可级联的端口。此端口上常标有 Uplink 或 MDI 字样，用此端口与其他的集线器进行级联。如果没有提供专门的端口，在进行级联时，连接两个集线器的双绞线在制作时必须进行错线。

5.2.2　网桥

网桥又称桥接器，是工作在数据链路层的网络互连设备。它在数据链路层对数据帧进行存储转发，实现网络互连。网桥根据帧的目的地址处于哪一网段来进行转发和滤除。使用网桥连接的网段从逻辑上看是一个网络，也就是说，网桥可以将两个以上独立的物理网络连接在一起，组成一个逻辑局域网，如图 5-6 所示。

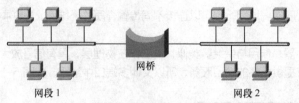

网段 1   网桥   网段 2

图5-6　网桥连接的网络

　　网桥的特性主要为网桥的中继功能仅仅依赖于 MAC 帧的地址，因而对高层协议完全透明。网桥将一个较大的 LAN 分成多个网段，有利于改善可靠性、可用性和安全性。网桥在连接两个网段时类似于中继器，但它是在数据链路层连接两个网段的。网间通信从网桥传送，而网段内部的通信被网桥隔离。网桥检查数据帧的源地址和目的地址，如果目的地址和源地址不在同一个网段上，就把帧转发到另一个网段上；若两个地址在同一个网段上，则不转发，所以网桥能起到过滤帧的作用。

　　网桥的帧过滤特性很有用。当一个网络因负载很重而性能下降时可以用网桥把它分成两个网段并使段间的通信量保持最小。例如，把分布在两层楼上的网络分成每层一个网段，段间用网桥连接。这样的配置可最大限度地缓解网络通信繁忙的程度，提高通信效率。同时由于网桥的隔离作用，一个网段上的故障不会影响另一个网段，从而提高了网络的可靠性。

　　（1）网桥的工作原理。网桥的内部结构中有站表，用来存放各站点地址和对应的端口。站表是通过网桥的学习功能逐步建立起来的。当站点开始传输数据时，数据帧包括数据的目的地址和源地址，网桥收到数据帧后将其源地址与站表中的数据进行比较，如果源地址不在站表中，网桥会自动将它加入，同时也加入收到该数据帧的端口号。网桥也对收到数据帧后的目的地址与站表中的数据进行比较，如果目的地址不在站表中，网桥就把该数据帧广播出去；如果目的地址在站表中，网桥再依据站表的端口是否与数据帧源地址端口一致来决定是否转发。网桥的工作原理如图 5-7 所示。

　　网桥的站表具有自学习能力，使得当网桥加入网络中时不必人工配置网桥表。网桥并不会阻挡广播包，广播数据包没有具体的目的地址，网桥无法判断便会将信息包转送给所有的网段。

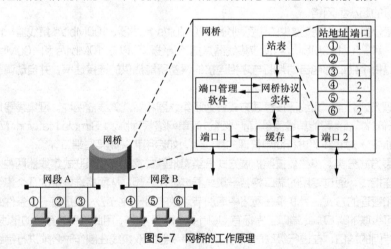

图5-7　网桥的工作原理

　　（2）网桥的分类。所有网桥都在数据链路层提供连接服务，按网桥表的产生方式，网桥分为透明网桥和源路由选择网桥。透明网桥对任何数据站点都完全透明，用户感觉不到它的存在，也无法对网桥寻址，所有的路由判决全部由网桥自己确定。当网桥连入网络时，它能自动初始化并对自身进行配置。源路由选择网桥由发送帧的源节点负责路由选择。网桥假定每个节点在发送数据帧时，都已经清楚地知道发往各个目的节点的路由，源节点在发送帧的时候要将详细的路由信息放在帧的首部，网桥只是按要求处理。

5.2.3　交换机

交换机外形与集线器外形差不多,是集线器的换代产品。以交换机为主要连接设备的网络称为交换式网络,解决了以集线器为主要连接设备的共享式网络的通信效率低、网络带宽不足和网络不易扩展等问题,从根本上改变了传统的网络结构,解决了带宽瓶颈的问题。

交换机工作于 OSI 参考模型的第二层,主要用于完成数据链路层和物理层的工作,与网桥的功能相同,是一种基于 MAC 地址识别,能够封装、转发数据包的网络设备。其功能与网桥一样,又称为多端口网桥,如图 5-8 所示。

图 5-8　交换机

1. 交换机的工作原理

交换机里有一个和网桥功能一样的地址表,记录了端口对应的
MAC 地址。当交换机从端口收到数据包后,会分析包头中的源 MAC 地址、目的 MAC 地址,并在 MAC 地址表中查找相应的端口。如果表中有与该 MAC 地址对应的端口,则把数据包直接发送到其对应的端口;如果表中找不到相应的端口,则把数据包广播到所有的端口。交换机的结构与工作过程如图 5-9 所示。

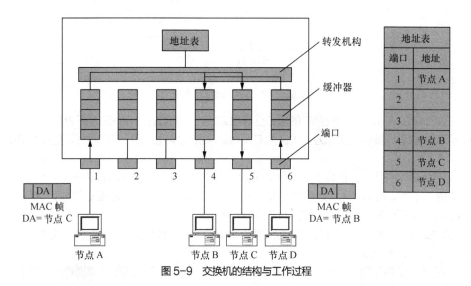

图 5-9　交换机的结构与工作过程

交换机每收到一个数据包,都会分析数据包中的源 MAC 地址和数据包进入交换的端口,如果地址表中没有,会将该条记录添加至地址列表。交换机通过不断的学习,建立并维护自己的地址表。其工作原理流程如图 5-10 所示。

2. 交换机的技术参数

判断交换机的性能,主要技术参数指标是关键,如下所述。

(1)交换方式。交换方式决定了交换机在转发数据包时采用的转发机制,目前常见的帧交换机主要使用直通交换、存储转发和碎片隔离 3 种交换方式。

直通交换方式,即当交换机接收到数据帧时,不对数据帧进行差错检验,而直接从数据帧中取出目的地址,查询交换表的端口地址表,找出相应的输出端口,直接将该帧转发到相应的端口。存储转发方式,即当交换机接收到数据帧后,先将数据存储在缓冲区中,然后进行差错检测,若接收到的数据帧是正确的,则根据数据帧中的目的地址确定相应的输出端口,并将数据帧转发过去,否则丢失该帧。碎片隔离方式是上述两种方式的折中,它检查数据包的长度是否达到 64 字节,如果小于 64 字节,说明是假包，则丢弃该包；如果大于等于 64 字节，则发送该包。这种方式也不提供数据校验。它的数据处理速度比存储转发方式快，但比直通交换方式慢。直通交换方式的特点是转发速度快、延时短，但不检测数据的准确性；存储转发方式的特点是数据的准确性有保证，但转发速度慢，延时长；碎片隔离方式是在高速转发和高准确率之间的一个折中的解决方案。

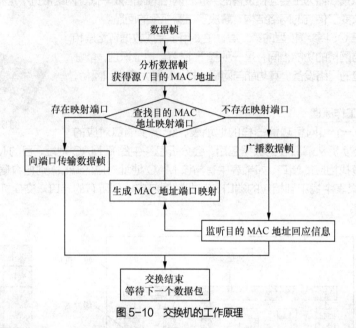

图 5-10　交换机的工作原理

（2）背板带宽。背板带宽指交换机的接口处理器或接口卡和数据总线间所能吞吐的最大数据量。背板带宽表示交换机总的数据交换能力，单位为 Gbit/s。一台交换机的背板带宽越高，处理数据的能力就越强。

（3）包转发率。交换机的包转发率表示交换机转发数据包能力的大小，单位一般为 pps（包每秒）。一般交换机的包转发率在几十 kpps 到几百 Mpps 不等。在交换机中影响包转发率的是背板带宽。背板带宽越高，处理数据的能力就越强，交换机的包转发率也就越高。

（4）传输速率。交换机的传输速率是指交换机端口的数据交换速度，常见的传输速率有 10Mbit/s、100Mbit/s、1 000Mbit/s。

（5）全双工。全双工模式下的交换机可以同时发送和接收数据，但这要求交换机和交换机所连接的设备都支持全双工工作方式。

（6）内存容量。交换机的内存用于数据缓冲或存储交换机的配置信息。交换机内存容量越大，它所能存储、缓冲的数据就越多，其工作状态也就越稳定。

（7）端口数量。交换机的端口数量是不同交换机产品间最直观的评定标准之一，通常这项参数是针对固定端口交换机而言的。常见的固定端口交换机的端口数量有 8、16、24 等几种。

（8）端口类型。交换机的端口类型是指交换机上的端口属于以太网、令牌环、FDDI 或 ATM 等网络类型。目前常见端口以 RJ-45 端口为主，部分高性能交换机还提供 SC 光纤接口和 FDDI 接口。

（9）MAC 地址数量。交换机的 MAC 地址数量是指交换机 MAC 地址表的 MAC 地址最大存储数量，它决定了交换机的计算机接入容量。

除此之外，部分交换机产品还有是否支持虚拟局域网、模块插槽数量、堆叠端口、网管功能等参数。

3. 交换机与集线器的区别

交换机与集线器都是局域网中用于互连的多端口设备，但它们有很大的区别，如下所述。

（1）工作层不同。集线器工作在 OSI 参考模型的物理层，只负责数据流的传输；而交换机工作在 OSI 的第二层，负责的是数据帧的传输。近年来还出现了第三层、第四层交换机。

（2）工作原理不同。集线器采用共享信道，以广播方式传输数据，使得每一个端口收到相同的数据；交换机使用交换方式传输数据，使得每一端口独占信道。

（3）带宽使用不同。集线器的所有端口共享集线器的总带宽，而交换机的每个端口独占自己的带宽。

（4）工作模式不同。在同一时间里，集线器的上行通道只能为一种数据传输状态，要么是接收数据，要么是发送数据，集线器采用单双工的方式传输数据。交换机采用的是全双工工作模式，能够在同一时间进行数据接收和发送。

5.2.4　三层交换机

随着网络的发展，传统的二层交换机已经无法满足用户跨网段传输数据的需求。为此人们在二层交换机的基础上增加了三层路由模块，从而出现了能够工作于网络层、在多网段间完成数据传输的三层交换机。

三层交换机最初是为了解决较大规模网络中的广播域问题，经过多年的发展，三层交换机已经成为接入层骨干网络中的重要设备。三层交换机实质上是将二层交换机与路由器结合起来的网络设备，它既可以完成数据交换功能，又可以完成数据路由功能。三层交换机的结构如图 5-11 所示。

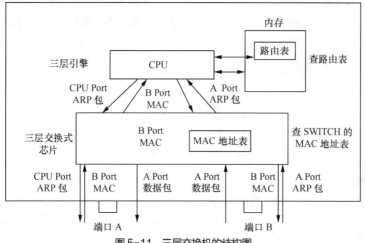

图 5-11　三层交换机的结构图

当接收到一个数据包时，三层交换机需要分析、判断该数据包中的目的 IP 地址与源 IP 地址是否在同一网段内。如果两个 IP 地址属于同一网段，三层交换机会通过二层交换模块直接对数据包进行转发；如果两个 IP 地址分属不同网段，三层交换机会将该数据包交给三层路由模块进行路由。三层路由模块在收到数据包后，首先要在内部路由表中查看该数据包的目的 MAC 地址与目的 IP 地址间是否存在对应关系，如果两者有对应关系，则将其转回二层交换模块进行转发；如果两者没有对应关系，三层路由模块会再对数据包进行路由处理，将该数据包的 MAC 地址与 IP 地址映射记录添加至内部路由表中，然后将数据包转回二层交换模块进行转发。三层交换机的工作原理如图 5-12 所示。

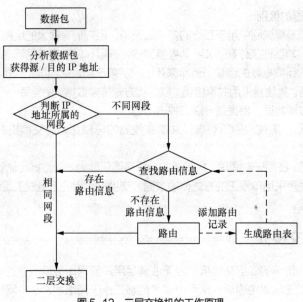

图 5-12　三层交换机的工作原理

5.2.5　路由器

路由器（Router）工作在网络接口层，是进行网络间连接的关键设备。作为不同网络之间互相连接的枢纽，路由器系统构成了基于 TCP/IP 的 Internet 的主体脉络，是应用最为广泛的网络互连设备，其可靠性直接影响着网络互连的质量，而其处理速度成为网络通信的主要瓶颈之一。路由器在网络接口层实现网络互连，可以连接多个不同类型的网络，其概念模型如图 5-13 所示。

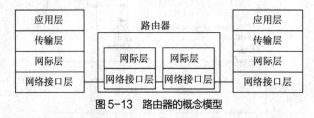

图 5-13　路由器的概念模型

1.　路由器的组成

路由器的本质也是一台计算机，有中央处理器（Central Processing Unit，CPU）、存储器和操作系统（Internet-work Operating System，IOS）等。路由器的组成大致可以分成两部分：内部构件和外部构件。其内部构件如下所述。

（1）RAM（Random Access Memory，随机存储器）。其功能为存放路由表；存放 ARP（Address Resolution Protocol，地址解析协议）高速缓存；存放快速交换缓存；存放分组交换缓存；存放解压后的 IOS；路由器通电后，存放 running 配置文件。其特点为重启或者断电后，RAM 中的内容会丢失。

（2）NVRAM（Non-Volatile Random Access Memory，非易失性 RAM）。其功能为存储路由器的 startup 配置文件，存储路由器的备份。其特点为重启或者断电后内容不会丢失。

（3）FLASH（Fast Large Area Scan Hardware，快速闪存）。其功能为存放 IOS 和微代码。其特点为重启或者断电后内容不会丢失；可存放多个 IOS 版本；允许软件升级不需要替换 CPU 中的芯片。

（4）ROM（Read Only Memory，只读存储器）。其功能为存放 POST 诊断所需的指令；存放 mini-IOS；存放 ROM 监控模式的代码。其特点为 ROM 中的软件升级需要更换 CPU 的芯片。

（5）CPU。它是衡量路由器性能的重要指标，负责路由计算、路由选择等。

（6）背板。背板能力是一个重要参数，尤其在交换机中。

外部构件有各种接口，主要有以太口（10Mbit/s）、快速以太口（100Mbit/s）、自适应以太口（10/100Mbit/s）、光纤口（1 000Mbit/s）、Console 口和辅助口（AUX 口）等，还有开关和电源接口。

路由器可以用个人计算机通过多种方法来进行配置，图 5-14 所示为通过路由器的 Console 端口进行配置。

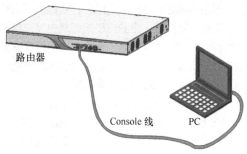

图 5-14 通过路由器的 Console 端口进行配置图

2. 路由器的工作原理

路由器的主要工作是为经过路由器的每个分组（亦称包，Packet）寻找一条最佳传输路径，并将该数据包有效地传送到目的站点。为了完成这项工作，在路由器中有一个路由表数据库和一个网络路由状态数据库。路由器通过路由选择算法，建立并维护路由表。在路由表数据库中，保存着路由器每个端口对应连接的节点地址、网络上的路由器的个数、相邻路由器的名字、网络地址及相邻路由器之间的距离清单等内容。路由器通过定期与其他路由器和网络节点交换地址信息来自动更新路由表。路由器还需要定期地交换网络通信量、网络结构与网络链路状态等信息，这些信息保存在网络路由状态数据库中。常见路由表有静态路由表和动态路由表。

（1）静态路由表是由网络管理员事先设置好的、固定不变的路由表。

（2）动态路由表不是事先设定的，它会由路由器根据网络状态定时地进行自动调整。动态路由表根据路由选择协议提供的功能自动学习和记忆网络运行情况，在需要时自动计算出数据传输的最佳路径。使用动态路由表的路由器被称为动态路由器。

3. 路由器的功能

路由器完成网络层的功能，将数据分组从源主机经最佳路径传输到目的主机。为此路由器必须具备的两个最主要的功能是路径选择和数据转发，即确定通过互联网到达目的网络的最佳路径和完成数据分组传输。另外，路由器还具备一些网络数据控制和网络管理功能，包括分组过滤、多播、服务质量、数据加密和阻隔非法访问等网络数据控制功能，以及流量控制、拥塞控制和计费等网络管理功能。

（1）路径选择。当两台连接在不同子网上的计算机需要通信时，必须经过路由器转发，由路由器把分组通过网络沿着一条路径从源端传到目的端。在这条路径上可能需要通过一个或多个路由器，所经过的每台路由器必须知道需经过哪些路由器，才能将分组从源端传到目的端。为此路由器需要确定下一台路由器的地址，也就是要确定一条通过网络到达目的端的最佳路径。

（2）数据转发。数据转发也是路由器的主要功能，通常也称为数据交换。转发即沿选择好的最佳路径传输分组。路由器首先在路由表中查找，判明是否知道如何将分组发送到下一个站点（路由器或主机），如果路由器不知道如何发送分组，通常将该分组丢弃；否则就根据路由表的相应表项将分组发送到下一个站点，如果目的网络直接与路由器相连，路由器就把分组直接发送到相应的端口上。

4. 路由器的分类

路由器的分类方法有很多，常见的分类方法如下所述。

（1）按照网络协议划分。按照网络协议对路由器分类，可分为单协议路由器和多协议路由器。

单协议路由器只支持单个网络层协议，其他协议的数据传输必须通过封装的隧道方式。因此该路由器仅是分组转换器，只能实现具有相同网络层协议的网络互连。

多协议路由器支持多个网络层协议，可以实现具有不同网络层协议的网络互连。多协议路由器具有处理多种不同协议分组的能力，可以为不同类型的协议建立和维护路由表。

（2）按照功能划分。按照功能对路由器分类，可将路由器分为骨干级（核心层或高端）路由器、企业级（分发层或中端）路由器和接入级（访问层或低端）路由器。

骨干级路由器。骨干级路由器是实现企业级网络互连的关键设备，它数据吞吐量较大，在网络中处于十分重要的地位。对骨干级路由器的基本性能要求是高速度和高可靠性。为了获得高可靠性，网络系统普遍采用诸如热备份、双电源、双数据通路等传统冗余技术。

企业级路由器。企业或校园级路由器连接许多终端系统，连接对象较多，但系统相对简单，且数据流量较小。对这类路由器的要求是以尽量便宜的方法实现尽可能多的端点互连，同时还要求能够支持不同的服务质量。因此企业级路由器的特点是能够提供大量端口且每个端口的造价很低、容易配置，支持QoS，支持广播和组播等多项功能。

接入级路由器。接入级路由器主要应用于连接家庭或 ISP 内的小型企业客户群体中。

（3）按照结构划分。根据端口的配置情况，路由器可分为固定式路由器和模块化路由器。固定式路由器采用不同的端口组合，这些端口不能升级，也不能进行局部变动。模块化路由器上有若干插槽，可插入不同的接口卡，可根据实际需要灵活地进行升级或变动。

（4）按照应用划分。从应用的角度划分，路由器可分为通用路由器与专用路由器。一般所说的路由器皆为通用路由器。专用路由器通常是为实现某种特定功能对接口、硬件等做专门优化的路由器。例如接入路由器用于接入拨号用户，需要增强 PSTN 接口以及信令能力；VPN 路由器用于为远程 VPN 访问用户提供路由，需要在隧道处理能力以及硬件加密等方面具备特定的能力；宽带接入路由器则强调接口带宽及种类。

（5）按照所处的网络位置划分。按路由器所处的网络位置，通常把路由器划分为边界路由器和中间节点路由器两类。

边界路由器处于网络边缘，用于不同网络路由器的连接。由于边界路由器要同时接收来自许多不同网络路由器发来的数据，所以路由器的背板带宽要足够宽。

中间节点路由器处于网络的中间，通常用于连接不同的网络，起到数据转发的桥梁作用。中间节点路由器因为要面对各种各样的网络，所以需要路由器具有较大容量的缓存和较强的 MAC 地址记忆功能。

（6）按照性能划分。按照性能划分可将路由器分为线速路由器和非线速路由器。所谓线速路由器就是完全可以按传输介质带宽进行通畅传输，基本上没有间断和延时的路由器。通常线速路由器是高端路由器，具有非常高的端口带宽和数据转发能力，能以介质速率转发数据包；中低端路由器是非线速路由器。

5.2.6 网关

网关又称网间连接器或协议转换器。其工作在 OSI 7 层模型的传输层或更高层，即在传输层以上实现网络的互连。

1. 网关的工作原理

网关能够连接两个高层协议完全不同的网络，能将收到的信息转换为目的网络所能接收的数据格式，如图 5-15 所示。网关实现协议转换的方法主要有以下两种。

（1）当两个网络通过一个网关互连时，最简单的方法就是直接将输入网络的信息包的格式转换成输出网络的信息包的格式。

（2）另一种方法是制定一种标准的网间信息包格式，网关将第一个网络的格式转换成网间格式，再将网间格式转换成第二个网络的格式。

2. 网关的基本功能

网关具有报文存储转发、访问控制、流量控制和拥塞控制等功能。网关支持互连网络之间的管理，支持互连网络之间协议的转换。

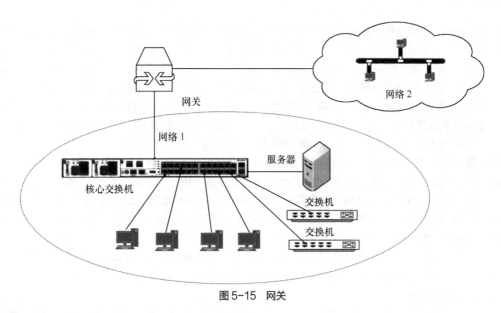

图5-15　网关

3. 网关的类型

网关可以是一个专用设备，也可以用计算机作为硬件平台，由软件实现网关功能。网关的分类有多种，如下所述。

（1）网关按路由体系结构可分为内部网关、外部网关和边界网关。

（2）网关按 OSI 7 层模型可分为传输网关和应用程序网关两种基本类型。

网关连接的不同体系的网络结构只能针对某一特定应用而言，不可能有通用网关。因此网关一般只适用于某特定的应用系统的协议转换。

5.3　网络接入

局域网的构建由局域网所属部门设计规划和建设，由所属部门管理、维护。传输距离远的广域网由于受各种条件的限制，构建时必须借助公共传输网来完成网络接入。公用数据传输业务是指由电信运营者经营，通过公用数据网提供的数据传输业务。

5.3.1　公共传输网

构建广域网时，公共传输网的内部结构和工作机制用户是不关心的。用户只需了解公共传输网络提供的接口如何实现和公共传输网络之间的连接，并通过公共传输网络实现远程端点之间的报文交换。因此设计广域网的前提在于掌握各种公共传输网络的特性，以及公共传输网和用户网之间的互连技术。

公共传输网基本可以分成两类：一类是电路交换网，主要是公用电话交换网（Public Switched Telephone Network，PSTN）和综合业务数字网（Integrated Service Digital Network，ISDN）；另一类是分组交换网，主要是 X.25 分组交换网和帧中继。

1. 电路交换网

电路交换网的特点是，远程端点之间通过呼叫建立连接，在连接建立期间，电路由呼叫方和被呼叫方专用。经呼叫建立的连接属于物理层链路，只提供物理层的承载服务，在两个端点之间传输二进制位流。使用电路交换技术的网络有公用电话交换网和综合业务数字网。

（1）公用电话交换网。公用电话交换网提供的是一个模拟的专有通道，通道之间由若干个电话交换机连接而成。由于 PSTN 是一种电路交换的方式，所以一条通路自建立至释放，其全部带宽仅能被通路两端的设备使用，即使它们之间并没有任何数据需要传输。因此这种电路交换的方式不能实现对网络带宽的充分利用。模拟电话线路是针对话音频率（30~4 000Hz）优化设计的，使得通过模拟线路传输数据的速率被限制在 33.4kbit/s 以内，而且模拟电话线路的质量有好有坏，许多地方的模拟电话线路的通信质量无法得到保证，线路噪声的存在也将直接影响数据传输的速率。

模拟拨号服务是基于标准电话线路的电路交换服务。这是一种最普遍的传输服务，往往用来连接远程端点，比较典型的应用有远程端点和本地 LAN 之间互连、远程用户拨号上网和用作专用线路的备份线路。

（2）综合业务数字网。综合业务数字网实现用户线传输的数字化，提供一组标准的用户/网络接口，使用户能够利用已有的一对电话线连接各类终端设备，分别进行电话、传真、数据、图像等多种业务通信，或者同时进行包括话音、数据和图像的综合业务（多媒体业务）通信。ISDN 终端设备通过标准的用户接口接入 ISDN 网络。窄带 ISDN 有两种不同速率的标准接口：一种是基本入口（Basic Access），速率为 144kbit/s，支持两条 64kbit/s 的用户信道和一条 16kbit/s 的信令信道；另一种是一次群速率入口（Primary Rate Access），其速率和 PCM 一次群速率（2 048kbit/s 或 1 544kbit/s）相同，支持 31 或 24 条 64kbit/s 的用户信道和一条 64kbit/s 的信令信道。这两种接口都可以用双绞线作为传输媒体。宽带 ISDN 的用户——网络接口上传输速率高于 PCM 一次群速率，可达几百 Mbit/s，但必须改用光纤来传输。

2. 分组交换网络

分组交换网络提供虚电路和数据报服务。虚电路服务是数据传输时网络的源节点与目的节点之间先要建立一条逻辑通路，这条逻辑电路不是专用的，所以称之为"虚"电路。每个节点到其他任一节点之间可能有若干条虚电路支持特定的两个端系统之间的数据传输，两个端系统之间也可以有多条虚电路为不同的进程服务。虚电路和电路交换的最大区别在于：虚电路只给出了两个远程端点之间的传输通路，并没有把通路上的带宽固定分配给通路两端的用户，其他用户的信息流可以共享传输通路上物理链路的带宽。虚电路又分永久虚电路和交换虚电路两种。永久虚电路由公共传输网的提供者设置，这种虚电路经设置后，长期存在。交换虚电路需要两个远程端点通过呼叫控制协议建立，在完成当前数据传输后拆除。

数据报服务不需要经过虚电路的建立过程就可实现报文传输，由于没有在报文的发送端和接收端之间建立传输通路，报文中必须携带源和目的端点地址，而且公共传输网络的中间节点，必须能够根据报文的目的端点地址选择合适的路径转发报文。

分组交换网提供的不是物理层的承载服务，只有把要求传输的数据信息封装在分组交换网要求的帧或报文格式的数据字段中才能传输。

（1）X.25 分组交换网。分组交换也称包交换，它把用户要传输的数据按一定长度分割成若干个数据段，称作"分组"或"包"，然后在网络中以存储转发的方式进行传输。X.25 分组交换适用于不同类型、不同速率的计算机之间的通信。

X.25 分组交换网的特点是，可实现多方通信，大大提高了线路利用率，信息传递安全、可靠、传输速率高。X.25 线路在我国已有广泛的应用，覆盖区域广，线路租用费较低，非常适合远程节点间的低速互连。

随着光纤越来越普遍地作为传输媒介，传输出错的概率也越来越小，在这种情况下，重复地在链路层和网络层实施差错控制，不仅显得冗余，而且浪费带宽，增加报文传输延迟。

（2）帧中继。帧中继和 X.25 一样，属于分组交换网络，但比 X.25 具有更高的传输速率。帧中继可以看作是 X.25 协议的简化版本，它省略了 X.25 协议所具有的一些强健功能，如窗口技术和丢失数据重发技术等。这主要是因为目前帧中继网络传输介质大量使用光纤，网络具有很高的可靠性、传输质量和较高的传输速率。

帧中继与 X.25 不同，是一种严格意义上的第二层协议，所以可以把一些复杂的控制和管理功能交由上层协议完成。这样就大大提高了帧中继的性能和传输速率，使其更加适合广域网环境下的各种应用。

3. 异步传输模式

异步传输模式（Asynchronous Transmission Mode，ATM）可作为 B-ISDN 的底层传输模式。

ATM 是面向连接的，通过建立虚电路进行数据传输。ATM 的主要优点是选择固定长度的短信元作为传输单位。ATM 信元长 53 个字节，信元头只有 5 个字节，使 ATM 交换机的功能比普通的分组交换精简得多。信元头的处理速度加快，能降低时延，使联网和交换的排队延迟数据更容易预测。与可变长度的数据包相比，ATM 信元更便于简单可靠地进行处理。很高的可预估性，可使 ATM 硬件更有效地实现。ATM 网络的拓扑结构是网状拓扑结构，包括 ATM 端点和 ATM 交换机两种网络元素。

4. 数字数据网

数字数据网（Digital Data Network，DDN）是一种利用数字信道提供数据通信的传输网，它主要提供点到点及点到多点的数字专线或专网。DDN 的传输介质主要有光纤、数字微波、卫星信道等。DDN 采用了计算机管理的数字交叉连接（Digital Cross Connect，DXC）技术，为用户提供半永久性连接电路，即 DDN 提供的信道是非交换、用户独占的永久虚电路（Permanent Virtual Circuit，PVC）。一旦用户提出申请，网络管理员便可以通过软件命令改变用户专线的路由或专网结构，而无须经过物理线路的改造扩建工程，因此 DDN 极易根据用户的需要，在约定的时间内接通所需带宽的线路。

5. x 数字用户线

x 数字用户线（x Digital Subscriber，xDSL）是以铜质电话双绞线为传输介质的点对点传输技术。DSL 使用在电话系统中没有被利用的高频信号传输数据以弥补铜线传输的一些缺陷。

xDSL 的调制技术有 3 种方式，即 2B1Q（双二进制，一四进制）、无载波调幅调相 CAP（Carrierless Amplitude Modulation）和离散多音频调制 DMT（Discrete Multi-Tone）。该技术把频率分割成 3 部分，分别用于 POTS（Plain Old Telephone Service，普通老式电话服务）、上行和下行高速宽带信号。

数字用户线包括非对称数字用户线（Asymmetric Digital Subscriber Line，ADSL）、高比特率数字用户线（High-speed Digital Subscriber Line，HDSL）、单线数字用户线（Symmetric Digital Subscriber Line，SDSL）和超高比特率数字用户线（Very-high-bit-rate Digital Subscriber Loop，VDSL）。

（1）ADSL。ADSL 为非对称数字用户环路，它在两个传输方向上的速率是不一样的。它使用单对电话线，为网络用户提供很高的传输速率，从 32kbit/s 到 8.192Mbit/s 的下行速率和从 32kbit/s 到 1.088Mbit/s 的上行速率，同时在同一根线上可以提供语音电话服务，支持同时传输数据和语音。

ADSL 的调制技术主要有离散多音频调制技术 DMT 和无载波调幅调相技术 CAP 两种。

RADSL（Rate Adaptive Digital Subscriber Line）为速率自适应数字用户环路，是 ADSL 的一种扩充，允许服务提供者调整 xDSL 连接的带宽以适应实际需要并且解决线长和质量问题。它利用一对双绞线传输，支持同步和非同步两种传输方式，速率自适应，下行速率为从 640kbit/s 到 12Mbit/s，上行速率为从 128kbit/s 到 1Mbit/s，支持同时传输数据和语音。

（2）HDSL。HDSL 是高速对称四线 DSL。这种技术可在两对铜线上提供 1.544Mbit/s（全双工方式）的速率，在三对铜线上提供 2.048Mbit/s（全双工方式）的速率。

（3）SDSL。SDSL 是 HDSL 的单对线版本，也被称为 S-HDSL。S-HDSL 是高速对称二线 DSL，它可以提供双向高速可变比特率连接，速率范围为从 160kbit/s 到 2.048Mbit/s。

（4）VDSL。VDSL 是一种极高速非对称数据传输技术。它是在 ADSL 的基础上发展起来的 xDSL 技术，可以将传输速率提高到 25Mbit/s～52Mbit/s，应用前景更广。

5.3.2　网络接入技术

网络接入首先要涉及一个带宽问题，随着互联网技术的不断发展和完善，接入网的带宽被人们分为窄带和宽带。宽带运营商（Internet Service Provider，ISP）网络结构如图 5-16 所示。网络由中心机房、中心汇聚、汇聚等多层网络结构组成。社区端到用户接入部分就是通常所说的最后 1km，它位于网络的最末端。

在接入网中，目前可供选择的接入方式主要有 PSTN、ISDN、DDN、LAN、ADSL、VDSL、Cable-Modem、PON 和 LMDS 等，它们各有各的优缺点。

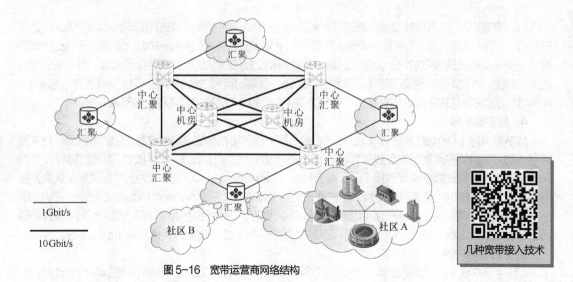

图 5-16　宽带运营商网络结构

1. PSTN 拨号

PSTN（公用电话交换网）技术是利用 PSTN 通过调制解调器拨号实现用户接入的方式。这种接入方式是大家非常熟悉的一种接入方式，其速率为 56kbit/s，不能满足宽带多媒体信息的传输需求，但电话网非常普及，其用户终端设备 Modem 比较简单。PSTN 接入方式如图 5-17 所示。随着宽带的发展和普及，这种接入方式已被淘汰。

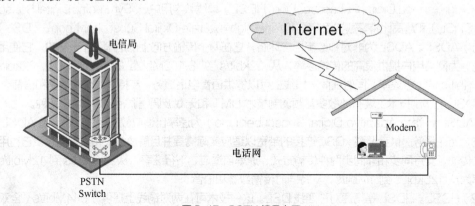

图 5-17　PSTN 拨号上网

2. ISDN 拨号

ISDN（综合业务数字网）接入技术俗称"一线通"，它采用数字传输和数字交换技术，将电话、传真、数据、图像等多种业务综合在一个统一的数字网络中进行传输和处理。用户利用一条 ISDN 用户线路，就可以在上网的同时拨打电话、收发传真，就像有两条电话线一样。ISDN 基本速率接口有两条 64kbit/s 的信息通路和一条 16kbit/s 的信令通路，简称"2B+D"，当有电话拨入时，它会自动释放一个 B 信道来进行电话接听。

ISDN 也需要专用的终端设备，主要由网络终端 NT1 和 ISDN 适配器组成。网络终端 NT1 就像有线电视的用户接入盒一样必不可少，它为 ISDN 适配器提供接口和接入方式，如图 5-18 所示。

3. DDN 专线

DDN 是随着数据通信业务的发展而迅速发展起来的一种新型网络。DDN 的主干网传输媒介有光纤、数字微波、卫星信道等，用户端多使用普通电缆和双绞线。DDN 将数字通信技术、计算机技术、光纤通信技术以及数字交叉连接技术有机地结合在一起，提供了高速率、高质量的通信环境，可以向用户提供点对点、点对多点透明传输的数据专线出租电路，为用户传输数据、图像、声音等信息。DDN 的通信速率可根据用户需要在 $N \times 64\text{kbit/s}$（$1 \leqslant N \leqslant 32$ 且取整）之间进行选择，当然速度越快租用费用也越高。

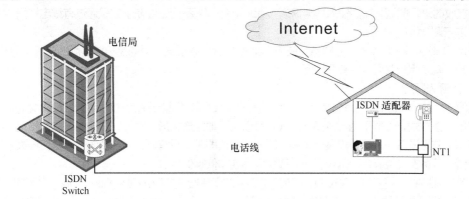

图 5-18　ISDN 拨号上网

用户租用 DDN 业务需要申请开户。DDN 的收费一般可以采用包月制和计流量制，这与一般用户拨号上网的按时计费方式不同。

4. ADSL

ADSL（非对称数字用户环路）是一种能够通过普通电话线提供宽带数据业务的技术，也是目前极具发展前景的一种接入技术。ADSL 下行速率高，频带宽，性能优，安装方便，不需交纳电话费。

ADSL 接入技术如图 5-19 所示。ADSL 方案的最大特点是不需要改造信号传输线路，完全可以利用普通铜质电话线作为传输介质，配上专用的 ADSL 适配器即可实现数据高速传输。ADSL 支持上行速率 640kbit/s～1Mbit/s，下行速率 1Mbit/s～8Mbit/s，其有效的传输距离为 3km～5km。在 ADSL 接入方案中，每个用户都有单独的一条线路与 ADSL 端口相连，它的结构可以看作星形网络结构，数据传输带宽是由每一个用户独享的。

图 5-19　ADSL 上网

5. VDSL

VDSL 比 ADSL 还要快。使用 VDSL，短距离内的最大下传速率可达 55Mbit/s，上传速率可达 2.3Mbit/s（将来可达 19.2Mbit/s，甚至更高）。VDSL 使用的介质是一对铜线，有效传输距离可超过 1 000m。但 VDSL 技术仍处于发展初期，长距离应用仍需测试，端点设备的普及也需要时间。

目前有一种基于以太网方式的 VDSL，接入技术使用 QAM 调制方式，它的传输介质也是一对铜线，在 1.5km 的范围之内能够达到双向对称的 10Mbit/s 传输速率，即达到以太网的速率。如果这种技术用于宽带运营商社区的接入，可以大大降低成本。

6. Cable Modem

Cable Modem（线缆调制解调器）是近几年才开始试用的一种高速 Modem，它利用现成的有线电视网进行数据传输，已是比较成熟的一种技术。随着有线电视网的发展壮大和人们生活质量的不断提高，通过 Cable Modem 利用有线电视网访问 Internet 已成为常用的接入方式。

由于有线电视网采用的是模拟传输协议，因此网络需要用一个 Modem 来协助完成数字数据的转化。Cable Modem 与以往的 Modem 在原理上都是将数据进行调制后在 Cable（电缆）的一个频率范围内传输，接收时进行解调，其传输原理与普通 Modem 相同，不同之处在于它是通过有线电视网的某个传输频带进行调制解调的。

采用 Cable Modem 上网的缺点：由于 Cable Modem 模式采用的是相对落后的总线型网络结构，这就意味着网络用户共同分享有限带宽。

7．无源光网络

无源光网络（Passive Optical Network，PON）接入技术是一种点对多点的光纤传输和接入技术，下行采用广播方式，上行采用时分多址方式，可以灵活地组成树形、星形、总线型等拓扑结构，在光分支点不需要节点设备，只需要安装一个简单的光分支器即可，具有节省光纤资源、带宽资源共享、节省机房投资、设备安全性高、建网速度快、综合建网成本低等优点。

PON 包括 ATM-PON（APON，即基于 ATM 的无源光网络）和 Ethernet-PON（EPON，即基于以太网的无源光网络）两种。APON 技术发展得比较早，它还具有综合业务接入、QoS 服务质量保证等特点。

5.4　网络设备管理

随着信息化技术的发展，局域网的规模也越来越大，为了有效地对局域网进行管理和维护，保证网络的连通性，采用了大量的交换机，为了接入互联网采用了路由器。对这些交换机和路由器等网络设备如何进行管理非常重要。本课程以华为公司的网络设备为例进行讲述。华为 S 系列盒式交换机的接口连接设备如图 5-20 所示。

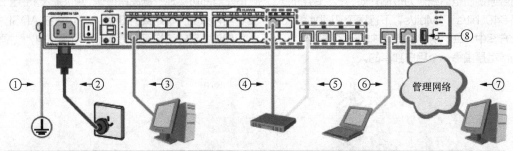

序号	名称	对端连接到哪里	序号	名称	对端连接到哪里
1	接地线缆	保护地	5	光纤	上层网络设备
2	交流电源线缆	外部供电设备	6	Console 线缆	维护终端（一般为计算机）
3	网线	交换机或计算机等	7	网线	维护终端（一般为计算机）
4	网线	上层网络设备	8	USB 接口	U 盘

图 5-20　华为 S 系列盒式交换机的接口连接设备

5.4.1　网络设备操作系统

网络设备也是由硬件与软件组成的，不同的厂家生产的网络设备所用的硬件与软件都不一样，其中网络操作系统是最主要的网络设备管理软件。

1. 网络设备的硬件构成

常用的交换机与路由器等网络设备的内部组成基本相同，由中央处理器、主存储器（RAM/DRAM）、非易失性存储器、快闪存储器（Flash ROM）和只读存储器和一些外部接口电路组成。

（1）中央处理器。CPU 提供控制和管理交换的功能，控制和管理所有网络通信的运行，在交换机中，交换机使用特殊用途集成电路芯片 ASIC，以实现高速的数据传输。所以 CPU 的作用通常没有那么重要。

（2）主存储器。主存储器用来保存运行的网络设备操作系统以及它所需要的工作内存。包括运行的配置文件（running-config）、MAC 表、快速交换（Fast Switching）缓存，以及数据包的排队缓冲，这些数据包等待被接口转发。RAM 中的内容在断电或重启时会丢失。

（3）只读存储器。ROM 保存着交换机的引导（启动）软件，这是网络设备运行的第一个软件，负责让交换机进入正常工作状态。包括加电自检（POST：Power-On Self-Test）、启动程序（Bootstrap Program）和一个可选的缩小版本的 IOS 软件。

（4）快闪存储器。闪存是非易失性计算机存储器，可以以电子的方式存储和擦除。闪存用作网络设备操作系统的永久性存储器。其中内容只有在设备启动过程中才复制到 RAM 中，再由 CPU 执行。闪存由 SIMM 卡或 PCMCIA 卡担当，可以通过升级这些卡来增加闪存的容量。如果交换机断电或重新启动，闪存中的内容不会丢失。

（5）非易失性存储器。NVRAM 在电源关闭后不会丢失信息。这与大多数普通 RAM（如 DRAM）不同，后者需要持续的电源才能保持信息。NVRAM 被网络设备操作系统用作存储启动配置文件 (startup-config) 的永久性存储器。所有配置更改都存储于 RAM 的 running-config 文件中，并由网络设备操作系统立即执行。要保存这些更改以防交换机重新启动或断电，必须将 running-config 文件复制到 NVRAM 中，并在其中存储为 startup-config 文件。即使交换机断电或重新启动，NVRAM 也不会丢失其中的内容。

2. 网络设备操作系统

网络设备两大制造商思科公司与华为公司，各自为自己生产的网络设备开发了自己的网络设备操作系统，所以在网络管理时，两公司的产品在操作管理时使用的命令不同。

（1）思科互联网操作系统（Internetwork Operating System，IOS）是思科公司为其网络设备开发的操作维护系统。

（2）华为网络操作系统（Versatile Routing Platform，VRP），即通用路由平台。它是华为在通信领域多年的研究经验结晶，是华为所有基于 IP/ATM 架构的数据通信产品的操作系统平台。现在我们用的华为路由器、交换机都是 VRP 系统。

网络设备管理系统文件本身大小为几兆字节，它存储在被称为闪存的半永久存储区域中。闪存可提供非易失性存储。设备通电时将网络设备管理系统复制到内存中，这样在设备工作过程中，网络设备管理系统从内存中运行。

VRP 为用户提供了一系列配置命令，用户可通过命令行接口配置和管理网络设备。网络设备可以通过控制台端口和 A 辅助端口进行本地配置，也可以通过 Telnet 连接、虚拟终端、TFTP（Trivial File Transfer Protocol）、PC 或 UNIX 服务器及 Web 或网络管理服务器等进行远程配置，如图 5-21 所示。

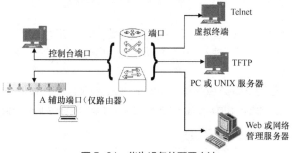

图 5-21　华为设备的配置方法

5.4.2 视图模式

视图模式是华为公司网络设备的各种配置模式，不同的视图对应不同的命令集。特定的功能必须在相应的视图模式下配置。

1. 视图模式

不同的视图的命令行格式不同，如下所述。

（1）普通视图。命令行格式为<Huawei>

普通视图时常用的是查看命令。

（2）系统视图。命令行格式为[Huawei]

系统视图时常用的是系统配置命令。

（3）接口配置视图。命令行格式为[Huawei-Ethernet0/0/0]

接口配置视图时常用的是对接口进行配置的命令。

（4）ACL 配置视图。命令行格式为[Huawei-acl-basic-2000]

ACL 配置视图时常用的是对 ACL 进行配置的命令。

（5）QoS 流分类视图。命令行格式为[Huawei-classifier-to-l3]

QoS 流分类视图时常用的是对服务质量进行配置的命令。

（6）流动作视图。命令行格式为 [Huawei-behavior-to-internet]

流动作视图时常用的是对流动作进行配置的命令。

（7）QoS 策略视图。命令行格式为[Huawei-qospolicy-input]

QoS 策略视图时常用于对 QoS 策略进行配置的命令。

（8）telnet 用户视图。命令行格式为[Huawei-ui-vty0-4]

telnet 用户视图时常用的是对 telnet 用户进行操作的命令。

视图模式的相互转换，其操作方式如图 5-22 所示。

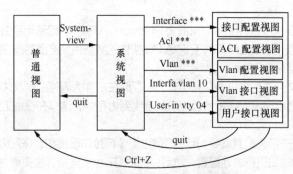

图 5-22 华为网络操作系统的视图模式

2. 命令行的在线帮助

华为网络操作系统的命令行接口提供以下两种在线帮助，如下所述。

（1）完全帮助。在任一视图下，键入"?"可以获取该视图下所有的命令及其简单描述。

例如：[Huawei]?

aaa-enable	Enable AAA(Authentication, Authorization and Accounting)
acl	Specify structure of access-list configure information
arp	Add a ARP entry
……	

（2）部分帮助。键入一个命令，后接以空格分隔的"?"，若该位置存在关键字，则列出全部可选的关键字及其简单描述。

例如：[Huawei]display ?

  Aaa   AAA information

  aaa-client   Display the buffered voice information

三种以太网端口的
理解

3. 交换机以太网端口的类型

交换机以太网端口的类型如下所述。

（1）Access 类型。端口只能属于 1 个 VLAN，一般用于连接计算机。

（2）Trunk 类型。端口可以属于多个 VLAN，可以接收和发送多个 VLAN 的报文，一般用于交换机之间的连接。

（3）Hybrid 类型。端口可以属于多个 VLAN，可以接收和发送多个 VLAN 的报文，可以用于交换机之间的连接，也可以用于连接用户的计算机。

3 种类型的端口可以共存在一台设备上，但 Trunk 端口和 Hybrid 端口之间不能直接切换，只能先设置为 Access 端口，再设置为其他类型的端口。例如 Trunk 端口不能直接被设置为 Hybrid 端口，只能先设置为 Access 端口，再设置为 Hybrid 端口。

5.4.3　eNSP 的使用

近些年来，针对越来越多的 ICT 从业者对真实网络设备模拟的需求，不同的 ICT 厂商开发出来了针对自家设备的仿真平台软件，例如思科公司开发了思科路由器交换机模拟软件(Cisco packet tracer)，华为公司开发了数通设备模拟器。

数通设备模拟器（Enterprise Network Simulation Platform，eNSP），这款华为公司开发的仿真软件运行的是物理设备的 VRP 操作系统，最大限度地模拟真实设备环境。用户可以利用 eNSP 模拟工程开局与网络测试，以便高效地构建企业优质的 ICT 网络。

1. 软件简介

eNSP 是一款由华为公司提供的免费的、可扩展的、图形化操作的网络仿真工具平台，主要对企业网络路由器、交换机进行软件仿真，完美呈现真实设备实景，支持大型网络模拟，让广大用户有机会在没有真实设备的情况下进行模拟演练，学习网络技术。

eNSP 软件为免费软件，可以在华为官网上下载，在官网的"技术支持"栏目中的"工具"栏目中的"企业网络"栏目中找到 eNSP 并下载。打开下载的软件包，双击打开安装程序，选择安装目录，勾选所有安装项，自动安装。

注意：eNSP 需要多个软件的支持，分别是 Win Pcap、Wireshark 和 Oracle VM VirtudBox 等。

（1）Win Pcap 是一个基于 Win32 平台的用于捕获网络数据包并进行分析的开源库。

（2）Wireshark（前称 Ethereal）是一个网络封包分析软件。网络封包分析软件的功能是撷取网络封包，并尽可能显示出最为详细的网络封包资料。

（3）VirtualBox 是一款开源虚拟机软件。

eNSP 上每台虚拟设备都要占用一定的资源。每台计算机支持的虚拟设备数，根据配置的不同而有所差别。扩展配置的最大组网设备数可根据内存的增加而扩展，最大为 50。

2. 软件功能

打开 eNSP，界面如图 5-23 所示，大致可分为 5 块区域：主菜单、工具栏、网络设备区、工作区和设备接口区。

（1）主菜单。提供"文件""编辑""视图""工具""考试""帮助"菜单。

（2）工具栏。工具栏显示 eNSP 软件的常用工具按钮，如"打开""保存"等工具按钮。

（3）网络设备区。此区域分为上中下 3 部分，上部是设备类别区，中部是设备型号区，下部是设备说明。在设备类别区可以选择实验所需的设备大类，共 8 大类，见表 5-1。

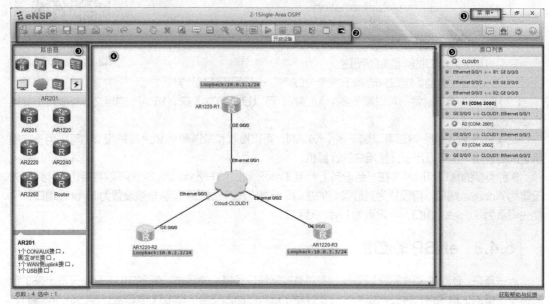

图 5-23　eNSP 软件界面

表 5-1　　　　　　　　　　　　　　　　　　设备类别

图标	说明	图标	说明	图标	说明	图标	说明
	路由器		交换机		无线设备		防火墙
	终端设备		其他设备		自定义设备		设备连线

（4）工作区。在网络设备区内选择用户需要的设备，用鼠标将其拖入工作区，可以架构实验用的网络。

（5）设备接口区。此区域显示拓扑中的设备和设备已连接的接口。双击或者拖曳标题栏时可以使其脱离主界面，增大工作区可视面积。再次双击或者拖曳标题栏，可以将其放回原位置。

指示灯颜色的含义：红色表示设备未启动或接口处于物理 DOWN 状态，绿色表示设备已启动或接口处于物理 UP 状态，蓝色表示接口正在采集报文。

设备接口区显示的接口列表，如图 5-24 所示。

3．使用举例

以一个简单的应用来说明软件的使用。

（1）选择设备。为设备选择所需要的模块并且选用合适的线型互连设备，然后启动设备，如图 5-25 所示。

图 5-24　接口列表

（2）配置设备。双击设备按钮，弹出配置命令对话框，我们在 router 的 ethernet0/0/0 接口中配置 IP 地址为 192.168.1.254，如图 5-26 所示。

用相同的方法，加入一台 PC，给 PC 配置 IP 地址为 192.168.1.100，如图 5-27 所示。

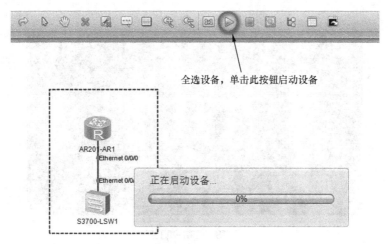

图 5-25　启动设备

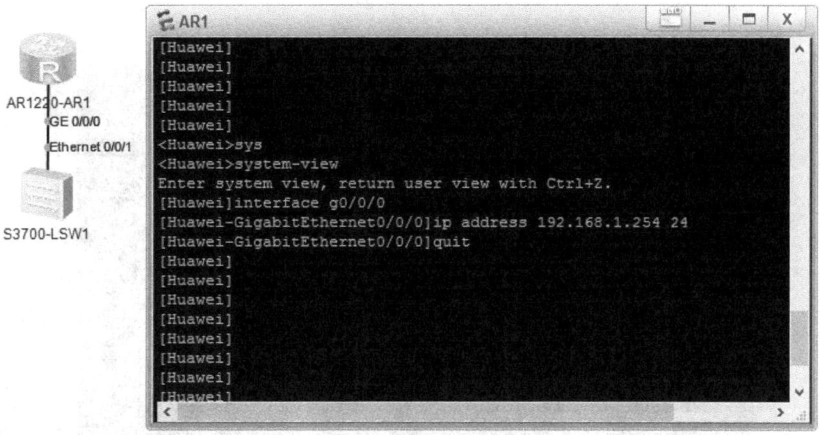

图 5-26　配置设备

图 5-27　配置客户机

（3）测试连通性。使用PC去ping网关路由器的IP地址，测试结果是通的，如图5-28所示。

图5-28　在客户机上测试

使用路由器去ping PC的IP地址，测试结果也是通的，如图5-29所示。这是一个最基本的连通实验。

图5-29　在路由器上测试

使用eNSP搭建
基础网络

5.4.4　华为设备的常用命令

1. 交换机的命令

华为交换机的常用命令，如下所述。

[Quidway]dis cur	；显示当前配置
[Quidway]display current-configuration	；显示当前配置
[Quidway]display interfaces	；显示接口信息
[Quidway]display vlan	；显示路由信息
[Quidway]display version	；显示版本信息
[Quidway]super password	；修改特权用户密码

[Quidway]sysname	; 交换机命名
[Quidway]interface ethernet 0/1	; 进入接口视图
[Quidway]interface vlan x	; 进入接口视图
[Quidway-Vlan-interfacex]ip address 10.65.1.1 255.255.0.0	; 配置 VLAN 的 IP 地址
[Quidway]ip route-static 0.0.0.0 0.0.0.0 10.65.1.2	; 静态路由＝网关
[Quidway]rip	; 三层交换支持
[Quidway]local-user ftp	
[Quidway]user-interface vty 0 4	; 进入虚拟终端
[S3026-ui-vty0-4]authentication-mode password	; 设置口令模式
[S3026-ui-vty0-4]set authentication-mode password simple 222	; 设置口令
[S3026-ui-vty0-4]user privilege level 3	; 用户级别
[Quidway]interface ethernet 0/1	; 进入端口模式
[Quidway]int e0/1	; 进入端口模式
[Quidway-Ethernet0/1]duplex {half|full|auto}	; 配置端口工作状态
[Quidway-Ethernet0/1]speed {10|100|auto}	; 配置端口工作速率
[Quidway-Ethernet0/1]flow-control	; 配置端口流控
[Quidway-Ethernet0/1]mdi {across|auto|normal}	; 配置端口平接、扭接
[Quidway-Ethernet0/1]port link-type {trunk|access|hybrid}	; 设置端口工作模式
[Quidway-Ethernet0/1]port access vlan 3	; 当前端口加入 VLAN
[Quidway-Ethernet0/2]port trunk permit vlan {ID|All}	; 设置trunk 允许的VLAN
[Quidway-Ethernet0/3]port trunk pvid vlan 3	; 设置 trunk 端口的 PVID
[Quidway-Ethernet0/1]undo shutdown	; 激活端口
[Quidway-Ethernet0/1]shutdown	; 关闭端口
[Quidway-Ethernet0/1]quit	; 返回
[Quidway]vlan 3	; 创建 VLAN
[Quidway-vlan3]port ethernet 0/1	; 在 VLAN 中增加端口
[Quidway-vlan3]port e0/1	; 简写方式
[Quidway-vlan3]port ethernet 0/1 to ethernet 0/4	; 在 VLAN 中增加端口
[Quidway-vlan3]port e0/1 to e0/4	; 在 VLAN 中增加端口 简写方式
[Quidway]monitor-port <interface_type interface_num>	; 指定镜像端口
[Quidway]port mirror <interface_type interface_num>	; 指定被镜像端口
[Quidway]port mirror int_list observing-port int_type int_num	; 指定镜像和被镜像端口
[Quidway]description string	; 指定 VLAN 描述字符
[Quidway]description	; 删除 VLAN 描述字符
[Quidway]display vlan [vlan_id]	; 查看 VLAN 设置
[Quidway]stp {enable|disable}	; 设置生成树，默认关闭
[Quidway]stp priority 4096	; 设置交换机的优先级
[Quidway]stp root {primary|secondary}	; 设置为根或根的备份
[Quidway-Ethernet0/1]stp cost 200	; 设置交换机端口的花费
[Quidway]link-aggregation e0/1 to e0/4 ingress|both	; 端口的聚合
[Quidway]undo link-aggregation e0/1|all	; 始端口为通道号
[SwitchA-vlanx]isolate-user-vlan enable	; 设置主 vlan

[SwitchA]isolate-user-vlan \<x\> secondary \<list\>　　　　　　　；设置主 vlan 包括的子 vlan

[Quidway-Ethernet0/2]port hybrid pvid vlan \<id\>　　　　　　；设置 vlan 的 pvid

[Quidway-Ethernet0/2]port hybrid pvid　　　　　　　　　　；删除 vlan 的 pvid

[Quidway-Ethernet0/2]port hybrid vlan vlan_id_list untagged　　；设置无标识的 vlan

如果包的 vlan id 与 PVID 一致，则去掉 vlan 信息，默认 PVID=1。所以设置 PVID 为所属 vlan id，设置可以互通的 vlan 为 untagged。

2. 路由器的命令

华为路由器的常用命令，如下所述。

[Quidway]display version　　　　　　　　　　　　　　　；显示版本信息

[Quidway]display current-configuration　　　　　　　　　；显示当前配置

[Quidway]display interfaces　　　　　　　　　　　　　　；显示接口信息

[Quidway]display ip route　　　　　　　　　　　　　　　；显示路由信息

[Quidway]sysname aabbcc　　　　　　　　　　　　　　　；更改主机名

[Quidway]super passwrod 123456　　　　　　　　　　　　；设置口令

[Quidway]interface serial0　　　　　　　　　　　　　　　；进入接口

[Quidway-serial0]ip address \<ip\>\<mask|mask_len\>　　　　　；配置端口 IP 地址

[Quidway-serial0]undo shutdown　　　　　　　　　　　　；激活端口

[Quidway]link-protocol hdlc　　　　　　　　　　　　　　；绑定 hdlc 协议

[Quidway]user-interface vty 0 4　　　　　　　　　　　　　；进入虚拟终端

[Quidway-ui-vty0-4]authentication-mode password　　　　　；设置口令模式

[Quidway-ui-vty0-4]set authentication-mode password simple 222；设置口令

[Quidway-ui-vty0-4]user privilege level 3　　　　　　　　　；用户等级为 3

[Quidway-ui-vty0-4]quit　　　　　　　　　　　　　　　；退出

[Quidway]debugging hdlc all serial0　　　　　　　　　　　；显示所有信息

[Quidway]debugging hdlc event serial0　　　　　　　　　　；调试事件信息

[Quidway]debugging hdlc packet serial0　　　　　　　　　　；显示包的信息

静态路由：

[Quidway]ip route-static \<ip\>\<mask\>{interface number|nexthop}[value][reject|blackhole]

例如：

[Quidway]ip route-static 129.1.0.0 16 10.0.0.2　　　　　　　；设置静态路由

[Quidway]ip route-static 129.1.0.0 255.255.0.0 10.0.0.2　　　；设置静态路由

[Quidway]ip route-static 129.1.0.0 16 serial 2　　　　　　　；设置静态路由

[Quidway]ip route-static 0.0.0.0 0.0.0.0　　10.0.0.2　　　　；设置静态路由

动态路由：

[Quidway]rip　　　　　　　　　　　　　　　　　　　　；设置动态路由

[Quidway]rip work　　　　　　　　　　　　　　　　　　；设置工作允许

[Quidway]rip input　　　　　　　　　　　　　　　　　　；设置入口允许

[Quidway]rip output　　　　　　　　　　　　　　　　　　；设置出口允许

[Quidway-rip]network 1.0.0.0　　　　　　　　　　　　　　；设置交换路由网络

[Quidway-rip]network all　　　　　　　　　　　　　　　　；设置与所有网络交换

[Quidway-rip]peer ip-address　　　　　　　　　　　　　　；指定 RIP 邻居的 IP 地址

[Quidway-rip]summary	; 路由聚合
[Quidway]rip version 1	; 设置工作在版本 1
[Quidway]rip version 2 multicast	; 设置版本 2，多播方式
[Quidway-Ethernet0]rip split-horizon	; 水平分隔
[Quidway]router id A.B.C.D	; 配置路由器的 ID
[Quidway]ospf enable	; 启动 OSPF 协议
[Quidway-ospf]import-route direct	; 引入直连路由
[Quidway-serial0]ospf enable area <area_id>	; 配置 OSPF 区域

标准访问列表命令格式如下：

| acl <acl-number> [match-order config\|auto] | ; 默认前者顺序匹配 |
| rule [normal\|special]{permit\|deny} [source source-addr source-wildcard\|any] | |

例如：

[Quidway]acl 10	; 规则序列号 10
[Quidway-acl-10]rule normal permit source 10.0.0.0 0.0.0.255	; 允许数据包通过
[Quidway-acl-10]rule normal deny source any	; 拒绝数据包通过

【自测训练题】

1. 名词解释

网络互连，网桥，路由器，网关，ADSL，DDN，视图模式。

2. 选择题

（1）下面哪种网络互连设备和网络层关系最密切？（ ）

A. 中继器　　　　　　　B. 交换机　　　　　　　C. 路由器　　　　　　　D. 网关

（2）下面哪种说法是错误的（ ）。

A. 中继器可以连接一个以太网 UTP 线缆上的设备和一个在以太网同轴电缆上的设备

B. 中继器可以增加网络的带宽

C. 中继器可以扩展网络上两个节点之间的距离

D. 中继器能够再生网络上的电信号

（3）可堆叠式集线器的一个优点是（ ）。

A. 相互连接的集线器使用 SNMP

B. 相互连接的集线器在逻辑上是一个集线器

C. 相互连接的集线器在逻辑上是一个网络

D. 相互连接的集线器在逻辑上是一个单独的广播域

（4）当网桥设备收到一个数据帧，但不知道目的节点在哪个网段时，它必须（ ）。

A. 再将数据帧输出到输入端口　　　　　B. 丢弃该帧

C. 将数据帧复制到所有端口　　　　　　D. 生成校验和

（5）术语"带宽"是指（ ）。

A. 网络的规模　　　　　　　　　　　　B. 连接到网络中的节点数目

C. 网络所能携带的信息数量　　　　　　D. 网络的物理线缆连接的类型

（6）当一个网桥处于学习状态时，它在（ ）。

A. 向它的转发数据库中添加数据链路层地址

B. 向它的转发数据库中添加网络层地址

C. 从它的数据库中删除未知的地址

D. 丢弃它不能识别的所有的帧

（7）下面哪种网络设备用来连异种网络？（   ）

A. 集线器　　　　　　　B. 交换机　　　　　　　C. 路由器　　　　　　　D. 网桥

（8）下面有关网桥的说法，错误的是（   ）。

A. 网桥工作在数据链路层，对网络进行分段，并将两个物理网络连接成一个逻辑网络

B. 网桥可以通过对不要传递的数据进行过滤，并有效地阻止广播数据

C. 对于不同类型的网络可以通过特殊的转换网桥进行连接

D. 网桥要处理其接收到的数据，增加了时延

（9）4个集线器采用堆叠技术互连，则任意两个端口之间的延迟为（   ）。

A. 一个集线器的延迟　　　　　　　　　　　　B. 两个集线器的延迟

C. 3个集线器的延迟　　　　　　　　　　　　D. 4个集线器的延迟

（10）路由选择协议位于（   ）。

A. 物理层　　　　　　　B. 数据链路层　　　　　C. 网络层　　　　　　　D. 应用层

（11）具有隔离广播信息能力的网络互连设备是（   ）。

A. 网桥　　　　　　　　B. 中继器　　　　　　　C. 交换器　　　　　　　D. 路由器

（12）在电缆中屏蔽的好处是（   ）。

A. 减少信号衰减　　　　　　　　　　　　　　B. 减少电磁干扰辐射

C. 减少物理损坏　　　　　　　　　　　　　　D. 减少电缆的阻抗

（13）不同的网络设备和网络互连设备实现的功能不同，主要取决于该设备工作在 OSI 模型的第几层。下列哪组设备工作在数据链路层？（   ）

A. 网桥和路由器　　　　　　　　　　　　　　B. 网桥和集线器

C. 网关和路由器　　　　　　　　　　　　　　D. 网卡和网桥

（14）下列说法正确的是（   ）。

A. 交换式以太网的基本拓扑结构可以是星型的，也可以是总线型的

B. 集线器相当于多端口中继器，对信号放大并整形再转发，扩充了信号传输的距离

C. 路由器价格比网桥高，所以数据处理速度比网桥快

D. 划分子网的目的在于将以太网的冲突域规模减小，减少拥塞，抑制广播风暴

（15）用一个共享式集线器把几台计算机连接成网，这个网（   ）。

A. 物理结构是星形连接，而逻辑结构是总线型连接

B. 物理结构是星形连接，逻辑结构也是星形连接

C. 实质上还是星形结构的连接

D. 实质上变成网状形结构的连接

（16）连接两个 TCP/IP 局域网需要什么硬件？（   ）

A. 网桥　　　　　　　　B. 路由器　　　　　　　C. 集线器　　　　　　　D. 以上都是

（17）在中继系统中，中继器处于（   ）。

A. 物理层　　　　　　　B. 数据链路层　　　　　C. 网络层　　　　　　　D. 高层

（18）企业 Intranet 要与 Internet 互连，必需的互连设备是（   ）。

A. 中继器　　　　　　　B. 调制解调器　　　　　C. 交换器　　　　　　　D. 路由器

（19）下面不属于网卡功能的是（   ）。

A. 实现数据缓存　　　　　　　　　　　　　　B. 实现某些数据链路层的功能

C. 实现物理层的功能　　　　　　　　　　　　D. 实现调制和解调功能

（20）下列哪种说法是正确的？（   ）

A. 集线器可以对接收到的信号进行放大　　　　B. 集线器具有信息过滤功能

C. 集线器具有路径检测功能　　　　　　　D. 集线器具有交换功能

（21）将一台计算机接入因特网，可以选用的价格最低的设备是（　　）。

A. 中继器　　　　　　B. 调制解调器　　　　　　C. 路由器　　　　　　D. 网关

（22）利用有线电视网上网，必须使用的设备是（　　）。

A. Modem　　　　　　　　　　　　　　B. Hub

C. Brige　　　　　　　　　　　　　　D. Cable Modem

（23）一台交换机的（　　）反映了它能连接的最大节点数。

A. 接口数量　　　　　　　　　　　　　B. 网卡的数量

C. 支持的物理地址数量　　　　　　　　D. 机架插槽数

（24）以下哪个不是路由器的功能（　　）。

A. 安全性与防火墙　　　　　　　　　　B. 路径选择

C. 隔离广播　　　　　　　　　　　　　D. 第二层的特殊服务

（25）不属于快速以太网设备的是（　　）。

A. 收发器　　　　　　B. 集线器　　　　　　C. 路由器　　　　　　D. 交换器

（26）以太网交换器存在（　　）。

A. 矩阵交换结构　　　B. 总线交换结构　　　C. 软件执行交换结构　　　D. 以上都是

（27）以太网交换机可以堆叠主要是为了（　　）。

A. 将几台交换机堆叠成一台交换机　　　B. 增加端口数量

C. 增加交换机的带宽　　　　　　　　　D. 以上都是

（28）下面不属于设备选型原则的是（　　）。

A. 设备价格低廉　　　　　　　　　　　B. 设备技术先进

C. 设备的售后服务　　　　　　　　　　D. 生产厂商的信誉

（29）路由器必须对 IP 数据包的合法性进行验证，如果 IP 数据包不合法，则（　　）。

A. 要求重发　　　　　　　　　　　　　B. 丢弃

C. 不考虑　　　　　　　　　　　　　　D. 接收，但进行错误统计

3. 简答题

（1）路由器需要配 IP 地址吗？

（2）组建 LAN 时，要为 Hub 配 IP 地址吗？

（3）为何在网络中路由器通常比网桥有更长的时延？

（4）网络设备的分类情况如何？各自的作用又是什么？

（5）网络互连设备主要有哪些？请简要叙述其实现互连的层次及基本原理。

（6）简述网络接口卡的接口类型及其所使用的传输介质。

（7）简述路由器的基本功能。

第6章
网络操作系统

06

扫码观看微课视频

【主要内容】

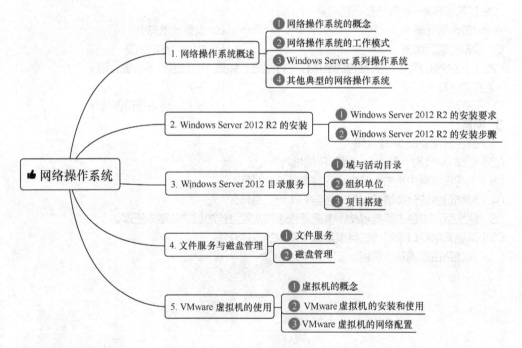

【知识目标】

（1）掌握网络操作系统的功能和特点。

（2）掌握各种典型网络操作系统的区别及其功能特点。

（3）了解 Windows Server 2012 操作系统的新特点和用途。

【技能目标】

（1）能够清楚地描述 Windows Server 2012 操作系统的新特点和用途。

（2）能够进行 Windows Server 2012 操作系统的安装和基本配置。

（3）能够在 Windows Server 2012 操作系统中进行磁盘管理配置操作。

（4）能够进行虚拟机 VMware 系统的安装和基本配置。

6.1 网络操作系统概述

网络操作系统（Network Operating System，NOS）是网络的核心，是管理共享资源并提供多种服务和功能的系统软件，它是网络与用户之间的交流平台。本章主要介绍网络操作系统的基本功能和特征，介绍 Windows Service 2012 R2 系列操作系统的功能、管理和服务，并对 UNIX 和 Linux 操作系统进行简单介绍。

6.1.1 网络操作系统的概念

网络操作系统用于管理网络的软、硬件资源，是向网络计算机提供网络通信和网络资源共享功能的操作系统，是网络的"心脏"和"灵魂"。网络操作系统一般被定义为负责管理整个网络资源和方便网络用户的软件和规程的集合。由于网络操作系统是运行在服务器上的，所以又被称为服务器操作系统。

早期的网络系统是在单机操作系统上增加具有网络管理功能的模块。而随着计算机软、硬件技术的发展，各种不同类型的操作系统相互取长补短，它们之间的差异正逐渐缩小。总之，网络操作系统除了具有一般单机操作系统所具有的运算管理、存储管理、设备管理和文件管理功能外，还要提供对网络资源的管理，提供高效可靠的网络通信环境，并为用户提供多种网络服务功能。而个人计算机安装的操作系统（如 Windows 10 操作系统）虽然不是专业的网络操作系统，但其功能定位不再局限为传统的单机操作系统，一般也具备接入网络的功能模块，也可以实现简单网络管理和资源共享。

目前常用的网络操作系统有 UNIX、NetWare、Windows Server 2003/2008/2012、Linux 等。

1. 网络操作系统的功能

早期的网络操作系统，相互之间的互访能力非常有限，用户通常只能进行有限的数据传输，或运行电子邮件之类的专门应用。发展到现在，虽然不同的网络操作系统提供的功能有所不同，但是常用的网络操作系统一般都具有以下功能。

（1）网络通信功能。局域网提供的通信服务主要有工作站与工作站之间的对等通信、工作站与网络服务之间的通信服务等功能。

（2）网络文件服务和目录服务。文件服务是最重要与最基本的网络服务功能。文件服务器以集中的方式管理共享文件，网络工作站根据规定的权限对文件进行读写及其他操作。

（3）数据库服务。选择合适的网络数据库软件，依照客户服务器工作模式，开发出客户端与服务器端数据库应用程序，客户端通过 SQL（Structured Query Language，结构化查询）语言，向服务器发送查询请求，服务器查询后将结果传送到客户端，优化了网络协同操作模式。

（4）网络安全与访问控制。对用户进行访问权限的控制，保障网络的安全性和提供可靠的保密性服务。

（5）网络系统管理和监控服务。网络操作系统可以提供网络性能分析、网络状态监控、存储管理等多种管理服务。

（6）Internet 与 Intranet 服务。网络操作系统一般都支持 TCP/IP，提供各种 Internet 服务，支持 Java 应用开发工具，所以局域网服务器很容易成为 Web 服务器。

2. 网络操作系统的特征

一个典型的网络操作系统一般具有表6-1所示的特征。

表6-1　　　　　　　　　　　　　　　　　　网络操作系统的特征

序号	特征	描述
1	与硬件无关	同一网络操作系统可以安装在不用的网络硬件上
2	多客户端、多用户支持	可以同时连接多个客户端，能同时支持多个用户对网络的访问
3	安全性与存取控制	对用户资源进行控制，并提供控制用户对网络访问的方法
4	网络管理	支持网络实用程序及其管理功能，如系统备份、安全管理和性能控制等

6.1.2　网络操作系统的工作模式

计算机网络中有两种基本的网络结构类型：对等网络和基于服务器的网络。因此网络操作系统也主要采用两种相应的工作模式。

从资源的分配和管理的角度来看，对等网络和基于服务器的网络最大的差异就在于共享网络资源是分散到网络的所有计算机上，还是使用集中的网络服务器来管理。对等网络采用分散管理的结构，基于服务器的网络采用集中管理的结构。

1. 对等网络模式

（1）对等网络模式的主要特点：网络上的计算机平等地进行通信；网络中的每一台计算机都负责提供自己的资源（如文件、文件夹或整个硬盘，也可以是打印机、调制解调器或传真机等硬件）供网络上的其他计算机使用；网络中的每一台计算机还负责维护自己资源的安全性。对等网络的结构如图6-1所示。

（2）对等网络模式的优点：对等网络的结构简单，网络中对硬件的需求比较低；由于对等网络中的资源被分布到许多计算机中，因此不需要高端服务器，节省了网络成本；对等网络针对网络用户较少的网络，很容易安装和管理；对等网络的每一台机器都可以对本机的资源进行管理，如设置网络上其他用户可以访问的本地资源，以及设置访问密码等；管理网络的工作被分配给每台计算机的用户；对等网络并不需要使用网络操作系统，只要每台计算机安装有支持对等连网功能的操作系统，就可以实现对等网络。支持对等网络的操作系统有 Windows 95/98、Windows NT Workstation/2000 Professional/XP 等。

（3）对等网络模式的缺点：用户计算机的性能会受到影响；网络的安全性无法保证；备份困难。

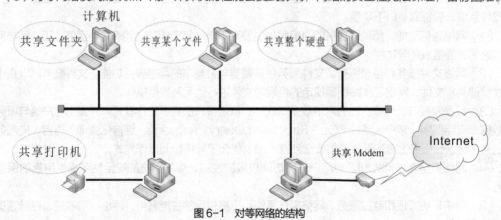

图6-1　对等网络的结构

2. 基于服务器的工作模式

基于服务器的工作模式是使用一台或几台高性能的计算机（服务器）来存储共享资源，并向用户计算机分发文件和信息，如图 6-2 所示。网络资源由服务器集中管理，服务器控制数据、打印机及客户机需要访问的其他资源，当客户机或工作站需要使用共享资源时，可以向服务器发出请求，要求服务器提供服务。

基于服务器的工作模式的优点包括易于实现资源的管理和备份，具有良好的安全性和较好的性能，可靠性较高。

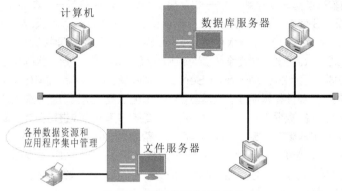

图 6-2　基于服务器的工作模式

6.1.3　Windows Server 系列操作系统

Windows Server 面向企业的服务器领域，Windows Server 2003 是微软公司在 2003 年 4 月 24 日推出的 Windows 的服务器操作系统，其核心是 Microsoft Windows Server System（WSS），每个 Windows Server 都与其家用（工作站）版对应（2003 R2 除外）。

Windows Server 的最新版本是 Windows Server 2019。Windows Server 的主要历史版本见表 6-2。

表 6-2　　　　　　　　　　　　　　Windows Server 的主要历史版本

版本	内核版本号	发行日
Windows Server 2003	NT5.2	2003-4-24
Windows Server 2008	NT6.0	2008-2-27
Windows Server 2008 R2	NT6.1	2009-10-22
Windows Server 2012	NT6.2	2012-9-4
Windows Server 2012 R2	NT6.3	2013-10-17
Windows Server 2016	NT10.0	2016-10-13

1. Windows Server 2012 以前的版本

Windows Server 2003 版之前是 Windows 2000 Server 版本。

（1）Windows 2000 Server 操作系统。Windows 2000 Server 面向小型企业的服务器领域，它的原名是 Windows NT 5.0 Server。它的前一个版本是 Windows NT 4.0 Server 版。Server 支持每台机器上最多拥有 4 个处理器，最低支持 128MB 内存，最高支持 4GB 内存。Server 在 NT4 的基础上做了大量的改进，各种功能都有了很大的提高。

Windows 2000 Advanced Server 即高级服务器版，是面向大中型企业的服务器领域的版本。Windows 2000 Datacenter Server 即数据中心服务器版，是面向最高级别的具有可伸缩性、可用性与可靠性的大型企业或国家机构的服务器领域的版本。Windows 2000 Advanced/Datacenter Server Limited Edition 发行于 2001 年，用于运行于 Intel 的 IA-64 架构的安腾（Itanium）纯 64 位微处理器。Windows 2000 没有像 Windows XP Professional x64 Edition 一样的用于 x86-64 工作站的版本。

（2）Windows Server 2003 操作系统。Windows Server 2003 是微软公司推出的服务器操作系统，于 2003 年 3 月 28 日发布，并在同年 4 月底上市。该版本相对于 Windows 2000 做了很多改进，如改进了 Active Directory（活动目录），可以从 schema 中删除类；改进了 Group Policy（组策略）操作和管理；改进了磁盘管理，可以从 Shadow Copy（卷影复制）中备份文件。特别是改进的脚本和命令行工具，对微软来说是一次革新，把一个完整的命令外壳带进下一版本 Windows 的一部分。Windows Server 2003 有 4 个版本，分别是 Windows Server 2003 Web 版、Windows Server 2003 标准版、Windows Server 2003 企业版和 Windows Server 2003 数据中心版。

（3）Windows Server 2008 操作系统。Windows Server 2008 是专为强化下一代网络、应用程序和 Web 服务的功能而设计的。Windows Server 2008 建立在网络和虚拟化技术之上，可以提高用户的基础服务器设备的可靠性和灵活性。它具备新的虚拟化工具、网络资源和增强的安全性，可降低成本，并为一个动态和优化的数据中心提供一个平台。故障转移集群的改进旨在简化集群，提高集群稳定性并使它们更安全，新的故障转移集群验证向导可用于帮助测试存储。Windows Server 2008 包括一个新的 TCP/IP 协议栈，被称为下一代 TCP/IP 协议栈。下一代 TCP/IP 协议栈是一个完全重新设计 TCP/IP 功能的协议栈，分为互联网协议第 4 版（IPv4）和互联网协议第 6 版（IPv6），符合当前不同的网络环境和技术的连通性，以及性能需要。

Windows Server 2008 发行了多种版本，以支持各种规模的企业对服务器不同的需求。Windows Server 2008 有 5 个不同的版本，另外还有 3 个不支持 Windows Server Hyper-V 技术的版本，因此总共有 8 个版本。

（4）Windows Server 2008 R2 操作系统。Windows Server 2008 R2 继续提升了虚拟化、系统管理弹性、网络存取方式，以及信息安全等领域的应用，其中有不少功能需搭配 Windows 7。Windows Server 2008 R2 的重要新功能包括为 Hyper-V 加入了动态迁移功能，作为最初发布版中快速迁移功能的一个改进；Hyper-V 将以毫秒为单位计算迁移时间。与 VMware 公司的 ESX 或者其他管理程序相比，这是 Hyper-V 功能的一个强项。它强化了 PowerShell 对各个服务器角色的管理指令。

2. Windows Server 2012 操作系统

2012 年 4 月 18 日，微软公司在微软管理峰会上公布了新款服务器操作系统的名字——Windows Server 2012。Windows Server 2012 取代了之前的 Windows Server 2008。这是一套基于 Windows 8 开发出来的服务器操作系统，同样引入了 Metro 界面，增强了存储、网络、虚拟化、云等技术的易用性，让管理员能更容易地控制服务器。

Window Server
2012 操作系统简史

（1）系统优势。简化服务器管理方面，与跟 Windows 8 一样，Windows Server 2012 重新设计了服务器管理器，采用了 Metro 界面（核心模式除外）。在这个 Windows 操作系统中，PowerShell 已经有超过 2 300 条命令开关（Windows Server 2008 R2 仅有 200 多个），而且其部分命令可以自动完成。

安装选项方面，Windows Server 2012 可以随意在服务器核心（只有命令提示符）和图形界面之间切换。其默认推荐服务器核心模式。

（2）新功能，主要为 IPAM（IP Address Management）功能。Windows Server 2012 有一个 IP 地址管理，其作用是发现、监控、审计和管理在企业网络上使用的 IP 地址空间。IPAM 对 DHCP 和 DNS 进行管理和监控。IPAM 包括自定义 IP 地址空间的显示、报告和管理，审核服务器配置更改和跟踪 IP 地址的使用，对 DHCP 和 DNS 的监控和管理，完整支持 IPv4 和 IPv6。

Windows Server 2012 中的 Active Directory 使用了虚拟化技术。虚拟化的服务器可以安全地进行克隆。Hyper-V 是微软公司提出的一种系统管理程序虚拟化技术，能够实现桌面虚拟化。许多功能已经添加到 Hyper-V 中，包括网络虚拟化、多用户、存储资源池、交叉连接和云备份。Windows Server 2012 支持以下最大的硬件规格：64 个物理处理器，640 个逻辑处理器（若关闭 Hyper-V，则仅支持

320 个), 4TB 内存, 64 个故障转移群集节点。

(3) Windows Server 2012 的存储。Windows Server 2012 发布后, 一些与存储相关的功能和特性也随之更新。很多功能都是与 Hyper-V 安装相关的, 可以为存储经理人减少预算并提高效率, 可能会涉及重复数据删除、iSCSI (Internet Small Computer System Interface)、存储池及其他功能。

3. Windows Server 2016 操作系统

Windows Server 2016 是微软公司于 2016 年 10 月 13 日正式发行的服务器操作系统。Windows Server 2016 是一个云就绪操作系统, 它支持当前工作负荷, 同时引入了新技术, 在用户准备就绪后帮助用户轻松转移到云计算。用户可以根据组织规模以及虚拟化和数据中心的要求, 从 Windows Server 2016 3 个主要版本中进行选择。

(1) 数据中心版, 适用于高度虚拟化的和软件定义的数据中心环境。

(2) 标准版, 适用于具有低密度或非虚拟化环境的客户。

(3) 精华版, 是云连接优先的服务器, 适用于最多有 25 个用户和 5 台设备的小型企业。

其中, 精华版专为小型企业而设计, 对应于 Windows Server 的早期版本中的 Windows Small Business Server。它不支持 Windows Server 2016 的许多新功能, 包括虚拟化。数据中心版与标准版的功能见表 6-3。

表 6-3 数据中心版与标准版的功能

各种功能	数据中心版	标准版
Windows Server 的核心功能	有	有
操作系统环境 (OSE/Hyper-V 容器)	无限	最多为 2 个
Windows Server 容器	无限	无限
主机保护者服务	有	有
Nano Server	有	有
存储功能, 包括存储空间直通和存储副本	有	无
受保护的虚拟机	有	无

6.1.4 其他典型的网络操作系统

Windows 系列操作系统在用户界面的直观性和配置的简易性的基础上具有良好的操作性, 被许多用户接受, 使得它在许多局域网及各大、中、小规模的企事业单位搭建网络服务器时被采用。目前常用的网络操作系统除了 Microsoft (微软) 公司开发的 Windows NT/2000/2003 Server 等网络操作系统外, 还有 Novell 公司的 NetWare、SCO 公司的 UNIX 和 Red Hat 公司的 Linux 等网络操作系统。

高端用户及对可靠性和安全性要求较高的用户一般采用 UNIX、Linux 操作系统。UNIX、Linux 操作系统具有开放核心源代码的特点, 许多网络管理员可以通过提供的源代码, 添加满足自身要求的功能与程序。随着各行各业对计算机及网络技术的依赖提升, 以及 Internet 的广泛应用, 各种网络操作系统也将得到空前的发展以逐鹿市场。

1. UNIX 操作系统

UNIX 是为多用户环境设计的, 即所谓的多用户操作系统。其内建 TCP/IP 支持, 该协议已经成为互联网中通信的事实标准。UNIX 的发展历史悠久, 具有分时操作, 具有良好的稳定性、健壮性、安全性等优秀的特性, 适用于几乎所有的大型机、中型机、小型机, 也可用于工作组级服务器。在我国的一些特殊行业中, 尤其是拥有大型机、小型机的企业一直沿用 UNIX 操作系统。

UNIX 是用 C 语言编写的, 有两个版本: 系统 V, 由 AT&T 的贝尔实验室研制开发并发展; 伯克利

BSD UNIX，由美国加利福尼亚大学伯克利分校研制，它的体系结构和源代码是公开的。在这两个版本的基础上发展了许多不同的版本，如 SUN 公司销售的 UNIX 版本 SUN OS 和 Solaris 就是从 BSD UNIX 的基础上发展起来的。

UNIX 操作系统的主要特性如下所述。

（1）模块化的系统设计。系统设计分为核心模块和外部模块。核心程序尽量简化、缩小；外部模块提供操作系统应具备的各种功能。

（2）逻辑化文件系统。UNIX 文件系统完全摆脱了实体设备的局限，它允许有限个硬盘合成单一的文件系统，也可以将一个硬盘分为多个文件系统。

（3）开放式系统。遵循国际标准，UNIX 以正规且完整的界面标准为基础，提供计算机及通信综合应用环境。在这个环境下开发的软件具有高度的兼容性、系统与系统间的互通性，以及在系统需要升级时有多重的选择性。系统界面涵盖用户界面、通信程序界面、通信界面、总线界面和外部界面。

（4）优秀的网络功能。其定义的 TCP/IP 已成为 Internet 的网络协议标准。

（5）优秀的安全性。其设计有多级别、完整的安全性能，因此 UNIX 很少被病毒侵扰。

（6）良好的可移植性。UNIX 操作系统和核外程序基本上是用 C 语言编写的，它使系统易于理解、修改和扩充，并使系统具有良好的可移植性。

（7）可以在任何档次的计算机上使用。UNIX 可以运行在笔记本电脑上，也可运行在超级计算机上。

2. Linux 操作系统

Linux 是一种自由（Free）软件，在遵守自由软件联盟协议下，用户可以自由地获取程序及其源代码，并能自由地使用它们，包括修改和复制等。Linux 是网络时代的产物，在互联网上经过众多技术人员的测试和除错，并不断被扩充。Linux 操作系统具有如下特点。

认识 Linux

（1）完全遵循 POSIX 标准，并扩展支持所有 AT&T 和 BSD UNIX 特性的网络操作系统。由于继承了 UNIX 优秀的设计思想，且拥有干净、健壮、高效而稳定的内核，没有 AT&T 或伯克利的任何 UNIX 代码，因此 Linux 不是 UNIX，但与 UNIX 完全兼容。

（2）真正的多任务、多用户系统，内置网络支持，能与 NetWare、Windows Server、OS/2、UNIX 等无缝连接。其网络效能在各种 UNIX 测试评比中是最好的。同时支持 FAT16、FAT32、NTFS、Ext2FS、ISO 9600 等多种文件系统。

（3）可运行多种硬件平台，包括 Alpha、SunSparc、PowerPC、MIPS 等处理器。对各种新型外围硬件，可以从分布于全球的众多程序员那里迅速得到支持。

（4）对硬件要求较低，可在较低档的机器上获得很好的性能，特别值得一提的是 Linux 出色的稳定性，其运行时间往往可以以"年"计。

（5）有广泛的应用程序支持。已经有越来越多的应用程序移植到 Linux 上，包括一些大型厂商的关键应用。

（6）设备独立性。设备独立性是指操作系统把所有外部设备统一当作文件来看待，只要安装它们的驱动程序，任何用户都可以像使用文件一样，操纵和使用这些设备，而不必知道它们的具体存在形式。Linux 是具有设备独立性的操作系统，由于用户可以免费得到 Linux 的内核源代码，因此可以修改内核源代码，以适应新增加的外部设备。

（7）安全性。Linux 采取了许多安全技术措施，包括对读、写进行权限控制，带保护的子系统，审计跟踪，核心授权等，这为网络多用户环境中的用户提供了必要的安全保障。

（8）良好的可移植性。Linux 是一种可移植的操作系统，能够在从微型计算机到大型计算机的任何环境和任何平台上运行。

（9）具有庞大且素质较高的用户群，其中不乏优秀的编程人员和"发烧"级的 hacker（黑客），他们提供了广泛的技术支持。

正是因为这些特点，Linux 操作系统在个人和商业应用领域中的应用都获得了飞速的发展。

3. NetWare 操作系统

Novell 公司自 1983 年推出第一个 NetWare 版本后，又于 20 世纪 90 年代初相继推出了 NetWare 3.12 和 4.11 两个成功的版本。在与于 1993 年问世的微软 Windows NT Server 及其后续版本的竞争中，NetWare 在用于数据库等应用服务器的性能上做了较大的提升。而 Novell 公司的 NDS 目录服务及后来的基于 Internet 的 e-Directory 目录服务，成了 NetWare 中最有特色的功能。与之相应，Novell 公司对 NetWare 的认识也由最早的局域网操作系统变为客户机/服务器架构服务器，再到 Internet 应用服务器。1998 年，NetWare 5.0 发布，它把 TCP/IP 作为基础协议，且将 NDS 目录服务从操作系统中分离出来，以便更好地支持跨平台。最新版本的 NetWare 具备对整个企业异构网络的卓越管理和控制能力。

下面通过对 Novell 公司的 NetWare 6 性能的介绍，说明该操作系统的特性。

（1）NetWare 6 提供简化的资源访问和管理。用户可以在任意位置，利用各种设备，实现对全部信息和打印机的访问和连接；也可以跨越各种网络、存储平台和操作环境，综合使用文件、打印机和其他资源（电子目录、电子邮件、数据库等）。

（2）NetWare 6 确保了企业数据资源的完整性和可用性。以安全策略为基础，通过高度精确方式，采用单步登录和访问控制手段进行用户身份验证，防止恶意攻击行为。

（3）NetWare 6 以实时方式支持在中心位置进行关键性商业信息的备份与恢复。

（4）NetWare 6 支持企业网络的高可扩展性，可以配置使用规模为 2~32 台的集群服务器和负载均衡服务器，每台服务器最多可支持 32 个处理器，利用多处理器硬件的工作能力提高可扩展性和数据吞吐率。它可以方便地添加卷以满足日益增加的需求，能够跨越多个服务器进行配置，最高可支持 8TB 的存储空间，在企业网络环境中支持上百万名用户。

（5）NetWare 6 包括 iFolder 功能。用户可以在多台计算机上建立文件夹。该文件夹可以通过任何种类的网络浏览器进行访问，并可以在一个 iFolder 服务器上完成同步，从而保证用户信息内容永远处于最新状态，并可在任何位置（如办公室、家里等）进行访问。

（6）NetWare 6 包含开放标准及文件协议，不需要复杂的客户端软件就可以在混合型客户端环境中访问存储资源。

（7）NetWare 6 使用了名为 IPP（Internet Printing Protocol）的开放标准协议，具有通过互联网安全完成文件打印工作的能力。用户在某个网站中寻找到一台打印机并下载所需的驱动程序后，即可向世界上几乎任何一台打印机发起打印工作。

6.2 Windows Server 2012 R2 的安装

安装 Windows Server 2012 R2 操作系统前除了要选择正确的版本外，还需要确认计算机是否满足安装的最低要求。硬件要求是指对硬件性能的要求，硬件兼容性测试则是硬件对将要安装的 Windows Server 2012 R2 的可用性测试。在安装 Windows Server 2012 R2 之前，应该先查看硬件兼容性列表（Hardware Compatibility List，HCL）。Windows Server 2012 R2 支持大多数的最新硬件设备，安装过程中会自动监测硬件的兼容性，并报告潜在的冲突，如果有不在列表中的硬件设备，可向硬件厂家获取驱动程序。

6.2.1 Windows Server 2012 R2 的安装要求

Windows Server 2012 R2 几乎可以安装在任何现代服务器上。它的系统安装要求相对不高，最低配置为一个 1.4GHz 的 64 位 CPU、512MB 内存、32GB 磁盘存储、吉比特以太网以及 DVD 或者其他安装媒介。次要的需求包括 SVGA 显示设备（1024 像素×768 像素或更高的分辨率）、1 个键盘和 1 个鼠标，以及接入 Internet。要注意 Windows Server 2012 R2 仅支持 64 位的体系结构，不可以在 32 位 CPU 的服务器上安装。

在安装 Windows Server 2012 R2 之前需要做如下准备工作。

（1）备份数据，包括配置信息、用户信息和相关数据。

（2）切断 UPS（Uninteruptible Power System）设备的连接。如果目的计算机与 UPS（不间断电源）相连，那么在运行安装程序之前，请断开串行电缆。安装程序将自动尝试检测连接到串行端口的设备，而 UPS 设备可能在检测过程中导致问题。

（3）如果使用的大容量存储设备由厂商提供了驱动程序，则需准备好相应的驱动程序，以便在安装过程中选择这些驱动程序。

6.2.2　Windows Server 2012 R2 的安装步骤

Windows Server 2012 R2 的安装步骤如下所述。

（1）把 Windows Server 2012 R2 安装光盘放入光驱，配置光驱优先启动，如果在虚拟机中安装，把 Windows Server 2012 R2 的安装镜像文件放入光驱，再重启计算机，就开始进入安装界面了。安装程序启动界面如图 6-3 所示。

（2）打开 Windows 安装程序窗口，选择"要安装的语言""时间和货币格式""键盘和输入方法"。这里选择默认，如图 6-4 所示。单击"下一步"按钮，继续单击"直接安装"按钮。

图 6-3　安装程序启动界面

图 6-4　Windows 安装程序窗口

（3）系统弹出"Windows 安装程序"对话框询问要安装哪一种操作系统，默认选择第一项，单击"下一步（N）"按钮"Windows 安装程序"询问是否同意许可条款，勾选"我接受许可条款"复选框，单击"下一步"按钮。

Windows Server 2012 R2 提供了两种选择，分别是标准版带有 GUI 桌面环境和增强版带有 GUI 桌面环境的版本，如图 6-5 所示。图形用户界面（Graphical User Interface，GUI）又称图形用户接口，是指采用图形方式显示的计算机操作用户界面。

（4）"Windows 安装程序"对话框询问将 Windows 安装在哪里，同时对话框中显示服务器的硬盘。

如果是全新硬盘，没有任何分区，单击"新建"选项，输入合适大小的空间分配给系统盘 C 盘，单击"应用"按钮；"Windows 安装程序"对话框弹出子对话框，显示安装程序需要再分配一部分空间给Windows，直接单击"确定"按钮；对话框里显示出了我们分配的 C 盘主分区和容量以及剩余磁盘容量，如果要继续设置扩展分区和逻辑分区，单击"新建"选项就可以继续进行分区设置。选择主分区，单击"下一步"按钮，如图 6-6 所示。

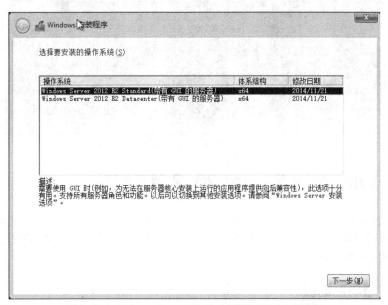

图 6-5　Windows Server 2012 R2 提供了两种安装选项

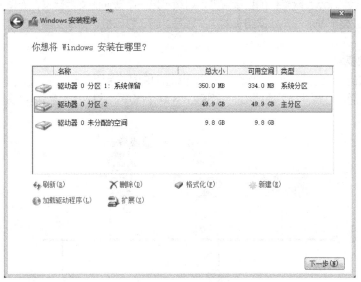

图 6-6　选择安装分区

（5）Windows Server 2012 R2 开始准备并自动进行安装，稍候会自动重启几次，安装过程中会出现"Administrator 管理员密码设置"对话框，这时候请设置密码。最后出现 Windows Server 2012 R2 登录界面。按"Ctrl+Alt+Delete"组合键打开登录界面，输入密码。启动成功，进入 Windows Server 2012 R2 桌面，如图 6-7 所示。

图 6-7　Windows Server 2012 R2 桌面

6.3　Windows Server 2012 目录服务

目录服务对于网络的作用就像黄页对电话系统的作用一样。目录服务将有关现实世界中的事物（如人、计算机、打印机等）的信息存储为具有描述性属性的对象。人们可以使用该服务按名称查找对象，或者像使用黄页一样使用它们查找服务。

6.3.1　域与活动目录

活动目录是 Windows 网络中的目录服务。目录不是一个普通的文件目录，而是一个目录数据库，存储着整个域（或整个 Windows 网络）的用户账号、组、打印机、共享文件夹等活动目录对象的相关数据。

1. 为什么需要域

如果资源分布在 N 台服务器上，那么用户需要资源时就要分别登录这 N 台服务器，也就需要 N 个账号。对 M 个用户而言，管理员就需要给他们创建 $N \times M$ 个账户。这样分散管理不仅复杂而且难以管理，如图 6-8 所示。

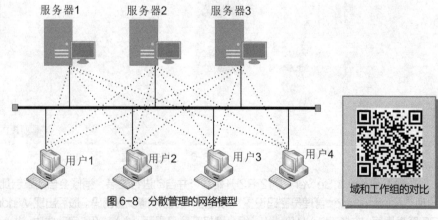

图 6-8　分散管理的网络模型

有了域，管理员只需要给每个用户创建一个域用户，用户只需在域中登录一次就可以访问域中的资源，实现了单一登录，从而实现资源的集中管理，如图 6-9 所示。

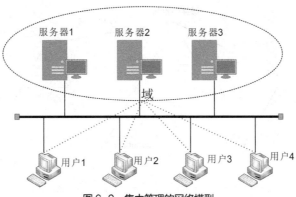

图 6-9　集中管理的网络模型

　　用户信息存放在域中的域控制器（Domain Controller, DC）上，在图 6-9 中，可以选定一台或者几台服务器作为域控制器。有多台域控制器时，各个域控制器是平等的，每个域控制器上都有所在域的全部用户的信息，域控制器之间需要同步这些信息。而其他不是域控制器的服务器仅提供资源。

2. 域及其相关概念

　　域是一组相互之间有逻辑关系（工作关系）的计算机、用户和组对象的集合。这些对象共用目录数据库、安全策略以及与其他域之间的安全关系。

　　（1）域（Domain）。域是指 Windows 网络中独立运行的单位。域之间相互访问需要建立信任关系（Trust Relation）。信任关系是连接域与域之间的桥梁。当一个域与其他域建立了信任关系，两个域之间不仅可以按需要相互进行管理，还可以跨网分配文件和打印机等设备资源，使不同的域之间实现网络资源的共享和管理。域中资源共享和管理与计算机的物理位置无关，只要它们是互连的就行。一个域中必须有一台域控制器和若干台客户机。为了提高性能并加强容错，一个域中也可有多台域控制器，如图 6-10 所示。一个域中的多台域控制器之间会自动复制活动目录信息，即一个域中多台域控制器内的活动目录信息是相同的。

　　（2）域树。由多个域组成层次结构，这些域共享同一表结构和配置，形成一个连续的名称空间，即为域树。域树中的域通过信任关系连接起来，活动目录包含一个或多个域树。域树中的第一个域称为根域，相同域树中的其他域称为子域，相同域树中直接在另一个域上层的域称为子域的父域。域树中的域层次越深级别越低，一个"."代表一个层次，如域 xxxy.GDCP.net 就比 GDCP.net 这个域级别低，因为它有两个层次关系，而 GDCP.net 只有一个层次。而域计算机 jsj.xxxy.GDCP.net 又比 xxxy. GDCP.net 级别低，道理一样。它们都属于同一个域树。xxxy.GDCP.net 就是 GDCP.net 的子域。域树如图 6-11 所示。

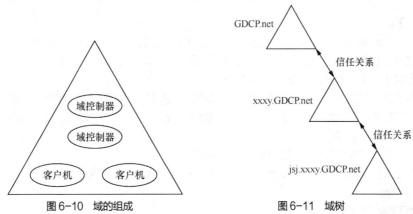

图 6-10　域的组成　　　　　　　　　图 6-11　域树

　　（3）域林。域林是双向可靠传递信任连接的一个或多个 Windows Server 的域树的集合。域林都有根域，它是域林中创建的第一个域。域林的根域的名字不能改变，因为它与域树的根域有信任关系，如图 6-12 所示。

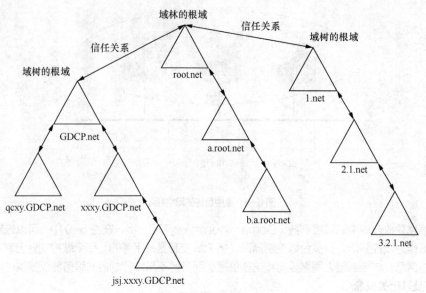

图6-12　域林

（4）信任关系。信任关系是在域之间建立的逻辑关系，以便允许用户账户通过身份验证。信任域负责受信任域的登录验证，受信任域中定义的用户账户和全局组可以获得信任域的权利和权限，如图6-13所示。双向信任是两个域之间的信任关系，在该关系中，两个域互相信任。所有父子信任都是双向信任。

可传递信任是在整个组域间流通，并在域和信任该域的所有域之间形成的信任关系。例如，如果A域和B域之间存在可传递信任，并且B域信任C域，则A域也信任C域。可传递信任可以是单向的，也可以是双向的。

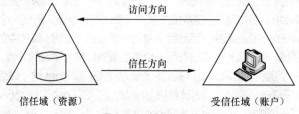

图6-13　域信任关系

3. 活动目录

活动目录（Active Directory，AD）是Windows Server 2012平台提供的目录服务。它在中央数据库中存放信息，使用户在网络上只拥有一个用户账号。目录是存储各种对象的一个物理上的容器，目录服务是使目录中所有信息和资源发挥作用的服务。

活动目录的功能和特点：使信息的安全性大大增强；引入基于策略的管理，使系统的管理更加明朗；具有很强的可扩展性、可伸缩性，以及智能的信息复制能力；与DNS集成紧密，与其他目录服务具有互操作性、具有灵活的查询。

活动目录的逻辑结构包括域、组织单位、域树和域林。

域控制器上存放着域中所有用户、组、计算机等信息（实际上还不止这些），域控制器把这些信息存放在活动目录中。

4. 活动目录和DNS的关系

在TCP/IP网络中，DNS（Domain Name System，域名系统）用来解决计算机名字和IP地址的映射关系。活动目录和DNS是密不可分的。活动目录使用DNS服务器来登记域控制器的IP、各种资源的定位等,在一个域林中至少要有一个 DNS 服务器存在,所以安装活动目录的同时需要安装 DNS。此外,域的命名也是采用 DNS 的格式来命名的。

6.3.2 组织单位

组织单位就是一个容器,通俗地理解,如果把活动目录比作一个公司的话,那么每个组织单位就是一个相对独立的部门。

1. 对象

对象是指网络中的用户、计算机、打印机、组等。每个对象都有自己的属性及属性值。对象组成组织单位,如图 6-14 所示。

2. 组织单位

组织单位(Organization Unit,OU)用来把对象按逻辑进行分组,便于管理、查找、授权和访问,如图 6-15 所示。组织单位只表示单个域中的对象集合(可包括组对象)。组织单位具有继承性,子单位能够继承父单位的访问控制列表(Access Control List,

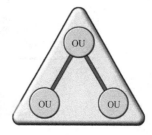

图 6-14 对象与组织单位

ACL)。同时域管理员可授予用户对域中所有组织单位或单个组织单位的管理权限,就像一个公司的各个部门的主管,权力平均化能更有效地管理公司。

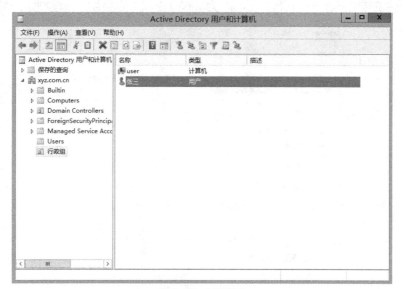

图 6-15 组织单位

6.3.3 项目搭建

下面通过一个实际案例来进行 Windows Server 2012 网络服务平台的搭建学习。如果没有实际的网络环境,可以通过 VMware 虚拟机来实现网络环境的架构。

1. 安装并配置域

(1)活动目录设计。对于中小企业,在网络中只安装一个域控制器;域的名字应该和 DNS 域名一样,为 xyz.com.cn。将其他所有计算机加入域中。

153

（2）组织单位的设计。依据公司的行政架构来设计 OU，各部门的用户、组、计算机、打印机等均放到对应的组织单位中。

（3）实验拓扑图。实验用 VMware 虚拟机来模拟服务器和客户机。虚拟机之间采用内部网络的网络连接方式，其中计算机（机器名为 win2012-2）充当域成员服务器，计算机（机器名为 win2012-1）和计算机（机器名为 win2012-3）为域控制器，安装 Windows Server 2012 R2 网络操作系统，如图 6-16 所示。

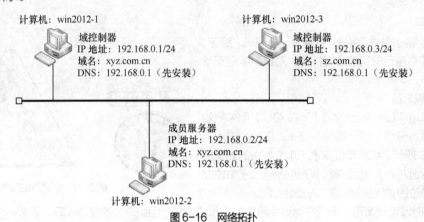

计算机：win2012-1
域控制器
IP 地址：192.168.0.1/24
域名：xyz.com.cn
DNS：192.168.0.1（先安装）

计算机：win2012-3
域控制器
IP 地址：192.168.0.3/24
域名：sz.com.cn
DNS：192.168.0.1（先安装）

成员服务器
IP 地址：192.168.0.2/24
域名：xyz.com.cn
DNS：192.168.0.1（先安装）

计算机：win2012-2

图 6-16　网络拓扑

（4）网络中的域控制器——计算机（机器名为 win2012-1）的网络 IP 设置如图 6-17 所示。

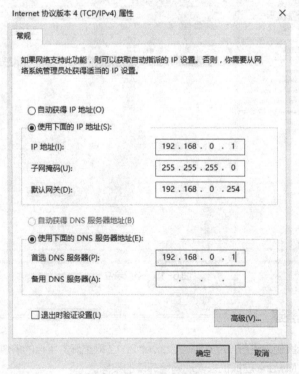

图 6-17　网络 IP 设置

（5）网络中的域控制器——计算机（机器名为 win2012-1）安装 DNS，如图 6-18 所示，启动 DNS 安装界面。

图 6-18 安装 DNS

（6）网络中的域控制器——计算机（机器名为 win2012-1）安装 AD 域服务，如图 6-19 所示，启动域控制器的安装界面。

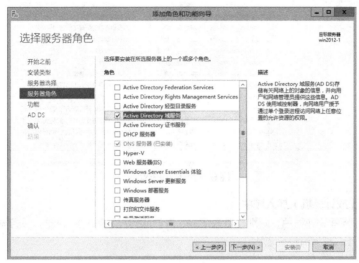

图 6-19 安装 AD 域服务

在进行安装之前有多个选项需要配置，配置完成后才可以安装域控制器，如图 6-20 所示。

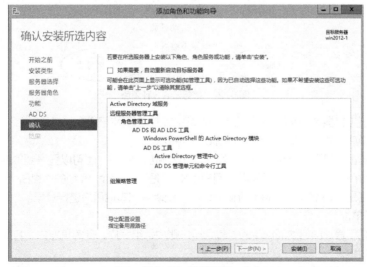

图 6-20 配置界面

在安装过程中，会安装配置 DNS，安装完成后，重新启动计算机，由于活动目录的存在，启动时间会变长，可以发现已经建立域 xyz.com.cn。

在域控制器上登录时，只能以域中的用户登录。虽然用户名仍为 Administrator，但是该 Administrator 是域用户，如图 6-21 所示。

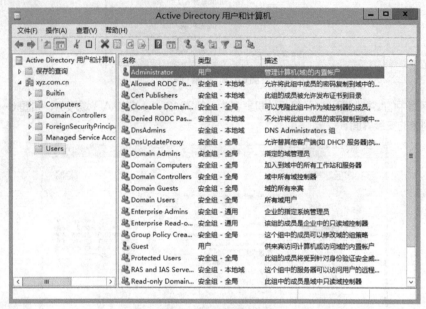

图 6-21　域用户界面

2. 把服务器（或计算机）加入域中

网络中的服务器有 3 种角色，分别是域控制器、成员服务器和独立服务器。服务器的这 3 个角色可以发生改变，如图 6-22 所示。

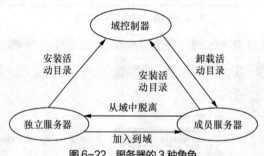

图 6-22　服务器的 3 种角色

把成员服务器（机器名为 win2012-2）加入域中，并进行网络配置，如图 6-23 所示。

配置完成，重启后发现成功加入域，如图 6-24 所示。

在成员服务器上，可以登录到域中，只需在用户名前加上域名；也可以登录到本地。如果输入的用户名是"XYZ\administrator"，说明是以域用户（XYZ 是 xyz.com.cn 域的 NetBIOS 名）进行登录；如果输入的用户名是"win2012-2\administrator"，说明是以本地用户进行登录。

3. 创建组织单位

组织单位是基于管理的目的而创建的，包含用户账户、组账户、计算机账户、打印机、共享文件夹等其他活动目录对象。

（1）在域控制器的计算机（机器名为 win2012-1）上创建组织单位。其操作界面如图 6-25 所示。

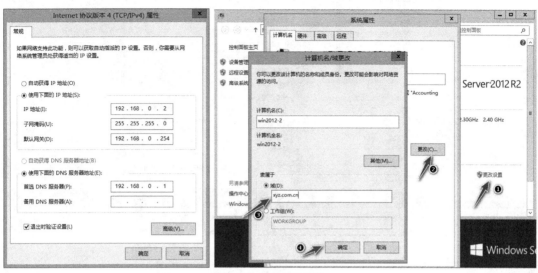

图 6-23　服务器加入域

图 6-24　成功加入域

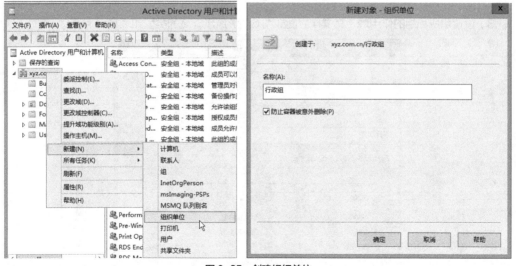

图 6-25　创建组织单位

（2）在组织单位下添加计算机、用户、组。其操作界面如图 6-26 所示。

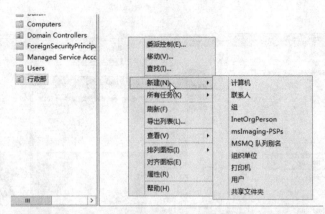

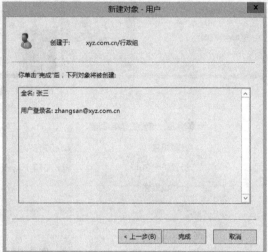

图 6-26　在组织单位中新建用户

（3）设置用户和组的作用域。其操作界面如图 6-27 所示，域的类型如表 6-4 所示。

图 6-27　设置用户和组的作用域

表 6-4 域的类型

类型	说明
本地域	成员可来自同一域林中的任何域的用户、组成员只能访问本地域的资源
全局	成员只来自本地域的用户 成员可以访问同一域林中的任何域中的资源
通用	成员可来自同一域林中的任何域 成员可以访问同一域林中的任何域的资源

设置组类型：可以使用安全组来分配共享资源的权限，使用通信组来创建电子邮件分发列表。

4．文件和文件夹安全及共享权限的变化

（1）域控制器上的文件和文件夹安全及共享权限。域控制器上只有域用户或者组，因此域控制器上的文件和文件夹安全权限、共享权限必须分配给域用户或者组。其操作界面如图 6-28 所示。

图 6-28　域控制器上的文件和文件夹权限设置

（2）成员服务器上的文件和文件夹安全及共享权限。成员服务器上还存在本地用户和组，因此成员服务器上的文件和文件夹安全权限、共享权限可以分配给域用户或者组，也可以分配给本地计算机上的用户和组，如图6-29所示。

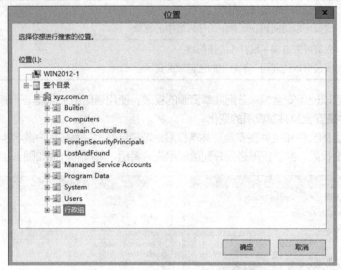

图6-29　成员服务器上的文件和文件夹权限设置

6.4　文件服务与磁盘管理

文件服务与磁盘服务允许用户像使用他们自己的硬盘一样方便地使用网络服务器存储文件并保证服务器数据的安全。

6.4.1　文件服务

搭建一台文件服务器，就可以在局域网中提供文件共享，方便内部资料的传输。

1. 文件服务器的基础

文件服务器是企业里面用得最多的服务器之一，主要用于提供文件共享。

为了配合文件服务器的权限管理，从 Windows Server 2012 开始新增了文件服务器资源管理器。文件服务器资源管理器是一组可让用户对文件服务器上存储的数据进行管理和分类的功能，如下所述。

（1）文件分类基础结构。文件分类基础结构通过分类流程的自动化提高对数据的洞察力，从而让用户更有效地管理数据。用户可以基于此分类对文件进行分类并应用策略。示例策略包括限制访问文件的动态访问控制、文件加密和文件过期。可以使用文件分类规则自动分类文件，也可以修改所选文件或文件夹的属性手动分类文件。

（2）文件管理任务。文件管理任务可让用户基于分类对文件应用有条件的策略或操作。文件管理任务的条件包括文件位置、分类属性、创建文件的数据、文件的上一次修改日期或上一次访问文件的时间。文件管理任务可以采取的操作包括使文件过期、加密文件等，或运行自定义命令的功能。

（3）配额管理。配额允许用户限制卷或文件夹可拥有的空间，并且它们可自动应用于卷上创建的新文件夹。用户还可以定义可应用于新卷或文件夹的配额模板。

（4）文件屏蔽管理。文件屏蔽可帮助控制用户可存储在文件服务器上的文件类型。用户可以限制可存储在共享文件上的扩展名。例如用户可以创建文件屏蔽，不允许包含 MP3 扩展名的文件存储在文件服务器上的个人共享文件夹中。

（5）存储报告。存储报告可用于帮助用户确定磁盘使用的趋势以及数据分类的方式。用户还可以监视尝试保存未授权文件的一组所选用户。

使用文件服务器资源管理器的管理控制台（Microsoft Management Console，MMC）或使用Windows PowerShell，可以配置和管理文件服务器资源管理器包含的功能。

2. 文件服务器的安装

（1）在服务器管理器窗口中单击"添加角色和功能"选项，打开"添加角色和功能向导"窗口，勾选"文件服务器"和"文件服务器资源管理器"复选框，如图6-30所示。

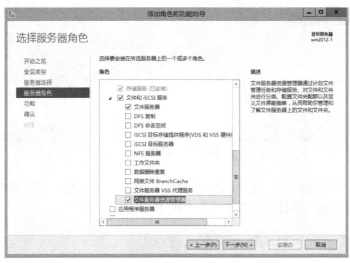

图6-30　添加角色和功能向导

（2）进入确认界面，确认需要安装的服务、角色、功能，如图6-31所示，单击"安装"按钮。安装完成后，单击"关闭"按钮。

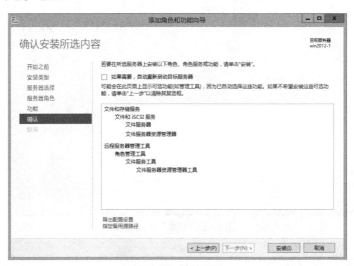

图6-31　确认界面

3. 文件服务器配置共享

（1）打开服务器管理器窗口，单击"文件和存储服务"选项并选择"共享"选项，然后单击"任务"下拉菜单，单击"新建共享…"选项，如图6-32所示。

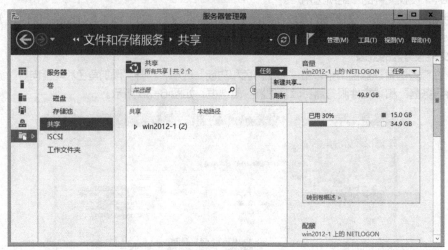

图6-32　新建共享

（2）在新建共享向导窗口中，选择"选择配置文件"选项，进入选择配置文件界面，选择"SMB共享-快速"选项，如图6-33所示，单击"下一步"按钮。

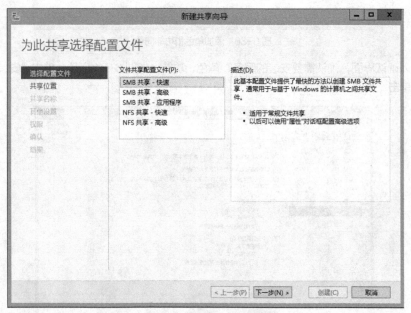

图6-33　共享方式的选择

5种共享方式的具体说明如下所述。

SMB共享-快速：最简单的方式，类似于简单共享，且类似于public目录，就是所有人都具有完全控制权限。

SMB共享-高级：可以设置对应的文件类型与配额限制。

SMB 共享-应用程序：专门给 Hyper-V 开发的，如果用户将一台文件服务器作为存储，然后所有的 Hyper-V 虚拟机系统存储在文件服务器上，再做一个负载、冗余也不失为一个好的选择。

NFS 共享-快速、NFS 共享-高级：主要用于 Linux 服务器的共享使用。

（3）选择共享的路径，再设置共享名称，如图 6-34 所示，然后单击"下一步"按钮。

图 6-34　设置共享名称

（4）在其他设置界面中依据需要进行选择，如图 6-35 所示，然后单击"下一步"按钮。

图 6-35　其他设置界面

其他设置界面中的功能都是 Windows Server 2012 R2 新增或加强的功能，如下所述。

启用基于存取的枚举：简单一点说就是如果 A 用户只有访问 A 目录的权限，那他就不会看到共享下面的 B 目录，也就不会出现单击 B 目录提示没有访问权限的情形了，这样增强了用户体验，同时也加强了文件服务器的安全性。

允许共享缓存：有两种模式，分布式缓存模式和托管式缓存模式。前者主要用于办事处等没有服务器的场所。后者主要用于分支机构，集中式管理所有缓存的文件信息。

加密数据访问：在传输共享文件的时候，会对数据进行加密，以提高数据传输的安全性。

（5）在权限界面中，先禁用继承的权限，再手动添加权限，如图 6-36 所示。

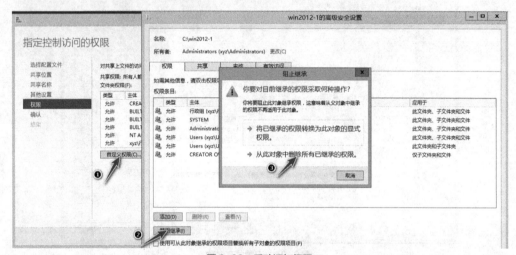

图 6-36　手动添加权限

（6）在权限界面中，目录权限为空，单击"添加"按钮，然后单击"选择主体"超链接，配置好用户后，单击"确定"按钮，如图 6-37 所示。

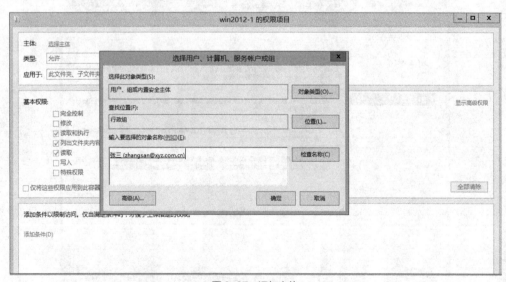

图 6-37　添加主体

（7）对选定的主体设置对应的权限，如图 6-38 所示。

图 6-38 设置主体权限

（8）单击"确定"按钮，这时候对应的文件夹的访问权限就已经设置完成了，如图 6-39 所示。
提示：在配置权限的时候，用户必须配置一个具有完全控制权限的用户，否则后面创建 SMB 的时候
会失败。

图 6-39 权限设置完成

（9）单击"下一步"按钮，在确认界面中，确认配置信息，单击"创建"按钮，完成共享的创建，
如图 6-40 所示。

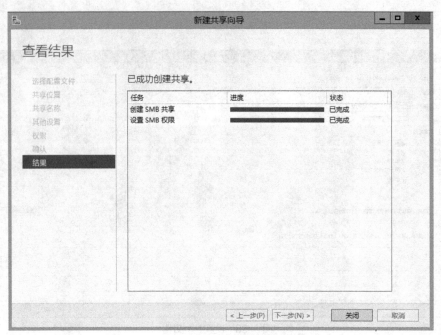

图6-40　共享创建完成

（10）最后单击"关闭"按钮。在共享界面中可以看到一些常规的应用信息，如共享的文件夹、路径、协议、是否群集、空间大小等，如图6-41所示。

图6-41　共享界面

（11）在服务器管理器窗口中，选择创建的共享并右键单击，选择"属性"选项，打开属性窗口，选择"管理属性"选项。这时可选文件夹的用途，一共有4种，主要用于分类规则管理等，我们勾选"用户文件"复选框，如图6-42所示，然后单击"确定"按钮。

（12）在服务器管理器窗口中，选择创建的共享并右键单击，选择"配置配额"选项，打开"配置配额"对话框，勾选"自动为所有用户创建并应用配额"复选框，如图6-43所示，然后单击"确定"按钮。

（13）下面我们来做一个共享访问测试，显示已经可以成功访问共享了，如图6-44所示。这时候我们就可以在里面添加、删除、修改文件夹及文件了，至此文件服务器的常规部署全部完成。

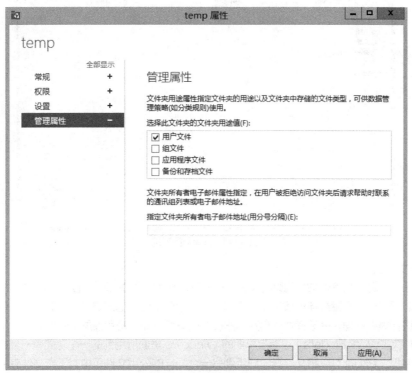

图 6-42　设置文件夹的用途

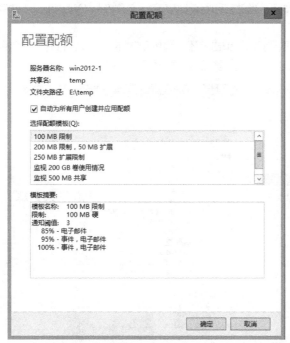

图 6-43　配置配额

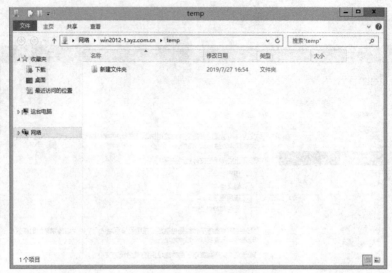

图 6-44　共享访问测试

4．工作文件夹

为了在个人计算机和其他被称为贴身设备（Bring Your Own Device，BYOD）的设备上存储和访问工作文件。用户可以设置最佳位置来存储工作文件，然后从任何地方访问。企业可以设置控制权限来对数据存储进行集中管理，并选择性地指定用户设备的策略，如加密和锁屏密码等。

工作文件夹（Work Folders）功能与早期的 Windows 里面所用到的一个功能有一点相似之处，那就是公用文件包。它们都可以将文件随时同步到另一个同样的公用文件包中，工作文件夹的不同之处是可以对其进行权限管理，可以与文件服务器等多种应用结合使用，并且可以跨设备跨平台使用，可以用于同事之间协同应用开发等。当然它和目前比较流行的 SVN（Subvision）功能类似。工作文件夹的安装与配置如下所述。

（1）打开服务器管理器窗口，单击"添加角色和功能"选项，打开添加角色和功能向导窗口，在服务器角色界面中勾选"工作文件夹"复选框，如图 6-45 所示。

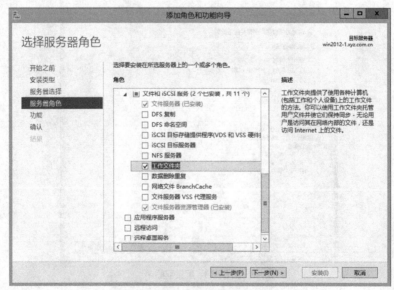

图 6-45　添加角色和功能向导窗口

（2）确认所需要安装的应用有哪些，然后单击"安装"按钮，如图6-46所示。安装成功后，单击"关闭"按钮，至此工作文件夹功能安装完成。

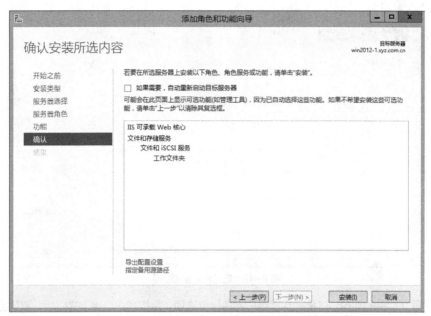

图6-46　工作文件夹安装成功

5. 创建工作文件夹

（1）单击"若要为工作文件夹创建同步共享，请启动'新建同步共享'向导"超链接，如图6-47所示。

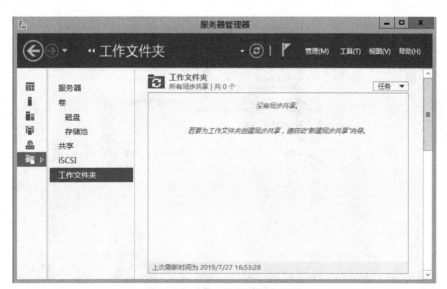

图6-47　设置工作文件夹同步共享

（2）打开新同步共享向导窗口，单击"下一步"按钮。选择对应的服务器与对应的目录，配置服务器和路径，如图6-48所示，单击"下一步"按钮，本例中共享目录同时作为工作文件夹。

图 6-48　配置服务器和路径

（3）设置文件夹的结构。本例选择"用户别名"单选项，是指客户连接上去以后，默认会自动创建一个以用户的用户名命名的目录，如图 6-49 所示，然后单击"下一步"按钮。

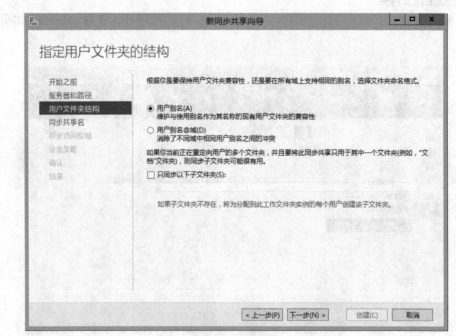

图 6-49　配置别名

（4）进入同步共享名界面设置同步共享名，这里按默认名称设置即可，单击"下一步"按钮，如图 6-50 所示。

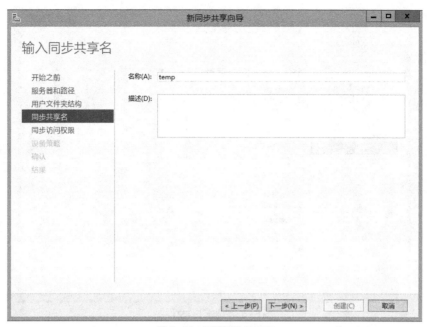

图 6-50　设置同步共享名

（5）单击"添加"按钮，选择具有访问权限的用户组等，如图 6-51 所示，单击"下一步"按钮。设备策略可以默认选择，如果需要加密、自动锁屏，也可以在这里选择。本例选择默认即可。

图 6-51　设置访问权限

（6）确认对应的创建信息无误，如图 6-52 所示，单击"创建"按钮。创建成功后，单击"关闭"按钮。

（7）工作目录创建完成，如图 6-53 所示。在服务器管理器窗口中可以看到对应的工作文件夹里面已经创建了对应的目录，并且可以在下面看到对应的权限。

图 6-52　创建工作文件夹

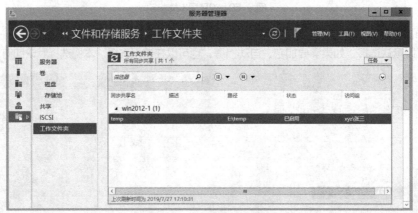

图 6-53　工作目录创建完成

6.4.2　磁盘管理

磁盘管理程序是用于管理硬盘、卷和分区的系统实用工具。Windows Server 2012 操作系统提供了一些磁盘管理程序，可以用来创建分区和卷。Windows Server 2012 的磁盘管理通常可以在不需要重新启动系统或中断用户应用程序的情况下执行磁盘的相关操作。

1．磁盘分区

Windows Server 2012 的磁盘分为 MBR 磁盘与 GPT 磁盘两种分区形式。

（1）MBR 磁盘是标准的传统分区形式，其磁盘分区表存储在主引导记录（Master Boot Record，MBR）内，而 MBR 是位于磁盘的最前端的一段引导代码。主机板上的 BIOS（基本输入输出系统）会先读取 MBR，并将计算机的控制权交给 MBR 内的程序，然后由此程序来继续启动工作。

（2）GPT 磁盘的磁盘分区表存储在 GPT（GUID Partition Table）内，它也是位于磁盘的最前端的一段引导代码，而且它有主分区表与备份磁盘分区表，可提供故障转移功能。GPT

MBR 和 GPT 的
基本区别

磁盘以 EFI（Extensible Firmware Interface）来作为计算机硬件与操作系统之间沟通的桥梁，EFI 所扮演的角色类似于 MBR 磁盘的 BIOS。

注意：MBR 磁盘分区最多可分 4 个主分区，或 3 个主分区与一个扩展分区；GPT 磁盘分区最多可创建 128 个主分区，大于 2TB 的分区必须使用 GPT 磁盘。

（3）分区格式的转化。可以利用图形接口的磁盘管理命令或 Diskpart 命令将空的 MBR 磁盘转换成 GPT 磁盘，或将空的 GPT 磁盘转换成 MBR 磁盘。

2. 基本磁盘

Windows Server 2012 提供两种磁盘管理方式，即基本磁盘和动态磁盘的管理。基本磁盘是传统的磁盘系统，Windows Server 2012 内新安装的硬盘默认是基本磁盘。

基本磁盘的管理。可以通过右键单击"计算机">"管理">"存储">"磁盘管理"打开磁盘管理界面，如图 6-54 所示。

图 6-54　磁盘管理界面

压缩卷的使用。例如，磁盘 0 被分区，驱动器为 C，容量为 50GB。如果想从尚未使用的剩余空间中腾出一部分来，将其变为另外一个未划分的可用空间的话，可以利用系统所提供的压缩功能来实现。其方法如下，右键单击 C 磁盘选择"快捷菜单">"压缩卷"，输入欲腾出的空间大小，单击"压缩"按钮就可以了，如图 6-55 所示。

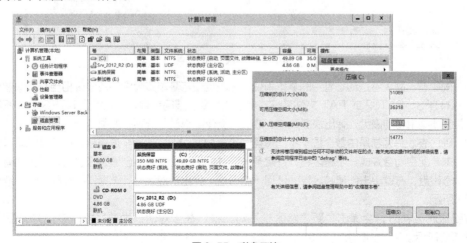

图 6-55　磁盘压缩

3. 动态磁盘

动态磁盘是 Windows Server 2012 操作系统提供的一种独特的磁盘管理方式。动态磁盘支持多种动态卷，主要功能是提高访问效率、提供故障转移功能、扩大磁盘的使用空间，这些卷包含简单卷、跨区卷、带区卷、镜像卷、RAID-5 卷。

动态磁盘的主要功能是提高磁盘性能和加强硬盘故障数据保护。动态磁盘的特征见表 6-5。

动态磁盘与基本
磁盘区别

表 6-5 动态磁盘各种卷的特征

卷种类	磁盘数	可用来存储数据的磁盘数	性能（与单一磁盘比较）	故障转移
跨区	2~32 个	磁盘数	不变	无
带区（RAID-0）	2~32 个	磁盘数	读、写都提升许多	无
镜像（RAID-1）	2 个	磁盘数/2	读提升、写稍微下降	有
RAID-5	3~32 个	磁盘数−1	读提升多、写下降稍多	有

（1）将基本磁盘转换为动态磁盘。右键单击基本磁盘，选择"转换到动态磁盘"选项，选择所有想要转换的基本磁盘，单击"确定"按钮，如图 6-56 所示。如果将动态磁盘转换为基本磁盘，磁盘中的内容就会丢失。在实际使用时磁盘 0 不转换为动态磁盘，只转换保存数据的磁盘。

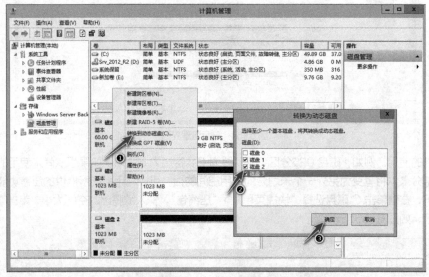

图 6-56 转换为动态磁盘

（2）简单卷。简单卷是动态卷中的基本单位，它的地位与基本磁盘中的主分区相当。简单卷可以被格式化为 NTFS、FAT32 或 FAT 文件系统，但是如果要扩展简单卷，就必须是 NTFS 文件系统。右键单击要创建简单卷的磁盘，弹出快捷菜单，选择"新建简单卷"选项，如图 6-57 所示。

（3）跨区卷。跨区卷是由数个位于不同磁盘的未分配空间组成的一个逻辑卷，也就是说可以将数个磁盘内的未分配空间合并成一个跨区卷，并赋予一个共同的驱动器号。创建跨区卷时，至少要有不少于两个的动态磁盘，右键单击创建跨区卷的任何一个磁盘，弹出快捷菜单，选择"新建跨区卷"选项，如图 6-58 所示。

在新建跨区卷时，会弹出"新建跨区卷"对话框，在该对话框中选择多个磁盘并分配空间，如图 6-59 所示。

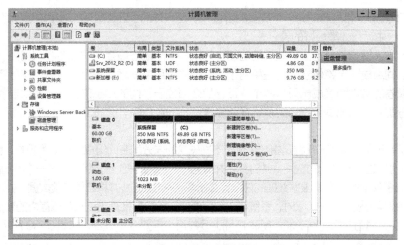

图 6-57　新建简单卷

图 6-58　新建跨区卷

图 6-59　选择磁盘

（4）带区卷。带区卷是由数个位于不同磁盘的未分配空间组成的一个逻辑卷，也就是说可以将数个磁盘内的未分配空间，合并成一个带区卷，并赋予一个共同的驱动器号。带区卷的创建与跨区卷的创建基本一样，不同的是，带区卷的每一个成员的容量大小是一样的，且数据写入时平均写到每一个磁盘内。带区卷是所有卷中运行效率最好的卷。

（5）镜像卷。镜像卷具备故障转换的功能。可以将一个动态磁盘内的简单卷与另外一个动态磁盘内的未分配空间组成一个镜像卷，或是将两个未分配的可用空间组成一个镜像卷，然后赋予一个逻辑驱动号。镜像卷的特性为其成员只有两个，且它们必须位于不同的动态磁盘内。如果选择将一个简单卷与一个未分配空间组成镜像卷，则系统在新建镜像卷的过程中，会将简单卷内的现有数据复制到另一个成员中。

（6）RAID-5卷。RAID-5卷是由数个位于不同磁盘的未分配空间组成的一个逻辑卷，也就是说可以从多个磁盘内分别选取未分配的空间，并将其合并成为一个RAID-5卷，然后赋予一个共同的驱动器号。RAID-5在存储数据时，会另外根据数据的内容计算出其奇偶校验位，并将奇偶校验数据一并写入RAID-5卷内。当某个磁盘因故障无法读取时，系统可以利用奇偶校验数据推算出该故障磁盘内的数据，让系统能够继续运行，因此具备故障转移功能。创建RAID-5卷至少需要3个磁盘，如图6-60所示。

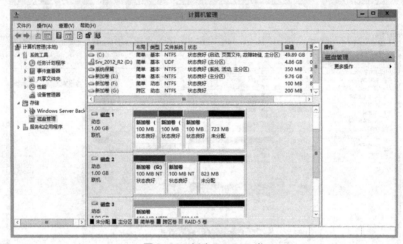

图6-60　新建RAID-5卷

RAID-5卷存储数据时，如果有一个磁盘出错，可以修复RAID-5卷。出故障的磁盘显示在画面的最下方（上面有"丢失"两个字），如图6-61所示。

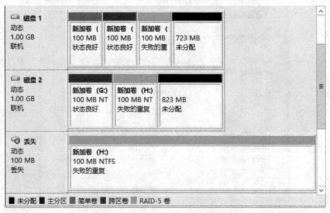

图6-61　RAID-5卷的出错

右键单击显示"失败的重复"字样的任何一个磁盘，选择"修复卷"选项。选择新安装的磁盘，它会取代原先已损坏的磁盘，以便重新创建RAID-5卷，完成修复，如图6-62所示。

图 6-62　RAID-5 卷的修复

6.5　VMware 虚拟机的使用

VMWare 虚拟机软件是一个"虚拟 PC"软件，它使用户可以在一台计算机上同时运行两个或更多操作系统，相当于多台计算机。虚拟机技术已经成为云计算的核心技术。

6.5.1　虚拟机的概念

　　虚拟机，是指一台虚拟的计算机。虚拟的含义是相对于我们日常使用的物理计算机来讲的。物理计算机是指我们摸得到、看得见，其 CPU、硬盘、内存等设备我们都可以实实在在地接触到的计算机。而虚拟机是一种虚拟化的技术。虚拟机中的 CPU、内存等硬件设备我们都看不见，但是我们可以使用它们，可以使用虚拟机中的硬盘来存储数据，使用虚拟机中的网卡来连接网络，其实这些功能都是由程序模拟出来的，但是我们在使用过程中，并没有感觉到和真实的计算机有什么不同。这就是虚拟机技术。

虚拟化技术分类
与介绍

VMwave 服务器
虚拟化

　　虚拟机技术最直接的应用就是虚拟机软件。其最大的作用就是在一台普通计算机上模拟出另外一台乃至数台能够单独运行的操作系统，甚至可以将这几个操作系统连成一个虚拟的局域网络。

1. 虚拟机的相关概念

　　在介绍虚拟机时，相关的概念如下所述。

　　虚拟机（Virtual Machine，VM）指由 VMware 模拟出来的一台虚拟的计算机，也即逻辑上的一台计算机。

　　HOST 指物理存在的计算机，Host OS 指 HOST 上运行的操作系统。

　　Guest OS 指运行在 VM 上的操作系统。

　　例如在一台安装了 Windows NT 的计算机上安装了 VMware，那么 HOST 指的是安装 Windows NT 操作系统的这台计算机，其 Host OS 是指 Windows NT。VM 上运行的是 Linux 操作系统，那么 Linux 即为 Guest OS。

2. VMware 的特点

　　VMware 可以在一台计算机上同时运行两个或更多 Windows、DOS、Linux 操作系统。与"多启动"系统相比，VMware 采用了完全不同的概念。多启动系统在一个时刻只能运行一个系统，在系统切换时需要重新启动计算机。VMware 是真正"同时"运行的，多个操作系统在主系统的平台上，可以像应用程序那样简单切换。而且每个操作系统用户都可以进行虚拟的分区、配置而不影响真实硬盘的数据，用户甚至可以通过网卡将几台虚拟机连接为一个局域网，极其方便。安装在 VMware 上的操作系统性能上比直接安装在硬盘上的系统低不少，因此比较适合学习和测试。VMware 的特点如下。

（1）可同时在同一台 PC 上运行多个操作系统，每个 OS 都有自己独立的一个虚拟机，就如同网络上一个独立的 PC。

（2）在 Windows Server 2012 上同时运行的两个虚拟机，相互之间可以进行对话，也可以在全屏方式下进行虚拟机之间的对话，不过此时另一个虚拟机在后台运行。

（3）在 VM 上安装同一种操作系统的另一发行版，不需要重新对硬盘进行分区。

（4）虚拟机之间可以共享文件、应用、网络资源等。

3. Virtual PC

Virtual PC 是微软公司最新的虚拟化技术，是微软公司收购过来的。Virtual PC 可以允许用户在一个工作站上同时运行多个 PC 操作系统，当用户转向一个新的 OS 时，可以为用户运行传统应用提供一个安全的环境以保持兼容性，可以保存重新配置的时间，使得用户的支持、开发、培训工作更加有效。

4. Oracle VM VirtualBox

Oracle VM VirtualBox 是由 Sun Microsystems 公司出品的软件（Sun 于 2010 年被 Oracle 收购），原由德国 Innotek 公司开发。2008 年 2 月 12 日，Sun Microsystems 公司宣布将以购买股票的方式收购德国 Innotek 软件公司，新版软件不再叫作 Innotek VirtualBox，而改叫 Sun xVM VirtualBox。2010 年 1 月 21 日，欧盟同意 Oracle 收购 Sun，VirtualBox 再次改名为 Oracle VM VirtualBox。VirtualBox 是开源软件。

5. Parallels 软件

Parallels 是一款运行在 Mac 上的相当优秀的虚拟机软件。借助 Parallels，用户可以在 Mac OS X 下运行 Windows、Linux 甚至是 DOS 操作系统。它使得 Mac 用户在必须使用 Windows 程序时，不必烦琐地关闭当前的 Mac 系统，再重启进入 Windows。

6.5.2 VMware 虚拟机的安装和使用

1. 虚拟机软件下载

虚拟机软件 VMware Workstation 的最新版本，可以在 VMware 公司的官网上下载。

2. 虚拟机软件安装

（1）VMware Workstation 是一款功能强大的桌面虚拟计算机软件，使用户可在单一的桌面上同时运行不同的操作系统，是开发、测试、部署新的应用程序的最佳解决方案之一。VMware Workstation 的安装界面如图 6-63 所示。

图 6-63　VMware Workstation 的安装界面

（2）VMware Workstation 的运行界面如图 6-64 所示。

图 6-64　VMware Workstation 的运行界面

（3）创建好虚拟机后，可以对虚拟机进行编辑，如图 6-65 所示。

图 6-65　对虚拟机进行编辑

（4）安装好虚拟机的操作系统后，就可以启动虚拟机，如图 6-66 所示。

图 6-66　启动虚拟机

6.5.3　VMware 虚拟机的网络配置

在创建虚拟机时，可以设置 VMware 网络连接模式，如图 6-67 所示。

图 6-67　VMware 网络连接模式的设置

如果安装好虚拟机后，需要对虚拟网络进行设置，选择菜单栏中的"编辑">"虚拟网络编辑器"选项，如图 6-68 所示。

图 6-68　虚拟网络编辑器

这样就可以打开"虚拟网络编辑器"对话框，如图 6-69 所示。

在介绍 VMware 的网络模型之前，先介绍一下 VMware 的几个虚拟设备。

（1）VMnet0 是 VMware 用于桥接模式下的虚拟交换机。

（2）VMnet1 是 VMware 用于仅主机模式下的虚拟交换机。

（3）VMnet8 是 VMware 用于 NAT 模式下的虚拟交换机。

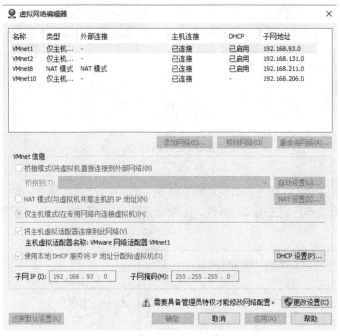

图 6-69 "虚拟网络编辑器"对话框

（4）VMware Network Adapter VMnet1 是真实主机与虚拟主机在仅主机模式下进行通信的虚拟网卡。

（5）VMware Network Adapter VMnet8 是真实主机与虚拟主机在 NAT 模式下进行通信的虚拟网卡。

在虚拟机中，网络的连接模式有 4 种，分别是：桥接模式，指直接连接到物理网络；NAT 模式，指共享主机的 IP 地址（一般是指能上网的情况下）；仅主机模式，指与真实主机组成一个私有网络（没有网络的情况下）；自定义，指用户自己指定虚拟网卡和 LAN 区段。网络连接模式如图 6-70 所示。

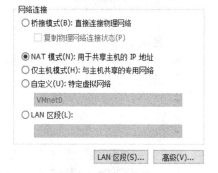

图 6-70 网络连接模式

1. 桥接模式

在桥接模式中，真实主机和虚拟主机相当于两台不同的计算机。真实主机和虚拟主机各有一个 IP 地址，它们形成对等地位，但 IP 地址要在同一个网段上。IP 地址的设置可以用静态或动态方式。这是最简单的方式，二者可以直接通信，如图 6-71 所示。

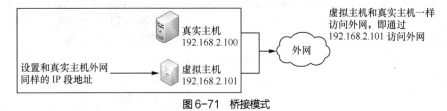

图 6-71 桥接模式

2. NAT 模式

在真实主机上组建了一个单独的私有网络，虚拟机在外部网络上没有自己的 IP 地址，数据的发送与接收通过网络地址的翻译来实现。虚拟机的 IP 地址可以从 VMware 虚拟 DHCP（Dynamic Host

Configuration Protocol）服务器上获取，也可以静态分配一个与 VMnet8 在同一网段的 IP 地址。在 NAT 模式中，由于真实主机和虚拟主机不在同一个网段，因此二者不能直接通信，如图 6-72 所示。

图 6-72　NAT 模式

3. 仅主机模式

仅主机模式相当于真实主机上有两块不同的网卡，其中一块为物理网卡，另一块为 VMnet1。虚拟机通过虚拟私有网络连接到主机操作系统，正常情况下，它对于主机外部是不可见的，如图 6-73 所示。

图 6-73　仅主机模式

【自测训练题】

1. 名词解释

网络操作系统，对等网络，基于服务器的工作模式，活动目录，域，组织单位。

2. 选择题

（1）下列（　　）不是网络操作系统软件。

A. Windows NT Server
B. NetWare
C. UNIX
D. SQL Server

（2）下列对用户组的叙述正确的是（　　）。

A. 组是用户的最高管理单位，它可以限制用户的登录

B. 组是用来代表具有相同性质用户的集合

C. 组是用来逐一给每个用户授予使用权限的方法

D. 组是用户的集合，它不可以包含组

（3）计算机网络建立的主要目的是实现计算机资源的共享。计算机资源主要指计算机的（　　）。

A. 软件与数据库
B. 服务器、工作站与软件
C. 硬件、软件与数据
D. 通信子网与资源子网

（4）下列计算机中哪种类型没有本地用户账号？（　　）

A. Windows 2000 Professional 工作站
B. 域控制器
C. 成员服务器
D. 独立服务器

（5）在 Windows Server 2008 操作系统中，如果要输入 DOS 命令，则在"运行"对话框中输入（　　）。

A. CMD
B. MMC
C. AUTOEXE
D. TTY

（6）为了查看计算机网卡的配置参数，用户在一台安装了 Windows Server 2008 操作系统的计算

机上运行 ipconfig /all 命令，但该命令不能查看到（　　）配置。

A. IP 地址　　　　　　　B. MAC 地址　　　　　　C. 路由表　　　　　　D. 默认网关

（7）从下列关于操作系统的叙述中选出一条不正确的答案（　　）。

A. 操作系统必须具有分时系统的功能

B. 多处理机系统是指具有多台处理机的系统

C. 在有虚拟存储器的系统中，可以运行比主存储器量还大的程序

D. 某些操作系统具有自动记账功能

（8）以下关于网络操作系统和分布式操作系统的叙述，错误的是（　　）。

A. 网络中各台计算机没有主次之分，任意两台计算机可以通过通信交换信息

B. 网络中的资源供各用户共享

C. 分布式系统实现程序在几台计算机上分布并行执行，相互协作

D. 网络操作系统能配置在计算机网络上，而分布式操作系统不能配置在计算机网络上

（9）以下哪种权限未授予"超级用户"组成员？（　　）

A. 创建任何用户和用户组　　　　　　　　B. 删除任何用户和用户组

C. 创建网络共享　　　　　　　　　　　　D. 创建网络打印机

（10）为限制密码的复杂程度应采用的策略是（　　）。

A. 本地策略　　　　B. 安全策略　　　　C. 密码策略　　　　D. 账户封锁策略

（11）在一个 Windows 域树中，第一个域被称为（　　）。

A. 信任域　　　　　B. 根域　　　　　　C. 子域　　　　　　D. 被信任域

（12）在 Active Directory 中，按照组的作用域不同，可以分为 3 种组。以下不正确的是（　　）。

A. 域本地组　　　　B. 通信组　　　　　C. 通用组　　　　　D. 全局组

（13）Windows Server 2012 操作系统支持动态磁盘。以下对动态磁盘的阐述中，正确的是（　　）。

A. 带区卷的特点之一是读写速度快　　　　B. 跨区卷可以把多个磁盘空间组合

C. 镜像卷的磁盘利用率只有 50%　　　　　D. RAID-5 卷的磁盘利用率只有 50%

（14）一台操作系统为 Windows Server 2012 的服务器上有一个由 3 块 80GB 硬盘组成的 RAID-5 卷。由于设备老化，其中的两块硬盘坏掉了。下列说法正确的是（　　）。

A. 可以换两块硬盘，利用另外一块硬盘来恢复 RAID-5 卷的数据

B. 该 RAID-5 卷将无法自动修复，卷中的数据只能从备份中恢复

C. 可以换两块新硬盘并重新创建一个 RAID-5 卷，从另外的一块硬盘中恢复损坏

D. 不用进行任何操作，RAID-5 卷可以自行修复损坏的硬盘

（15）管理员将一台操作系统为 Windows Server 2008 的计算机加入公司的域中，为了让该计算机的使用者的域账户对本机具有完全控制权限，应该将其加入（　　）本地组。

A. Power Users　　　　　　　　　　　　B. Administrators

C. Network Configuration Operators　　　D. Users

（16）在 Windows Server 2008 操作系统中，（　　）类型的动态磁盘卷读写效率最高。

A. 镜像卷　　　　　B. 带区卷　　　　　C. 跨区卷　　　　　D. 简单卷

（17）磁盘碎片整理可以（　　）。

A. 合并磁盘空间　　　　　　　　　　　　B. 减少新文件产生碎片的可能

C. 清理回收站中的文件　　　　　　　　　D. 检查磁盘坏扇区

3. 简答题

（1）什么是网络操作系统？它提供的服务功能有哪些？

（2）简述基本磁盘与动态磁盘的区别。

（3）活动目录中存放了什么信息？

（4）网络操作系统的基本特点有哪些？

（5）简述网络操作系统的基本服务功能。

（6）简述 Windows Server 2012 操作系统的主要技术特点。

（7）简述 UNIX 操作系统的主要技术特点。

（8）简述 Linux 操作系统的主要技术特点。

第7章
网络服务技术

扫码观看微课视频

【主要内容】

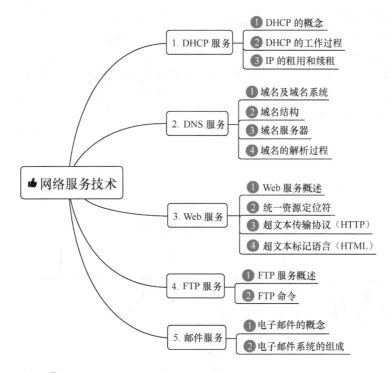

【知识目标】

（1）了解常用网络服务的功能和特点。

（2）掌握 DHCP 服务、DNS 服务、Web 服务、FTP 服务和邮件服务的概念及其工作原理。

【技能目标】

（1）能够清晰地描述 Windows Server 2012 操作系统提供的网络服务的功能及特点。

（2）熟练掌握 DHCP 服务、DNS 服务、Web 服务、FTP 服务和邮件服务及其配置管理操作。

7.1 DHCP 服务

DHCP 服务是一项基本的 TCP/IP 网络服务，能自动分配 IP 地址，简化客户端 TCP/IP 设置，提高网络管理效率。

7.1.1 DHCP 的概念

DHCP（Dynamic Host Configuration Protocol，动态主机配置协议）通常被应用在大型的局域网络环境中，主要作用是集中管理、分配 IP 地址，使网络环境中的主机动态地获得 IP 地址、Gateway 地址、DNS 服务器地址等信息，并能够提升 IP 地址的使用率。

1. IP 地址的分配方法

在使用 TCP/IP 的网络上，每一台计算机都拥有唯一的计算机名和 IP 地址。IP 地址的配置方法如下所述。

（1）静态分配。手动添加 IP 地址，设置的 IP 地址固定不变，即静态 IP 地址。

（2）动态分配。DHCP 服务器自动分配 IP 地址，即动态 IP 地址。

2. DHCP 的功能

DHCP 采用客户端/服务器模型，是一个简化主机 IP 地址分配管理的标准 TCP/IP。

局域网要使用 DHCP 服务，整个网络至少要有一台服务器上安装了 DHCP 服务，其他要使用 DHCP 功能的客户机则必须设置为利用 DHCP 服务获得 IP 地址。客户机在向 DHCP 服务器请求一个 IP 地址时，如果还有 IP 地址没有被使用，则在数据库中登记该 IP 地址已被该客户机使用，然后返回这个 IP 地址及相关的选项给客户机。网络中的 DHCP 服务如图 7-1 所示。

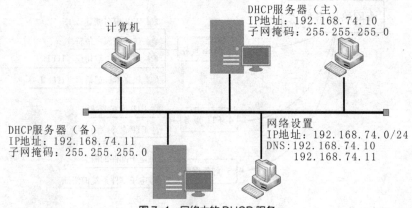

图 7-1　网络中的 DHCP 服务

3. DHCP 的基本术语

DHCP 服务中有一些重要技术术语，见表 7-1。

表 7-1   DHCP 的基本术语

序号	术语名称	解释
1	作用域	是用于网络的 IP 地址的完整连续范围。作用域通常定义提供 DHCP 服务的网络上的单独物理子网。作用域还为服务器提供管理 IP 地址的分配和指派以及与网上客户相关的任何配置参数的主要方法
2	超级作用域	是可用于支持相同物理子网上多个逻辑 IP 子网的作用域的管理性分组
3	排除范围	是作用域内从 DHCP 服务中排除的有限 IP 地址序列。排除范围确保在这些范围中的任何地址都不是由网络上的服务器提供给 DHCP 客户机的
4	地址池	在定义 DHCP 作用域并应用排除范围之后，剩余的地址在作用域内形成的可用地址
5	租约	是客户机可使用指派的 IP 地址期间 DHCP 服务器指定的时间长度。租用给客户时，租约是活动的
6	租期	是指 DHCP 客户端从 DHCP 服务器获得完整的 TCP/IP 配置后对该 TCP/IP 配置的使用时间
7	保留	使用保留创建通过 DHCP 服务器的永久地址租约指派
8	选项类型	是 DHCP 服务器在向 DHCP 客户机提供租约服务时指派的其他客户机配置参数。例如某些公用选项包含用于默认网关（路由器）、WINS 服务器和 DNS 服务器的 IP 地址
9	选项类别	是一种可供服务器进一步管理提供给客户的选项类型的方式。当选项类别添加到服务器时，可为该类别的客户机提供用于其配置类别的特定选项类型

7.1.2 DHCP 的工作过程

DHCP 客户机第一次启动时，通过一系列的步骤获得其 TCP/IP 配置信息，并得到 IP 地址的租期。DHCP 客户端从 DHCP 服务器上获得完整的 TCP/IP 配置需要经过以下几个过程，如图 7-2 所示。

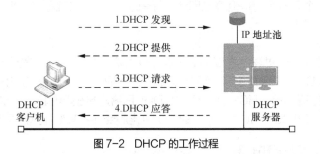

图 7-2 DHCP 的工作过程

1. DHCP 发现

DHCP 工作的第一个过程是 DHCP 发现（DHCP Discover），该过程也被称为 IP 发现。以下几种情况需要进行 DHCP 发现。

（1）当客户端第一次以 DHCP 客户端方式使用 TCP/IP 协议栈时，即第一次向 DHCP 服务器请求 TCP/IP 配置时。

（2）客户端从使用固定 IP 地址转向使用 DHCP 动态分配 IP 地址时。

（3）该 DHCP 客户端所租用的 IP 地址已被 DHCP 服务器收回，并已提供给其他的 DHCP 客户端使用时。

当 DHCP 客户端发出 TCP/IP 配置请求时，DHCP 客户端既不知道自己的 IP 地址，也不知道服务器的 IP 地址。DHCP 客户端便将 0.0.0.0 作为自己的 IP 地址，255.255.255.255 作为服务器的地址，然后在 UDP（用户数据协议）的 67 或 68 端口广播发送一个 DHCP 发现信息。该发现信息含有 DHCP 客户端网卡的 MAC 地址和计算机的 NetBIOS 名称。

当第一个 DHCP 发现信息发送出去后，DHCP 客户端将等待 1s 的时间。在此期间，如果没有 DHCP 服务器做出响应，DHCP 客户端将分别在第 9s、第 13s 和第 16s 时重复发送一次 DHCP 发现信息。如果还没有得到 DHCP 服务器的应答，DHCP 客户端将每隔 5min 广播一次发现信息，直到得到一个应答为止。如果网络中没有可用的 DHCP 服务器，基于 TCP/IP 协议栈的通信将无法实现。这时，DHCP 客户端如果是 Windows10 客户，就自动选一个自认为没有被使用的 IP 地址（该 IP 地址可从 169.254.x.y 地址段中选取）使用。尽管此时客户端已分配了一个静态 IP 地址（但还没有重新启动计算机），DHCP 客户端还是要每隔 5min 发送一次 DHCP 发现信息，如果这时有 DHCP 服务器响应，则 DHCP 客户端将从 DHCP 服务器获得 IP 地址及其配置，并以 DHCP 的方式工作。

2. DHCP 提供

DHCP 工作的第二个过程是 DHCP 提供（DHCP Offer），是指当网络中的任何一个 DHCP 服务器（同一个网络中可能存在多个 DHCP 服务器）在收到 DHCP 客户端的 DHCP 发现信息后，该 DHCP 服务器若能够提供 IP 地址，就从该 DHCP 服务器的 IP 地址池中选取一个没有出租的 IP 地址，然后利用广播方式提供给 DHCP 客户端。在将该 IP 地址正式租用给 DHCP 客户端之前，这个 IP 地址会暂时保留起来，以免再分配给其他的 DHCP 客户端。

当网络中有多台 DHCP 服务器，这些 DHCP 服务器都收到了 DHCP 客户端的 DHCP 发现信息，且都广播一个应答信息给该 DHCP 客户端时，则 DHCP 客户端将从收到应答信息的第一台 DHCP 服务器中获得 IP 地址及其配置。

提供应答信息是 DHCP 服务器发给 DHCP 客户端的第一个响应，它包含了 IP 地址、子网掩码、租用期（以小时为单位）和提供响应的 DHCP 服务器的 IP 地址。

3. DHCP 请求

DHCP 工作的第三个过程是 DHCP 请求（DHCP Request），一旦 DHCP 客户端收到第一个由 DHCP 服务器提供的应答信息，就进入此过程。DHCP 客户端收到第一个 DHCP 服务器响应信息后就以广播的方式发送一个 DHCP 请求信息给网络中所有的 DHCP 服务器。在 DHCP 请求信息中包含所选择的 DHCP 服务器的 IP 地址。

4. DHCP 应答

DHCP 工作的最后一个过程便是 DHCP 应答（DHCP ACK）。一旦被选择的 DHCP 服务器接收到 DHCP 客户端的 DHCP 请求信息，就将已保留的这个 IP 地址标识为已租用，然后也以广播的方式发送一个 DHCP 应答信息给 DHCP 客户端。该 DHCP 客户端在接收 DHCP 应答信息后，就完成了获得 IP 地址的过程，便开始利用这个已租到的 IP 地址与网络中的其他计算机进行通信。

7.1.3　IP 的租用和续租

DHCP 客户端租到一个 IP 地址后，不可能长期占用该 IP 地址，该 IP 地址会有一个使用期，即租期。当租期已到，需要续租时该怎么办呢？当 DHCP 客户端的 IP 地址使用时间达到租期的一半时，它就向 DHCP 服务器发送一个新的 DHCP 请求（相当于新租用一个 IP 地址的第三个过程），若服务器在接收到该信息后并没有理由拒绝该请求，便回送一个 DHCP 应答信息（相当于新租用一个 IP 地址时的最后一个过程），DHCP 客户端收到该应答信息后，就重新开始一个租用周期。此过程就像对一个合同续约，只是必须要在合同期的一半时续约。

在进行 IP 地址的续租中有以下两种特例。

（1）DHCP 客户端重新启动时。不管 IP 地址的租期有没有到期，每一次启动 DHCP 客户端时，都会自动利用广播的方式，给网络中所有的 DHCP 服务器发送一个 DHCP 请求信息，以便请求该

DHCP 客户端继续使用原来的 IP 地址及其配置。如果此时没有 DHCP 服务器对此请求进行应答，而原来 DHCP 客户端的租期还没有到期，DHCP 客户端还是继续使用该 IP 地址。

（2）IP 地址的租期超过一半时。当 IP 地址的租期到达一半的时间时，DHCP 客户端会向 DHCP 服务器发送（非广播方式）一个 DHCP 请求信息，以便续租该 IP 地址。当续租成功后，DHCP 客户端将开始一个新的租用周期；而当续租失败后，DHCP 客户端仍然可以继续使用原来的 IP 地址及其配置，但是该 DHCP 客户端将在租期到达 87.8% 的时候再次利用广播方式发送一个 DHCP 请求信息，以便找到一台可以继续提供租期的 DHCP 服务器。如果续租仍然失败，则该 DHCP 客户端会立即放弃其正在使用的 IP 地址，以便重新向 DHCP 服务器获得一个 IP 地址（需要进行完整的新租用一个 IP 地址的 4 个过程）。

在以上的续租过程中，如果续租成功，DHCP 服务器会给该 DHCP 客户端发送一个 DHCP ACK 信息，DHCP 客户端在收到该 DHCP ACK 信息后进入一个 IP 地址租用周期；如果续租失败，DHCP 服务器将会给该 DHCP 客户端发送一个 DHCP NACK 信息，DHCP 客户端收到该信息，说明该 IP 地址已经无效或被其他的 DHCP 客户端使用。

DHCP 欺骗的防范
原理及实现

DHCP 服务器的配置管理操作，请参阅本教材实训部分的相关内容。

7.2 DNS 服务

DNS 服务是一项基本的 TCP/IP 网络服务，提供域名和 IP 地址相互映射方案，使用户能更方便地访问网络。

7.2.1 域名及域名系统

域名（Domain Name，DN）和域名系统（Domain Name System，DNS）能使用户不用去记住只能够被机器直接读取的 IP 地址。

1. 域名

在因特网中，由于采用了统一的 IP 编码，网络上的任意两台计算机可以方便地进行通信。然而 IP 地址（对 IPv4，为 32 比特二进制数转换成的 4 组十进制数）的记忆相当困难，也没有什么联想的意义，所以在早期就有人提出了通过一种名字来访问某台主机。

域名是由一串用点分隔的名字组成的 Internet 上某一台计算机或计算机组的名称。为因特网上的服务器取一个有意义又容易记忆的名字，这个名字就称为域名。例如人们很容易记住代表百度网站的域名"www.baidu.com"，但是极少有人知道或者记得百度网站的 IP 地址。实际上，域名采用了层次树状结构的命名方法，服务器的域名是一个唯一的层次结构的名字。

使用域名访问主机虽然方便，但却带来了一个新的问题，即所有的应用程序在使用这种方式访问网络时，首先需要将域名转换为 IP 地址，因为网络本身只识别 IP 地址。

2. 域名系统

网域名称系统是因特网的一项核心服务，它作为可以将域名和 IP 地址相互映射的一个分布式数据库，能够使人更方便地访问互联网，而不用去记住能够被机器直接读取的 IP 地址数串。

域名与 IP 地址的映射在 20 世纪 70 年代由 NIC（网络信息中心）负责完成。NIC 记录所有的域名地址和 IP 地址的映射关系，并负责将记录的地址映射信息分发给接入因特网的所有最低级域名服务器。每台服务器上维护一个名为"hosts.txt"的文件，用于记录其他各域的域名服务器及其对应的 IP 地址。NIC 负责所有域名服务器上 hosts.txt 文件的一致性。主机之间的通信通过直接查阅域名服务器上的 hosts.txt 文件进行。但是随着网络规模的扩大，接入网络的主机也不断增加，从而要求每台域名服务器都可以容纳所有的域名地址信息就变得极不现实，同时对不断增大的 hosts.txt 文件一致性的维护也浪费了大量的网络系统资源。

为了解决这些问题，1983 年，因特网开始以层次结构的命名树作为主机的名字，并使用分布式的域名系统。因特网的 DNS 被设计成一个联机分布式数据库系统，并采用客户/服务器模式，主要用来实现名称解析功能——将主机名解析为 IP 地址，反之亦可，它反映了主机域名和主机 IP 之间的映射关系。

DNS 使大多数名字都在本地解析，仅少量解析需要在因特网上通信，因此系统效率很高。由于 DNS 是分布式系统，即使单个计算机出了故障，也不会妨碍整个系统的正常运行。人们常把运行将主机域名解析为 IP 地址的程序的机器称为域名服务器。

7.2.2　域名结构

DNS 是一种组织成层次结构的分布式数据库，里面包含从 DNS 域名到各种数据类型（如 IP 地址）的映射。通过 DNS，用户可以使用友好的名称查找计算机和服务在网络上的位置。DNS 名称分为多个部分，各部分之间用点分隔。最左边的是主机名，其余部分是该主机所属的 DNS 域。因此一个 DNS 名称应该表示为"主机名＋DNS 域"的形式。

域名的结构由若干个分量组成，各分量之间用点隔开，其格式为：

…….三级域名.二级域名.顶级域名

各分量分别代表不同级别的域名。每一级的域名都由英文字母和数字组成（不超过 63 个字符，并且不区分大小写字母），级别最低的域名写在最左边，而级别最高的顶级域名则写在最右边。完整的域名不超过 255 个字符。域名系统既不规定一个域名需要包含多少个下级域名，也不规定每一级的域名代表什么意思。各级域名由其上一级的域名管理机构管理，而最高的顶级域名则由因特网的有关机构管理。用这种方法可使每一个名字都是唯一的，也容易设计出一种查找域名的机制。需要注意的是，域名只是一个逻辑概念，并不代表计算机所在的物理节点。域名的层次结构如图 7-3 所示。

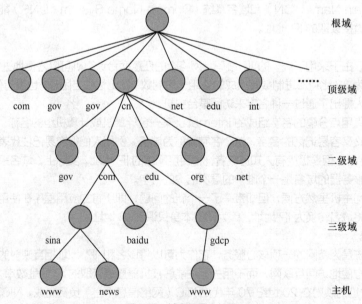

图 7-3　域名的层次结构

域名的层次结构，实际上是一个倒过来的树，树根在最上面且没有名字，树根下面一级的节点就是最高一级的顶级域节点，在顶级域节点下面的是二级域节点，最下面的叶节点就是单台计算机（主机）。以图 7-3 列举的域名树作为例子。凡是在顶级域名.cn 下注册的单位都获得了一个二级域名，凡在其中的某一个二级域名下注册的单位就可以获得一个三级域名。如图 7-3 中给出的.edu 下面的三级域名有 gdcp（广东交通职业技术学院）等。一旦某个单位拥有了一个域名，它就可以自己决定是否要进一步划分其下属的子域，并且不必将这些子域的划分情况报告给上级机构。

在 1998 年以后，非营利组织 ICANN（The Internet Corporation for Assigned Names and Numbers）成为因特网的域名管理机构。现在顶级域名 TLD（Top Level Domain）有三大类，见表7-2。

表 7-2   三大类顶级域名

顶级域名	说明
国家（地区）顶级域名 nTLD	国家（地区）顶级域名又常记为 ccTLD（cc 表示国家（地区）代码 country-code）。现在使用的国家（地区）顶级域名约有 200 个，采用 ISO 3166 的规定。如.cn 表示中国，.us 表示美国，.uk 表示英国，等等
国际顶级域名 iTLD	采用.int。国际性的组织可在.int 下注册
国际通用顶级域名 gTLD	最早的顶级域名共有 6 个，即.com 表示公司企业，.net 表示网络服务机构，.org 表示非营利性组织，.edu 表示教育机构（美国专用），.gov 表示政府部门（美国专用），.mil 表示军事部门（美国专用）。随着 Internet 用户的激增，域名资源越发紧张，为了缓解这种状况，加强域名管理，Internet 国际特别委员会在原来的基础上增加以下国际通用顶级域名。即.aero 用于航空运输企业，.biz 用于公司和企业，.coop 用于合作团体，.info 适用于各种情况，.museum 用于博物馆，.name 用于个人，.pro 用于会计、律师和医师等自由职业者，.firm 适用于公司、企业，.store 适用于商店、销售公司和企业，.web 适用于突出 WWW 活动的单位，.art 适用于突出文化娱乐活动的单位，.rec 适用于突出消遣娱乐活动的单位等

在国家顶级域名下注册的二级域名均由该国家自行确定。例如荷兰就不再设二级域名，其所有机构均注册在顶级域名.nl 之下。又如日本，将其教育和企业机构的二级域名定为.ac 和.co（而不用.edu 和.com）。

我国将二级域名划分为"类别域名"和"行政区域名"两大类，见表7-3。

表 7-3   我国的二级域名

大类	域名符号	域名含义
类别域名	.ac	科研机构
	.com	工、商、金融等企业
	.edu	教育机构
	.gov	政府部门
	.net	因特网络、接入网络的信息中心和运行中心
	.org	各种非营利性的组织
行政区域名（34 个，适用于我国的各省、自治区、直辖市）	.bj	北京市
	.gd	广东省
	.hk	香港特别行政区
	……	……

在中国二级域名.edu 下申请注册三级域名由中国教育和科研计算机网网络中心负责。在二级域名.edu 之外的其他二级域名下申请三级域名的，则应向中国互联网络信息中心（China Internet Network Information Center，CNNIC）申请。

域名的注册依管理机构的不同而有所差异。

一般来说，gTLD 域名的管理机构都仅制定域名政策，而不涉及用户注册事宜，这些机构会将注册事宜授权给通过审核的顶级注册商，再由顶级注册商向下授权给其他二、三级代理商。ccTLD 的注册就比较复杂，除了遵循前述规范外，部分国家如前述将域名转包给某些公司管理（如萨摩亚 ws），亦有管理机构兼顶级注册机构的状况（如南非 za）。各种域名注册所需资格不同，gTLD 除少数例外（如 travel），一般均不限资格；而 ccTLD 则往往有资格限制，甚至必须缴验实体证件。

一个域名的所有者可以通过查询 WHOIS 数据库找到；对于大多数根域名服务器，基本的 WHOIS 由 ICANN 负责维护，而 WHOIS 的细节则由控制那个域的域注册机构负责维护。注册域名之前可以通过 WHOIS 查询提供商，了解域名的注册情况。240 多个国家代码顶级域名，通常由该域名权威注册机构负责维护 WHOIS。

7.2.3　域名服务器

域名服务器是整个域名系统的核心。域名服务器，严格来说应该是域名名称服务器（DNS Name Server），它保存着域名名称空间中部分区域的数据。

因特网上的域名服务器是按照域名的层次来安排的，每一个域名服务器都只对域名体系中的一部分进行管辖。域名服务器有 3 种类型，如下所述。

1. 本地域名服务器

本地域名服务器也称默认域名服务器。当一个主机发出 DNS 查询报文时，这个报文就首先被送往该主机的本地域名服务器。

用户在计算机中设置的网卡的"Internet 协议版本 4（TCP/IPv4）属性"对话框中设置的首选 DNS 服务器即为本地域名服务器，如图 7-4 所示。本地域名服务器离用户较近，一般不超过几个路由器的距离。当所要查询的主机也属于同一本地 ISP（Internet 信息提供商）时，该本地域名服务器就立即将所能查询到的主机名转换为它的 IP 地址，而不需要再去询问其他的域名服务器。

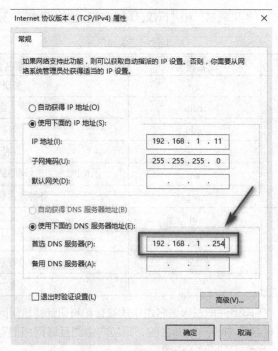

图 7-4　设置本地域名服务器

2. 根域名服务器

目前因特网上有 13 个根域名服务器,大部分在北美。当一个本地域名服务器不能立即回答某个主机的查询时,该本地域名服务器就以 DNS 客户的身份向某一根域名服务器查询。

若根域名服务器有被查询主机的信息,就发送 DNS 回答报文给本地域名服务器,然后本地域名服务器再回答给发起查询的主机。当根域名服务器没有被查询主机的信息时,它一定知道某个保存有被查询主机名字映射的授权域名服务器的 IP 地址。通常根域名服务器用来管辖顶级域(如.com)。根域名服务器并不直接对顶级域下面所属的域名进行转换,但它一定能够找到下面的所有二级域名的域名服务器。

3. 授权域名服务器

每一个主机都必须在授权域名服务器处注册登记。通常,一个主机的授权域名服务器就是它的本地 ISP 的一个域名服务器。实际上,为了更加可靠地工作,一个主机最好有至少两个授权域名服务器。许多域名服务器同时充当本地域名服务器和授权域名服务器。授权域名服务器总是能够将其管辖的主机名转换为该主机的 IP 地址。

每个域名服务器都维护一个高速缓存,存放最近用过的名字及从何处获得名字映射信息的记录。当客户请求域名服务器转换名字时,服务器首先按标准过程检查它是否被授权管理该名字。若未被授权,则查看自己的高速缓存,检查该名字是否最近被转换过。域名服务器向客户报告缓存中有关名字和地址的绑定(Binding)信息,并标识为非授权绑定,以及给出获得此绑定的服务器的域名。本地服务器同时也将服务器与 IP 地址的绑定告知客户。因此客户可很快收到回答,但信息有可能已是过时的了。如果强调高效,客户可选择接受非授权的回答信息并继续进行查询;如果强调准确性,客户可与授权服务器联系,并检验名字与地址间的绑定是否仍有效。

因特网允许各个单位根据本单位的具体情况将本单位的域名划分为若干个域名服务器管辖区(Zone),一般就在各管辖区中设置相应的授权域名服务器。例如 abc 公司有下属部门 x 和 y,而部门 x 下面又分为 3 个分部门 u、v 和 w,y 下面还有其下属的部门 t,如图 7-5 所示。

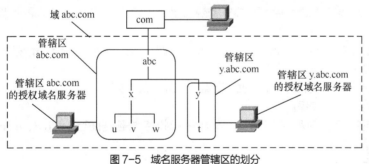

图 7-5　域名服务器管辖区的划分

7.2.4　域名的解析过程

1. DNS 解析流程

当用户使用浏览器阅读网页时,在地址栏中输入一个网站的域名后,操作系统会呼叫 DNS 解析程序开始解析此域名对应的 IP 地址,其查询流程如图 7-6 所示。

具体步骤如下所述。

(1)解析程序会去检查本机的高速缓存记录,如果从高速缓存内即可得知该域名所对应的 IP 地址,就将此 IP 地址传给应用程序。

(2)若在本机高速缓存中找不到答案,解析程序会去检查本机文件 hosts,看是否能找到相对应的数据。使用记事本打开 hosts 文件,如图 7-7 所示。

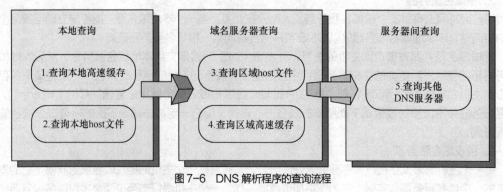

图 7-6　DNS 解析程序的查询流程

图 7-7　hosts 文件的内容

（3）若还是无法找到对应的 IP 地址，则向本机指定的域名服务器请求查询。域名服务器在收到请求后，会先去检查此域名是否为管辖区域内的域名。当然会检查区域文件，看是否有相符的数据，若没有则进行下一步。

（4）如果在区域文件内找不到对应的 IP 地址，则域名服务器会去检查本身所存放的高速缓存，看是否能找到相符合的数据。

（5）如果还是无法找到相对应的数据，就需要借助外部的域名服务器，这时就会开始进行域名服务器与域名服务器之间的查询操作了。

上述 5 个步骤，可分为两种查询模式，即客户端对域名服务器的查询（第 3、4 步）及域名服务器和域名服务器之间的查询（第 5 步）。

2. 域名解析的效率

为了提高解析速度，域名解析服务提供了两方面的优化，分别是复制和高速缓存。

（1）复制是指在每个主机上保留一个本地域名服务器数据库的副本。由于不需要任何网络交互就能进行转换，复制使得本地主机上的域名转换非常快。同时，它也减轻了域名服务器的计算机负担，使服务器能为更多的计算机提供域名服务。

（2）高速缓存是比复制更重要的优化技术，它可使非本地域名解析的开销大大降低。网络中每个域名服务器都维护一个高速缓存器，由高速缓存器来存放用过的域名和从何处获得域名映射信息的记录。当客户机请求服务器转换一个域名时，服务器首先查找本地域名到 IP 地址映射数据库，若无匹配地址则检查高速缓存中是否有该域名最近被解析过的记录，如果有就返回给客户机，如果没有才应用某种解析方式或算法解析该域名。为保证解析的有效性和正确性，高速缓存中保存的域名信息记录设置有生存时间，这个时间由响应域名询问的服务器给出，超时的记录将从缓存区中删除。

DNS 服务器的配置管理操作，请参阅本教材实训部分的相关内容。

7.3 Web 服务

Web 服务又被称为万维网（World Wide Web，WWW）服务，正是因为有了 WWW 工具，因特网才迅速发展，且用户数量飞速增长。

7.3.1 Web 服务概述

Web 服务，是目前 TCP/IP 因特网上最方便和最受欢迎的信息服务类型，是因特网上发展最快同时又使用得最多的一项服务，目前已经进入广告、新闻、销售、电子商务与信息服务等领域，它的出现是 TCP/IP 因特网发展中的一个里程碑。

Web 服务采用客户/服务器工作模式，客户即浏览器（Browser），服务器即 Web 服务器，它以超文本标记语言（HTML）和超文本传输协议（HTTP）为基础，为用户提供界面一致的信息浏览系统。信息资源以页面（也称网页或 Web 页面）的形式存储在 Web 服务器（通常称为 Web 站点）上，这些页面采用超文本方式对信息进行组织，页面之间通过超链接连接起来。这些通过超链接连接的页面信息既可以放置在同一主机上，也可以放置在不同的主机上。超链接采用统一资源定位符（URL）的形式。WWW 服务的工作原理是用户在客户机上通过浏览器向 Web 服务器发出请求，Web 服务器根据客户机的请求内容将保存在服务器中的某个页面发回给客户机，浏览器接收到页面后对其进行解释，最终将图、文、声等并茂的画面呈现给用户。

1. Web 的基本概念

Web 由遍布在因特网中的被称为 Web 服务器（又称 WWW 服务器）的计算机组成。Web 是一个容纳各种类型信息的集合，从用户的角度看，万维网由庞大的、世界范围的文档集合而成，简称为页面（Page）。

Web 又被称为 WWW，中文名称为万维网或环球超媒体信息网，是网络应用的典范，它可让用户从 Web 服务器上得到文档资料，它所运行的模式叫作客户/服务器（Client/ Server）模式。用户计算机上的万维网客户程序就是通常所用的浏览器，万维网服务器则运行服务器程序让万维网文档驻留。客户程序向服务器程序发出请求，服务器程序向客户程序发回客户所要的万维网文档。

2. Web 页概述

Web 页（Web Pages 或 Web Documents）又称网页，是浏览 WWW 资源的基本单位。每个网页对应磁盘上一个单一的文件，其中可以包括文字、表格、图像、声音、视频等。一个 WWW 服务器通常被称为"Web 站点"或者"网站"。每个这样的站点中，都有许许多多的 Web 页作为它的资源。Web 页相关知识如下所述。

（1）主页（Home Page）。Web 是通过相关信息的指针链接起来的信息网络，由提供信息服务的 Web 服务器组成。在 Web 系统中，这些服务信息以超文本文档的形式存储在 Web 服务器上。在每个 Web 服务器上都有一个主页，它把服务器上的信息分为几大类，通过主页上的链接来指向它们。其他超文本文档被称作网页，通常也被称作页面或 Web 页。主页反映了服务器所提供的信息内容的层次结构，通过主页上的提示性标题（链接指针）可以转到主页之下的各个层次的其他各个页面，如果用户从主页开始浏览，可以完整地获取这一服务器所提供的全部信息。

（2）超文本（Hypertext）。超文本文档不同于普通文档。超文本文档中也可以有大段的文字用来说明问题，除此之外它们最重要的特色是文档之间的链接。互相链接的文档可以在同一个主机上，也可以分布在网络上的不同主机上。超文本就因为有这些链接才具有更好的表达能力。用户在阅读超文本信息时，可以随意跳跃一些章节，阅读下面的内容，也可以从计算机里取出存放在另一个文本文件中的相关内容，甚至可以从网络上的另一台计算机中获取相关的信息。

（3）超媒体（Hypermedia）。就信息的呈现形式而言，除文本信息以外，还有语音、图像和视频（或称动态图像）等，这些统称为多媒体。在多媒体的信息浏览中引入超文本的概念，就是超媒体。

（4）超链接（Hyperlink）。在超文本/超媒体页面中，通过指针可以转向其他的 Web 页，而新的 Web 页又指向另一些 Web 页的指针……这样一种没有顺序、没有层次结构，如同蜘蛛网般的链接关系就是超链接。

7.3.2 统一资源定位符

统一资源定位符（Uniform Resource Locator，URL）是对可以从互联网上得到的资源的位置和访问方法的一种简洁的表示，是互联网上标准资源的地址。互联网上的每个文件都有一个唯一的 URL，它包含的信息指出了文件的位置以及浏览器应该怎么处理它。

1. URL 的格式

URL 是对可以从因特网上得到的资源的位置和访问方法的一种简洁的表示。URL 给资源的位置提供了一种抽象的识别方法，并用这种方法给资源定位。只要能够给资源定位，系统就可以对资源进行各种操作，如存取、更新、替换和查找其属性。

URL 相当于一个文件名在网络范围的扩展。因此 URL 是与因特网相连的机器上的任何可访问对象的一个指针。由于对不同对象的访问方式不同（如通过 WWW、FTP 等），所以 URL 还指出读取某个对象时所使用的访问方式。URL 的一般格式为：

<URL 的访问方式>://<主机域名>:<端口>/<路径>

其中的含义说明如下。

<URL 的访问方式>用来指明资源类型，除了 WWW 用的 HTTP 协议之外，还可以是 FTP、News 等。

<主机域名>表示资源所在机器的主机名字，是必需的。主机域名可以是域名形式，也可以是 IP 地址形式。

<端口>和<路径>有时可以省略。

<路径>用以指出资源在所在机器上的位置，包含路径和文件名，通常为"目录名/目录名/文件名"，也可以不含有路径。

URL 以斜杠"/"结尾，而没有给出文件名，在这种情况下，URL 引用路径中最后一个目录中的默认文件（通常对应于主页），这个文件常常被称为 index.html 或 default.htm。在输入 URL 时，资源类型和服务器地址不区分字母的大小写，但目录和文件名则可能区分字母的大小写。这是因为大多数服务器安装了 UNIX 操作系统，而 UNIX 的文件系统区分文件名的大小写。如百度的 URL 为 https://www.baidu.com/。

常用的 URL 服务类型见表 7-4。

表 7-4　　　　　　　　　URL 服务类型及对应端口号

协议名	服务	传输协议	端口号
http	WWW 服务	HTTP	80
Telnet	远程登录服务	Telnet	23
ftp	文件传输服务	FTP	21
mailto	电子邮件服务	SMTP	25
news	网络新闻服务	NNTP	119

2. 使用 HTTP 的 URL

对于万维网网站的访问要使用 HTTP 协议。HTTP 的 URL 的一般格式为:

http://<主机域名>:<端口>/<路径>

HTTP 的默认端口号是 80,通常可以省略。若再省略文件的<路径>项,则 URL 就指到因特网上的某个主页(Home Page)。例如,要查有关广东交通职业技术学院的信息,就可先进入广东交通职业技术学院的主页,其 URL 为: http://www.gdcp.cn。

用户不但能够使用 URL 访问万维网的页面,而且能够通过 URL 使用其他的因特网应用程序,如 FTP、Gopher、Telnet、电子邮件以及新闻组等。并且用户在使用这些应用程序时,只使用一个程序,即浏览器。

3. 使用 FTP 的 URL

FTP 服务器(File Transfer Protocol Server)是在互联网上提供文件存储和访问服务的计算机,它们依照 FTP 协议提供服务。FTP 是 File Transfer Protocol(文件传输协议),顾名思义,就是专门用来传输文件的协议。

使用 FTP 访问 FTP 服务器站点的 URL 的最简单的格式为:

ftp:// <主机域名>:<端口>/<路径>

FTP 的默认端口号是 21,一般可省略,但有时也可以使用另外的端口号。

在 FTP 的使用当中,用户经常遇到两个概念分别是下载(Download)和上传(Upload)。下载文件就是从远程主机中复制文件至自己的计算机上,上传文件就是将文件从自己的计算机中复制至远程主机上。

使用 FTP 时首先必须登录,在远程主机上获得相应的权限以后,方可上传或下载文件。也就是说,要想同哪一台计算机传送文件,就必须具有哪一台计算机的适当授权。换言之,除非有用户 ID 和口令,否则便无法传送文件。远程主机开启 FTP 匿名服务,就是为解决这个问题而产生的。

此外,还有一个通用的万维网标识符,即通用资源标识符 URI(Universal Resource Identifier)。URI 包括了 URL 和统一资源名字 URN(Uniform Resource Name),因此可将 URI 看成一种广义的 URL,而 URL 只是 URI 的一种类型,在 URL 中指明了访问的协议以及一个特定的因特网地址。URI 使一个资源的名字与其位置无关,甚至与访问的方法都无关。

4. 网盘

网盘,又称网络 U 盘、网络硬盘,是由互联网公司推出的在线存储服务,服务器机房为用户划分一定的磁盘空间,为用户免费或收费提供文件的存储、访问、备份、共享等文件管理功能,并且拥有高级的世界各地的容灾备份。用户可以把网盘看成一个放在网络上的硬盘或 U 盘,不管你是在家中、单位还是其他任何地方,只要你连接到因特网,就可以管理、编辑网盘里的文件。网盘不需要随身携带,更不怕丢失。

百度网盘是百度公司于 2012 年正式推出的一项免费云存储服务,首次注册即可获得 5GB 的存储空间,首次上传一个文件可以获得 1GB 的存储空间,登录百度云移动端,就能立即领取 1024GB 的永久免费容量,绑定个人银行卡可以获取 1024GB 的免费容量。百度网盘目前有 Web 版、Windows 客户端、Android 手机客户端、Mac 客户端、IOS 客户端和 WP 客户端。用户可以轻松地将自己的文件上传到网盘上,普通用户单个文件最大可达 4GB,并可以跨终端随时随地查看和分享。百度网盘提供离线下载、文件智能分类浏览、视频在线播放、文件在线解压缩、免费扩容等功能。百度网盘的 URL 为 https://pan. baidu.com/。

7.3.3 超文本传输协议(HTTP)

超文本传输协议(Hypertext Transfer Protocol,HTTP)是用来在浏览器和 WWW 服务器之间传送超文本的协议。HTTP 由两部分组成,分别是从浏览器到服务器的请求集和从服务器到浏览器的应答集。HTTP 是一种面向对象的协议，为了保证 WWW 客户机与 WWW 服务器之间的通信不会产生二义性，HTTP 精确定义了请求报文和响应报文的格式。请求报文是指 WWW 客户向 WWW 服务器发送的请求。响应报文是指 WWW 服务器给 WWW 客户发送的回答。

HTTP 会话过程包括 4 个步骤，分别是连接、请求、响应和关闭。每个万维网站点都有一个服务器进程，它不断地监听 TCP 的 80 端口，以便发现是否有浏览器（即客户进程）向它发出连接建立请求，一旦监听到连接建立请求并建立了 TCP 连接之后，浏览器就向服务器发出浏览某个页面的请求，服务器则返回所请求的页面作为响应。最后 TCP 连接就被释放了。在浏览器和服务器之间的请求和响应的交互如图 7-8 所示，必须按照规定的格式和遵循一定的规则。这些格式和规则就是超文本传输协议HTTP。

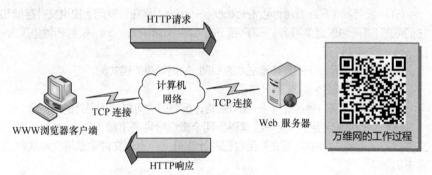

图 7-8　浏览器和服务器之间的请求和响应

WWW 以客户/服务器模式进行工作。运行 WWW 服务器程序并提供 WWW 服务的机器被称为WWW 服务器；在客户端，用户通过一个被称为浏览器的交互式程序来获得 WWW 信息服务。常用到的浏览器有 Mosaic、Netscape 和微软的 IE（Internet Explorer）。

用户浏览页面的方法有两种：一种方法是在浏览器的地址窗口中键入所要找的页面的 URL；另一种方法是在某一个页面中用鼠标单击一个可选部分，这时浏览器自动在因特网上找到所链接的页面。

对于每个 WWW 服务器站点都有一个服务器监听 TCP 的 80 端口，看是否有从客户端（通常是浏览器）发送过来的连接请求。当客户端的浏览器在其地址栏里输入一个 URL 或者单击 Web页上的一个超链接时，Web 浏览器就要检查相应的协议以决定是否需要重新打开一个应用程序，同时对域名进行解析以获得相应的 IP 地址。然后根据相应的应用层协议即 HTTP 以该 IP 地址所对应的 TCP 端口与服务器建立一个 TCP 连接。连接建立之后，客户端的浏览器使用 HTTP 中的"GET"功能向 WWW 服务器发出指定的 WWW 页面请求，服务器收到该请求后将根据客户端所要求的路径和文件名使用 HTTP 协议中的"PUT"功能将相应的 HTML 文档回送给客户端，如果客户端没有指明相应的文件名，则由服务器返回一个缺省的 HTML 页面。页面传送完毕则中止相应的会话连接。

下面以一个具体的例子来介绍 Web 服务的实现过程。假设用户要访问百度的主页 https://www.baidu.com/，则浏览器与服务器的信息交互过程如下。

（1）浏览器确定 Web 页面 URL，即 https://www.baidu.com/。

（2）浏览器请求 DNS 解析 Web 服务器 www.baidu.com 的 IP 地址，如解析为 119.75.217.109。

（3）浏览器向主机 119.75.217.109 的 80 端口请求建立一条 TCP 连接。

（4）服务器对连接请求进行确认，连接建立的过程完成。

（5）浏览器发出请求页面报文如 GET/index.htm。

（6）服务器 119.75.217.109 以 index.htm 页面的具体内容响应浏览器。

（7）WWW 服务器关闭 TCP 连接。

（8）浏览器将页面 index.htm 中的文本信息显示在屏幕上。

（9）如果 index.htm 页面上包含图像等非文本信息，那么浏览器需要为每个图像建立一个新的 TCP 连接，从服务器获得图像并显示。

7.3.4　超文本标记语言（HTML）

超文本标记语言（Hyper Text Markup Language，HTML）是 ISO 标准通用标记语言 SGML（Standard Generalized Markup Language）在万维网上的应用。所谓标记语言就是格式化的语言，存在于 WWW 服务上的网页，就是由 HTML 描述的。它使用一些约定的标记对 WWW 上的各种信息（包括文字、声音、图形、图像、视频等）、格式及超链接进行描述。当用户浏览 WWW 服务器上的信息时，浏览器会自动解释这些标记的含义，并将其显示为用户在屏幕上所看到的网页。

超文本标记语言通过标记符号来标记要显示的网页中的各个部分。网页文件本身是一种文本文件，通过在文本文件中添加标记符，可以告诉浏览器如何显示其中的内容（如文字如何处理，画面如何安排，图片如何显示等）。浏览器按顺序阅读网页文件，然后根据标记符解释和显示其标记的内容，对书写出错的标记将不指出其错误，且不停止其解释执行过程，编制者只能通过显示效果来分析出错原因和出错部位。

网页文件（HTML 文本）包括文件头（Head）、文件主体（Body）两部分。其结构如下所示：

```
<html>
<head>
</head>
<body>
……
</body>
</html>
```

其中的含义说明如下。

<html>表示页开始，</html>表示页结束，它们是成对使用的。

<head>表示头开始，</head>表示头结束。

<body>表示主体开始，</body>表示主体结束，它们之间的内容才会在浏览器的正文中显示出来。

HTML 的标识符有很多，有兴趣的同学可以查看有关网页制作方法的书籍。

Web 服务器的配置管理操作，请参阅本教材实训部分的相关内容。

7.4　FTP 服务

用户联网的首要目的就是实现信息共享，文件传输是信息共享非常重要的一个内容。FTP 服务就是通过 FTP 实现 Internet 上的文件传输。

7.4.1　FTP 服务概述

FTP 是因特网上使用得最广泛的文件传输协议之一。FTP 的主要作用就是让用户连接上一台远程计算机（这些计算机运行着 FTP 服务进程，并且存储着各种格式的文件，包括计算机软件、声音文件、图像文件、重要资料、电影等），查看远程计算机上有哪些文件，然后把文件从远程计算机中复制到本地计算机上，或把本地计算机上的文件传输到远程计算机中去。前者称为下载，后者称为上传。

FTP 是一个通过因特网传输文件的系统。大多数站点都有匿名 FTP 服务。所谓"匿名"就是这些站点允许一个用户自由地登录到机器上并复制下载文件。

FTP 采用客户/服务器模式，即一台计算机作为 FTP 服务器提供文件传输服务，而另一台计算机作为 FTP 客户端提出文件服务请求并得到授权的服务。一个 FTP 服务器进程可同时为多个客户进程提供服务。FTP 的服务器进程由两大部分组成，分别是：一个主进程，负责接收新的请求；若干个从属进程，负责处理单个请求。

FTP 的工作原理如图 7-9 所示。

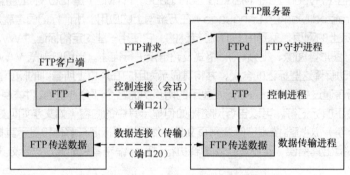

图 7-9 FTP 工作原理示意图

FTP 服务器主进程的工作步骤如下所述。

（1）打开端口 21，使客户进程能够连接上。

（2）等待客户进程发出连接请求。

（3）启动从属进程来处理客户进程发出的请求。从属进程对客户进程的请求处理完毕后即终止，但从属进程在运行期间根据需要还可能创建一些其他子进程。主进程与从属进程的处理是并发地进行。

（4）回到等待状态，继续接收其他客户进程发来的请求。

在 FTP 的服务器上，只要启动了 FTP 服务，则总是有一个 FTP 的守护进程在后台运行以随时准备对客户端的请求做出响应。当客户端需要文件传输服务时，首先设法打开一个与 FTP 服务器之间的控制连接，在连接建立过程中服务器会要求客户端提供合法的登录名和密码，在许多情况下，使用匿名登录，即采用"anonymous"为用户名，自己的 E-mail 地址作为密码。一旦该连接被允许建立，其相当于在客户机与 FTP 服务器之间打开了一个命令传输的通信连接，所有与文件管理有关的命令将通过该连接发送至服务器端执行。该连接在服务器端使用 TCP 端口号的默认值为 21，并且该连接在整个 FTP 会话期间一直存在。每当请求文件传输即要求从服务器复制文件到客户机时，服务器将再形成另一个独立的数据连接，该连接与控制连接使用不同的协议端口号，默认情况下在服务器端使用 20 号作为 TCP 端口，所有文件可以以 ASCII 模式或二进制模式通过该数据连接进行传输。

7.4.2　FTP 命令

用户可以使用 FTP 命令来进行文件传输，这种模式被称为交互模式。当用户交互使用 FTP 时，FTP 发出一个提示，用户输入一条命令，FTP 执行该命令并发出下一提示。FTP 允许文件沿任意方向传输，即文件可以上传与下载。在交互方式下，FTP 也提供了相应的文件上传与下载的命令。

1. FTP 交互命令

在 Windows 10 操作系统的 Windows PowerShell 模式（或 Windows 命令提示符）下可使用如下形式的 FTP 命令。

FTP [-d-g-i-n-t-v] [host]

其中的含义说明如下。

host：代表主机名或者主机对应的 IP 地址。

-d：表示允许调试。

-g：表示不允许在文件名中出现"*"和"?"等通配符。

-i：表示多文件传输时，不显示交互信息。

-n：表示不利用$HOME/.netrc 文件进行自动登录。

-t：表示允许分组跟踪。

-v：显示所有从远程服务器上返回的信息。

[ ]：表示其中的内容为命令的可选参数。

用户输入 FTP 命令如"ftp://211.81.192.250"后，屏幕就会显示"FTP >"提示符，表示用户进入 FTP 交互模式，在该模式下用户可输入 FTP 操作的子命令。常见的 FTP 子命令及其功能如下：

ASCII：进入 ASCII 方式，传输文本文件；

BINARY：进入二进制方式，传输二进制文件；

BYE 或 QUIT：结束本次文件传输，退出 FTP 程序；

CD dir：改变当前工作目录；

LCD dir：改变本地当前目录；

DIR 或 LS [remote-dir] [local-file]：列目录；

GET remote-file [local-file]：获取远程文件；

MGET remote-files：获取多个远程文件，可以使用通配符；

PUT local-file [remote-file]：将一个本地文件传输到远程主机上；

MPUT local-files：将多个本地文件传输到远程主机上，可用通配符；

DELETE remote-file：删除远程文件；

MDELETE remote-files：删除远程多个文件；

MKDIR dir-name：在远程主机上创建目录；

RMDIR dir-name：删除远程目录；

OPEN host：与指定主机的 FTP 服务器建立连接；

CLOSE：关闭与远程 FTP 程序的连接；

PWD：查询当前目录；

STATUS：显示 FTP 程序的状态；

USER user-name [password] [account]：向 FTP 服务器表示用户身份。

还有许多工具软件被开发出来，用于实现 FTP 的客户端功能，如 NetAnts、Cute FTP、WS FTP 等，另外 Internet Explorer 和 Netscape Navigator 也提供 FTP 客户软件的功能。这些软件的共同特点是采用直观的图形界面，通常还实现了文件传输过程中的断点再续和多路传输功能。

2. FTP 文件格式

FTP 有文本方式与二进制方式两种文件传输类型，所以用户在进行文件传输之前，还要选择相应的传输类型。根据远程计算机文本文件所使用的字符集是 ASCII 或 EBCDIC，用户可以用 ASCII 或 EBCDIC 命令来指定文本方式传输。二进制文件是指非文本文件，如压缩文件、图形与图像、声音文件、电子表格、计算机程序、电影或其他文件都必须使用二进制方式传输，用户输入"BINARY"即可将 FTP 转换成二进制模式。

FTP 服务器的配置管理操作，请参阅本教材实训部分的相关内容。

7.5 邮件服务

邮件服务（E-mail 服务，全称电子邮件服务）是目前最常见、应用最广泛的一种互联网服务。使用电子邮件，可以与 Internet 上的任何人交换信息。

7.5.1 电子邮件的概念

电子邮件（Electronic Mail，E-mail）是因特网上最受欢迎也是最为广泛的应用之一。电子邮件将邮件发送到 ISP 的邮件服务器上，并放在其中的收信人邮箱（Mail Box）中，收信人可随时上网到 ISP 的邮件服务器上进行读取。相当于利用因特网为用户设立了存放邮件的信箱，E-mail 有时也被称为"电子信箱"。因此电子邮件服务是一种通过计算机网络与其他用户进行联系的快速、简便、高效、廉价的现代化通信手段。电子邮件之所以受到广大用户的喜爱，是因为与传统通信方式相比，其具有成本低、速度快、安全性与可靠性高、可达到的范围广、内容表达形式多样等优点。现在的电子邮件不仅可以传送文字信息，还可以附上声音和图像。

1. 电子邮件使用的协议

电子邮件系统的原理如图 7-10 所示。电子邮件服务涉及几个重要的 TCP/IP，如下所述。

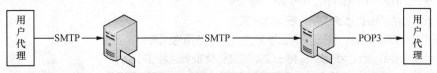

图 7-10　电子邮件系统原理示意图

（1）SMTP。简单邮件传输协议（Simple Mail Transfer Protocol，SMTP）是电子邮件系统中的一个重要协议，负责将邮件从一个"邮局"传输到另一个"邮局"。SMTP 不规定邮件的接收程序如何存储邮件，也不规定邮件的发送程序多长时间发送一次邮件，它只规定发送程序和接收程序之间的命令和应答。SMTP 邮件传输采用客户/服务器模式，邮件的接收程序作为 SMTP 服务器在 TCP 的 25 端口守候，邮件的发送程序作为 SMTP 客户在发送前需要请求一系列 SMTP 服务器的连接。一旦连接成功，收发双方就可以响应命令，传递邮件内容。

（2）POP3。当邮件到来后，首先存储在邮件服务器的电子信箱中。如果用户希望查看和管理这些邮件，可以通过邮局协议（Post Office Protocol，POP3）将这些邮件下载到用户所在的主机。POP3 本身采用客户/服务器模式，其客户程序运行在接收邮件的用户计算机上，POP3 服务器程序运行在其 ISP 的邮件服务器上。

（3）IMAP。现在较新的因特网报文存取协议（Internet Mail Access Protocol，IMAP）是版本 4，即 IMAP4，它同样采用客户/服务器模式。IMAP 是一个联机协议。当用户计算机上的 IMAP 客户程序打开 IMAP 服务器的邮箱时，用户就可以看到邮件的首部。只有用户需要打开某个邮件时，该邮件才传输到用户的计算机上。

2. 电子邮件的格式

电子邮件有自己规范的格式，电子邮件由信封和内容两大部分，即邮件头（header）和邮件主体（body）两部分组成。邮件头包括收信人的 E-mail 地址、发信人的 E-mail 地址、发送日期、标题和发送优先级等，其中前两项是必选的。邮件主体才是发件人和收件人要处理的内容。早期的电子邮件系统使用简单邮件传输协议，只能传递文本信息；而通过使用多用途因特网邮件扩展协议（Multipurpose Internet Mail Extensions，MIME），现在还可以发送语音、图像和视频等信息。对于 E-mail 主体不存在格式上的统一要求，但对信封即邮件头有严格的格式要求，尤其是 E-mail 地址。

E-mail 地址的标准格式为：<收信人信箱名>@主机域名。

其中的含义说明如下。

收信人信箱名指用户在某个邮件服务器上注册的用户标识，相当于是他的一个私人邮箱，收信人信箱名通常用收信人姓名的缩写来表示。

@为分隔符，一般把它读为英文的 at。

主机域名是指信箱所在的邮件服务器的域名。

例如 menjin@163.com，表示在网易的邮件服务器上的用户名为 menjin 的用户信箱，这是主编的邮箱，欢迎收到您的来信。

7.5.2　电子邮件系统的组成

有了标准的电子邮件格式之后，电子邮件的发送与接收还要依托由用户代理、邮件服务器和邮件协议组成的电子邮件系统。

1. 用户代理

用户代理 UA（User Agent）就是用户与电子邮件系统的接口，在大多数情况下就是用户计算机中运行的程序。用户代理使用户能够通过一个很友好的接口，以它提供的命令行方式、菜单方式或图形方式的界面来与电子邮件系统交互。目前主要界面是窗口界面，它允许用户读取和发送电子邮件，如 Outlook Express、Hotmail、Foxmail 及基于 Web 界面的用户代理程序等。用户代理至少应当具有撰写、显示、处理 3 个基本功能。Microsoft Outlook 邮件系统程序界面如图 7-11 所示。

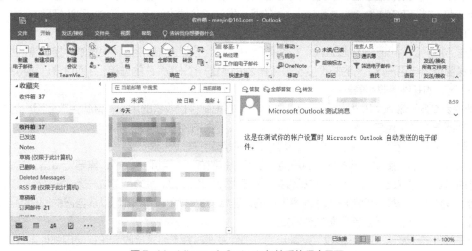

图 7-11　Microsoft Outlook 邮件系统程序界面

（1）撰写。给用户提供很方便地编辑信件的环境。如让用户能创建便于使用的通讯录，回信时具有回复等功能。

（2）显示。能方便地在计算机屏幕上显示出来信（包括来信附件中的声音和图像）。

（3）处理。处理包括发送邮件和接收邮件。

2. 邮件服务器

邮件服务器是电子邮件系统的核心构件，包括邮件发送服务器和邮件接收服务器。邮件服务器按照客户/服务器模式工作。顾名思义，邮件发送服务器是指为用户提供邮件发送功能的邮件服务器，而邮件接收服务器是指为用户提供邮件接收功能的邮件服务器。

3. 邮件协议

用户在发送邮件时，要使用邮件发送协议。常见的邮件发送协议有 SMTP 和 MIME。POP3 具有用户登录、退出、读取消息、删除消息的命令。

4. 发送邮件的步骤

假定用户 XXX 将"XXX@sina.com.cn"作为发信人地址向用户 YYY 发送一个文本格式的电子邮件，该发信人地址所指向的邮件发送服务器为 smtp.sina.com.cn，收信人的 E-mail 地址为"YYY@263.net"。电子邮件发送和接收的过程如图 7-12 所示。

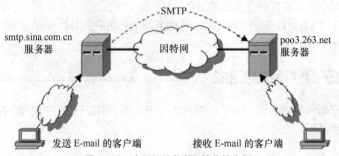

图 7-12　电子邮件发送和接收的实例

用户 XXX 首先在自己的机器上使用独立式的文本编辑器、字处理程序或是用户代理内部的文本编辑器来撰写邮件正文。然后使用电子邮件用户代理程序如 Outlook Express 完成标准邮件格式的创建，即选择创建新邮件图标，填写收件人地址、主题、邮件的正文、邮件的附件等。

一旦用户选择邮件发送图标，用户代理程序则将用户的邮件传给负责邮件传输的程序，由其在用户 XXX 所用的主机和名为 smtp.sina.com.cn 的邮件发送服务器之间建立一个关于 SMTP 的连接，并通过该连接将邮件发送至服务器 smtp.sina.com.cn 上。

发送方服务器 smtp.sina.com.cn 在获得用户 XXX 所发送的邮件后，根据邮件接收者的地址，在邮件发送服务器与用户 YYY 的邮件接收服务器之间建立一个 SMTP 的连接，并通过该连接将邮件发送至用户 YYY 的邮件接收服务器。

邮件接收服务器 pop3.263.net 接收到邮件后，根据邮件接收者的用户名将邮件放到用户的邮箱中。电子邮件系统为每个用户分配一个邮箱（用户邮箱）。例如在基于 UNIX 操作系统的邮件服务系统中，用户邮箱位于/usr/spool/mail/目录下，邮箱标识一般与用户标识相同。

当邮件到达邮件接收服务器后，用户随时都可以接收邮件。当用户 YYY 需要查看自己的邮箱并接收邮件时，其首先要在自己的计算机与邮件接收服务器 pop3.263.net 之间建立一条关于 POP3 的连接，该连接也是通过系统提供的用户代理程序进行的。连接建立之后，用户就可以从自己的邮箱中"取出"邮件进行阅读、处理、转发或回复邮件等操作。

电子邮件的"发送-传递-接收"是异步的，邮件发送时并不要求接收者正在使用邮件系统，邮件可存放在接收用户的邮箱中，接收者随时可以接收。

邮件服务器的配置管理操作，请参阅本教材实训部分的相关内容。

【自测训练题】

1. 名词解释

DNS，DHCP，URL，FTP，HTTP，POP3。

2. 选择题

（1）DNS 的作用是（　　）。

A. 用来将端口翻译成 IP 地址　　　　　　　　B. 用来将域名翻译成 IP 地址

C. 用来将 IP 地址翻译成物理地址　　　　　　D. 用来将物理地址翻译成 IP 地址

（2）在 www.xxx.edu.cn（虚拟域名）这个完全域名里，（　　）是主机名。

A. edu.cn　　　　　　　B. xxx　　　　　　　　C. www　　　　　　　　D. cn

（3）DHCP 的功能是（　　）。

A. 为客户自动进行注册　　　　　　　　　　B. 为客户自动配置 IP 地址

C. 将 IP 地址翻译为物理地址　　　　　　　　D. 使 DNS 名字自动登录

（4）DHCP 客户机申请 IP 地址租约时首先发送的信息是（　　）。

A. DHCP Discover　　　　　　　　　　　　B. DHCP Offer

C.DHCP Request　　　　　　　　　　　　　D.DHCP Positive

（5）浏览器与 Web 服务器之间使用的协议是（　　）。

A. DNS　　　　　　　　B. SNMP　　　　　　　C. HTTP　　　　　　　D. SMTP

（6）默认的 Web 服务器端口号是（　　）。

A. 80　　　　　　　　　B. 23　　　　　　　　　C. 21　　　　　　　　　D. 8080

（7）某用户在域名为 mail.xxx.net（虚拟域名）的邮件服务器上申请了一个电子信箱，信箱名为 jtxx，（　　）是该用户的电子邮件地址。

A. mail.xxx.net@jtxx　　　　　　　　　　　B. jtxx%xxx.net

C. jtxx@xxx.net　　　　　　　　　　　　　D. jtxx@mail.xxx.net

（8）下列协议中和电子邮件的收发关系密切的协议是（　　）。

A. ISP　　　　　　　　B. UDP　　　　　　　　C. POP3　　　　　　　D. TCP

（9）在下列选项中，哪一个选项最符合 HTTP 代表的含义？（　　）

A. 高级程序设计语言　　　　　　　　　　　B. 网域

C. 域名　　　　　　　　　　　　　　　　　D. 超文本传输协议

（10）关于因特网中主机的 IP 地址，叙述错误的是（　　）。

A. IP 地址表示为 4 段，每段用圆点隔开

B. IP 地址由 32 位二进制数组成

C. IP 地址包含网络标识和主机标识

D. IP 地址是一种无限的资源，用之不竭

（11）域名系统是因特网的命名方案，下列 4 项中表示域名的是（　　）。

A. zjwww@china.com　　　　　　　　　　　B. hk@zj.school.com

C. www.cctv.com　　　　　　　　　　　　　D. 202.96.68.123

（12）下面关于域名的说法正确的是（　　）。

A. 域名专指一个服务器的名字

B. 每个域名必须至少有一个 DNS 服务器来管理属于该域名的主机信息

C. 域名可以自己任意取，无须注册

D. 域名就是统一资源定位器

（13）搭建 FTP 服务器的主要方法有：（　　）和 Serv-U。

A. DNS　　　　　　　　B. Real Media　　　　　C. IIS　　　　　　　　D. SMTP

（14）在 Web 服务器上通过建立（　　）向用户提供网页资源。

A.DHCP 中继代理　　　B. 作用域　　　　　　　C. Web 站点　　　　　D. 主要区域

（15）POP3 用于（　　）电子邮件。

A. 接收　　　　　　　　B. 发送　　　　　　　　C. 丢弃　　　　　　　D. 阻挡

3. 简答题

（1）简述 DHCP 的工作过程。

（2）电子邮件系统由哪几部分组成？

（3）简要说明域名系统 DNS 的功能，举例解释域名解析的过程。

（4）请用一个实例解释什么是 URL。

（5）访问 FTP 服务有哪几种方式？

（6）A、B 两地相距很远，在 A 地的用户怎么样才能方便地使用位于 B 地的计算机上的资源？

第8章
网络管理与维护

扫码观看微课视频

【主要内容】

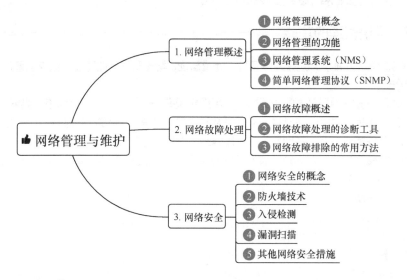

网络管理与维护

1. 网络管理概述
- ① 网络管理的概念
- ② 网络管理的功能
- ③ 网络管理系统（NMS）
- ④ 简单网络管理协议（SNMP）

2. 网络故障处理
- ① 网络故障概述
- ② 网络故障处理的诊断工具
- ③ 网络故障排除的常用方法

3. 网络安全
- ① 网络安全的概念
- ② 防火墙技术
- ③ 入侵检测
- ④ 漏洞扫描
- ⑤ 其他网络安全措施

【知识目标】

（1）掌握计算机网络管理的概念及简单网络管理协议。

（2）掌握网络故障的分类与故障排除的过程。

（3）了解网络安全的定义和网络经常面临的威胁。

【技能目标】

（1）能够描述计算机网络管理的功能与协议运行的原理。

（2）能够运用网络诊断工具发现故障产生的原因并排除故障。

（3）能够运用网络工具应对网络安全威胁。

8.1 网络管理概述

网络管理是指以计算机网络等相关技术为手段，对各种网络进行监视、控制、运营以及维护等行为。网络管理已成为计算机网络建设中的一个非常重要的部分，它是进行网络维护的重要手段，并且决定着网络资源的利用率和效益的发挥。

8.1.1 网络管理的概念

网络管理是指对网络的运行状态进行监测和控制，使其能够有效、可靠、安全、经济地提供服务。其主要任务就是对网络的运行状态进行监测和控制。

（1）有效性是指网络要能准确而及时地传递信息。网络有效性与通信有效性的意义不同。通信有效性是指传递信息的效率，而网络有效性是指网络的服务要有质量保证。

（2）可靠性是指网络必须保证能够稳定地运转，能对各种故障有一定的自愈能力。

（3）安全性是指避免用户数据被非法访问、截获、删除、修改，防止系统被非法入侵和受到病毒侵扰。

（4）经济性是指对网络管理者而言，网络的建设、运营、维护等费用要求尽可能少；对网络用户而言，用户能够使用尽量少的费用获得更多的网络服务。

8.1.2 网络管理的功能

网络管理包括五大功能，分别是故障管理、计费管理、配置管理、性能管理和安全管理，如下所述。

1. 故障管理

故障管理是网络管理中最基本的功能之一。用户希望有一个可靠的计算机网络，当网络中某个组成部分失效时，网络管理器必须迅速查找到故障并及时排除。通常不大可能迅速隔离某个故障，因为网络故障产生的原因往往相当复杂，特别是由多个网络组成共同引起的故障。在此情况下，一般先将网络修复，再分析网络故障产生的原因。分析故障产生的原因对于防止类似故障再次发生相当重要。网络故障管理包括故障检测、隔离和纠正3方面。

典型的功能如下所述。

（1）维护并检查错误日志。

（2）接收错误检测报告并做出响应。

（3）跟踪、辨认错误。

（4）执行诊断测试。

（5）纠正错误。

对网络故障的检测主要依据对网络组成部件状态的监视。不严重的简单故障通常被记录在错误日志中，并不做特别处理；而严重一些的故障则需要通知网络管理器，就是警报。一般网络管理器应根据有关信息对警报进行处理，排除故障。当故障比较复杂时，网络管理器应能执行一些诊断测试来辨别故障产生的原因。

2. 计费管理

计费管理记录网络资源的使用，以控制和监测网络操作的费用和代价。计费管理的目的是计算和收取用户使用网络服务的费用，统计网络资源的利用率，核算网络的成本效益。计费管理包括以下功能：计算网络建设及运营成本，统计网络及其所包含的资源的利用率，联机收集计费数据，计算用户应支付的网络服务费用，进行账单管理。

3. 配置管理

配置管理是最基本的网络管理功能，负责网络的建立、业务的展开以及配置数据的维护，包括资源清单管理、资源开通和业务开通。其目的是实现某个特定功能或使网络性能达到最优。配置管理典型的功能如下所述。

（1）设置开放系统中有关路由操作的参数。

（2）被管理对象和被管理对象组名字的管理。

（3）初始化或关闭被管理对象。

（4）根据要求收集系统当前状态的相关信息。

（5）获取系统重要变化的信息。

（6）更改系统的配置。

4. 性能管理

性能管理估计系统资源的运行状况及通信效率等系统性能。其能力包括监视和分析被管理网络及其所提供的服务的性能机制。性能分析的结果可能会触发某个诊断测试过程或重新配置网络以维持网络的性能。性能管理收集和分析有关被管理网络当前状况的数据信息，并维持和分析性能日志。性能管理典型的功能如下所述。

（1）收集统计信息。

（2）维护并检查系统状态日志。

（3）确定自然和人工状况下系统的性能。

（4）改变系统操作模式以进行系统性能管理的操作。

5. 安全管理

安全性一直是网络的薄弱环节之一，而用户对网络安全的要求又相当高，因此网络安全管理非常重要。网络中主要有以下几大安全问题，分别是网络数据的私有性（保护网络数据不被侵入者非法获取）、授权（Authorization）（防止侵入者在网络上发送错误信息）、访问控制（控制对网络资源的访问）。相应地，网络安全管理应包括对授权机制、访问控制、加密和加密关键字的管理，另外还要维护和检查安全日志。安全管理典型的功能如下所述。

（1）创建、删除、控制安全服务和机制。

（2）维护和检查与安全相关信息的分布。

（3）维护和检查与安全相关事件的报告。

8.1.3　网络管理系统（NMS）

网络管理系统（Network Management System，NMS）是用来管理网络、保障网络正常运行的软件和硬件的有机组合，是在网络管理平台的基础上实现的各种网络管理功能的集合，包括故障管理、性能管理、配置管理、安全管理和计费管理等功能。

网络管理系统提供的基本功能通常包括网络拓扑结构的自动发现、网络故障报告和处理、性能数据采集和可视化分析工具、计费数据采集和基本安全管理工具。网络管理系统要处理的问题及其内容包括网络管理的跨平台性、网络管理的分布式特性、网络管理的安全特性、新兴网络模式的管理、异种网络设备的管理和基于 Web 的网络管理。

典型的网络管理系统包括 4 个要素，分别是管理者、被管理实体（管理代理）、管理信息库（Management Information Base，MIB），以及代理设备和管理协议，如图 8-1 所示。

1. 管理者

管理者是实施网络管理的实体，驻留在管理工作站上。它是整个网络系统的核心，负责完成复杂网络管理功能。网络管理系统要求管理者定期收集重要的设备信息，收集到的信息将用于确定单个网络设备、部分网络或整个网络运行的状态是否正常。

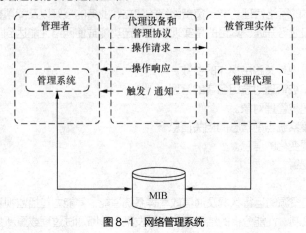

图 8-1　网络管理系统

2. 被管理实体（管理代理）

网络管理代理是驻留在网络设备（这里的设备可以是 UNIX 工作站、网络打印机，也可以是其他的网络设备）中的软件模块，它可以获得本地设备的运转状态、设备特性、系统配置等相关信息。网络管理代理所起的作用是充当管理系统与管理代理软件驻留设备之间的中介，通过控制设备的管理信息数据库中的信息来管理该设备。

3. 管理信息库

管理信息库存储在被管理对象的存储器中。管理库是一个动态刷新的数据库，它包括网络设备的配置信息、数据通信的统计信息、安全性信息和设备特有信息。这些信息被动态送往管理器，形成网络管理系统的数据来源。

4. 代理设备和管理协议

代理设备在标准网络管理软件和不直接支持该标准协议的系统之间起桥梁作用。利用代理设备，不需要升级整个网络就可以实现从旧协议到新协议的过渡。对网络管理系统来说，重要的是管理员和管理代理之间所使用的网络管理协议，如 SNMP，和它们共同遵循的 MIB 库。网络管理协议用于在管理员与管理代理之间传递操作命令，并负责解释管理员的操作命令。管理协议可以使管理信息库中的数据与具体设备中的实际状态、工作参数保持一致。

8.1.4　简单网络管理协议（SNMP）

简单网络管理协议（Simple Network Management Protocol，SNMP）是专门设计用于在 IP 网络中管理网络节点（服务器、工作站、路由器、交换机及集线器等）的一种标准协议，它是一种应用层协议。SNMP 使网络管理员能够管理网络效能，发现并解决网络问题以及规划网络增长。通过 SNMP 接收随机消息及事件报告，网络管理系统可获知网络出现了问题。

SNMP 管理的网络有 3 个主要组成部分：管理设备、代理和网络管理系统。管理设备是一个网络节点，包含 ANMP 代理并处在管理网络之中。被管理的设备用于收集并存储管理信息。

简单网络管理协议允许网络管理工作站软件与被管理设备中的代理进行通信。这种通信可以包括来自管理站的询问消息、来自代理者的应答消息和代理给管理工作站的自陷消息。SNMP 环境如图 8-2 所示。

SNMP 实体不需要在发出请求后等待响应的到来，这是一个异步的请求/响应协议。SNMP 仅支持对管理对象值的检索和修改等简单操作，SNMPv1 支持以下 4 种操作。

（1）get 操作。用于获取特定对象的值，提取指定的网络管理信息。

（2）get-next 操作。遍历 MIB 树获取对象的值，提供扫描 MIB 树和依次检索数据的方法。

（3）set 操作。用于修改对象的值，对管理信息进行控制。

（4）trap 操作。用于通报重要事件的发生，代理使用它发送非请求性通知给一个或多个预配置的管理工作站，用于向管理者报告管理对象的状态变化。

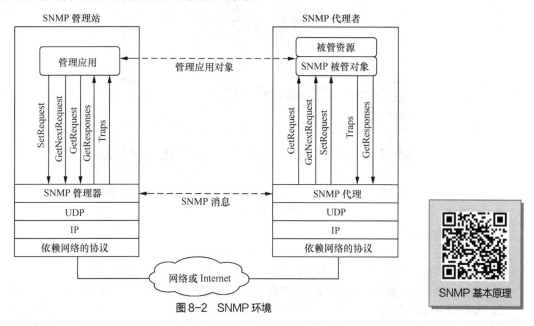

图 8-2　SNMP 环境

8.2　网络故障处理

网络故障（Network Failure）是指硬件的问题、软件的漏洞、病毒的侵入等引起网络无法提供正常服务或降低服务质量的状态。网络故障必须第一时间处理，不然会影响网络的正常运行。

8.2.1　网络故障概述

现今的网络互连环境日趋复杂，而且随着需求发展的步伐这种复杂性是日益增长的。现代的网络要求支持更广泛的应用，包括内容上数据、语音、视频的应用；接入方式上有线、光纤、无线、多协议转换器、逻辑链路的应用；网络结构上二层、三层、二三层混合、VPN 等的应用。新业务发展使得网络的需求不断增长、新技术不断出现，如比特以太网向吉比特、10 吉比特以太网的演进，各种防范攻击技术的出现，提供 QoS 能力，IPv6 的支持等。新技术的应用同时还要兼顾传统的技术，例如传统的网络体系结构仍在某些场合中使用。各种协议的发展，使得新网络的建设需要兼容原来的基础而进行改造。

多样业务的需求和各种先进技术的引入使网络日益复杂。当今普通的校园网结构如图 8-3 所示。

因此现代的互联网络是协议、技术、介质和拓扑的混合体。互联网络环境越复杂，意味着网络的连通性和性能故障发生的可能性越大，而且引发故障的原因也越来越难以确定。同时，由于人们越来越多地依赖网络处理日常的工作和事务，一旦网络故障不能及时修复，所造成的损失可能很大甚至是灾难性的。

能够正确地维护网络尽量不出现故障，并确保出现故障之后能够迅速、准确地定位问题并排除故障，对网络维护人员和网络管理人员来说是个挑战，这不但要求我们对网络协议和技术有着深入的理解，更重要的是要建立一个系统化的故障排除思路并合理应用于实际操作中，以将一个复杂的问题隔离、分解或缩减排错范围，从而及时修复网络故障。

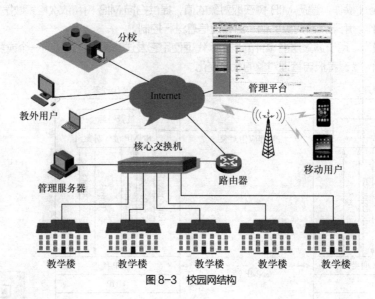

图8-3 校园网结构

1. 网络故障的分类

网络故障一般分为两大类：连通性问题和性能问题。它们各自有故障排除的关注点，如下所述。

（1）连通性问题：硬件、系统、电源、媒介故障；配置错误；不正确的相互作用。

（2）性能问题：网络拥塞、到目的地不是最佳路由、转发异常、路由环路、网络错误。

2. 网络故障的解决步骤

故障排除系统化是合理地一步一步找出产生故障的原因并解决问题的总体原则。它的基本思想是系统地将由产生故障可能的原因构成的一个大集合缩减（或隔离）成几个小的子集，从而使问题的复杂度迅速下降。

故障排除时有序的思路有助于解决所遇到的任何困难，图8-4给出了一般网络故障的处理流程。

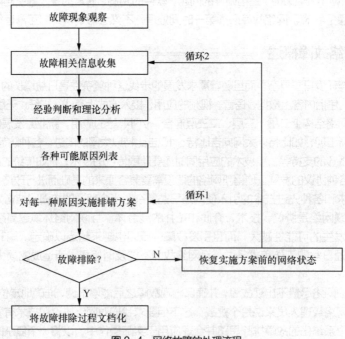

图8-4 网络故障的处理流程

8.2.2　网络故障处理的诊断工具

网络故障处理的诊断工具用于监控网络互连环境的工作状况和解决基本的网络故障。主要命令为 Ping 命令、Traceroute 命令、Display 命令和 Debug 命令。

1. Ping 命令

"Ping"这个词源于声呐定位操作，指来自声呐设备的脉冲信号。Ping 命令的思想与发出一个短促的雷达波，通过收集回波来判断目标很相似。源站点向目的站点发出一个 ICMP Echo Request 报文，目的站点收到该报文后回送一个 ICMP Echo Reply 报文，这样就验证了两个节点间 IP 层的可达性，表示网络层是连通的。

（1）Ping 命令的功能。Ping 命令用于检查 IP 网络连接及主机是否可达。

（2）Ping 命令的使用。在不同的设备上，Ping 命令的格式有所不同。在 PC 上或在 Windows Server 2012 操作系统的服务器上，Ping 命令的格式为：

Ping [-n number] [-t　] [-l number]　ip-address

-n：表示 Ping 报文的个数，默认值为 5。

-t：用于持续地 Ping 直到人为地中断。按 Ctrl+Breack 组合键可以暂时中止 Ping 命令并查看当前的统计结果；而按 Ctrl+C 组合键则可以中断命令的执行。

-l：用于设置 Ping 报文所携带的数据部分的字节数，设置范围为从 0 至 65 500。

例如：向主机 10.15.50.1 发出两个数据部分大小为 3 000 Bytes 的 Ping 报文。

C:\>ping -l 3000 -n 2 10.15.50.1

Pinging 10.15.50.1 with 3000 bytes of data

Reply from 10.15.50.1: bytes=3000 time=321ms TTL=123

Reply from 10.15.50.1: bytes=3000 time=297ms TTL=123

Ping statistics for 10.15.50.1:

　　Packets: Sent = 2, Received = 2, Lost = 0 (0% loss),

Approximate round trip times in milli-seconds:

　　Minimum = 297ms, Maximum =321ms, Average =309ms

实际上 Windows 平台的 Ping 命令的参数非常多，这里只介绍了其中最重要的 3 个参数。其他参数介绍请参考 Windows 在线帮助。

2. Traceroute 命令

Traceroute 命令用于探测源节点到目的节点之间数据报文所经过的路径，利用 IP 报文的 TTL 域在每经过一个路由器的转发后减 1，当 TTL=0 时则向源节点报告 TTL 超时。Traceroute 首先发送一个 TTL 为 1 的 UDP 报文，因此第一跳发送回一个 ICMP 错误消息以指明此数据报不能被发送（因为 TTL 超时）；之后 Traceroute 再发送一个 TTL 为 2 的报文，同样第二跳返回 TTL 超时，这个过程不断进行，直到到达目的地。由于数据报中使用了无效的端口号（默认为 33434），此时目的主机会返回一个 ICMP 的目的地不可达消息，表明该 Traceroute 操作结束。Traceroute 记录下每一个 ICMP TTL 超时消息的源地址，从而提供给用户报文到达目的地所经过的网关的 IP 地址。

（1）Traceroute 命令的功能。Traceroute 命令用于测试数据报文从发送主机到目的地所经过的网关，主要用于检查网络连接是否可达，以及分析网络在什么地方发生了故障。

（2）Traceroute 命令的使用。在不同的设备上 Traceroute 命令的格式有所不同。在 PC 上或在 Windows Server 2012 操作系统的服务器上，Tracerouter（Windows 操作系统下是 Tracert）命令的格式为：

tracert [-d] [-h maximum_hops] [-j host-list] [-w timeout] host

-d：表示不解析主机名。

-h：用于指定最大 TTL 的大小。

-j：用于设定松散源地址的路由列表。

-w：用于设置 UDP 报文的超时时间，单位为毫秒。

例如：查看到目的主机 10.15.50.1 中间所经过的前两个网关。

C:\>tracert -h 2 10.15.50.1

Tracing route to 10.15.50.1 over a maximum of 2 hops:

```
1      3 ms      2 ms      2 ms   10.110.40.1
2      5 ms      3 ms      2 ms   10.110.0.64
```

Trace complete.

3. Display 命令

Display 命令是用于了解路由器的当前状况、检测相邻路由器、从总体上监控网络、隔离互联网络中的故障的最重要的工具之一。几乎在任何故障排除和监控场合，Display 命令都是必不可少的。

例如：基于华为路由器的 Display 命令选项，如图 8-5 所示。

图 8-5　Display 命令选项

Display 命令的常用选项如下所述。

信息项	使用命令	
基本信息	display	diagnostic-information
设备信息	display	device
接口信息	display	interface
版本信息	display	version
补丁信息	display	patch-information
电子标签信息	display	elabel
系统当前配置信息	display	current-configuration
系统保存的配置信息	display	saved-configuration
时间信息	display	clock
告警信息	display	trapbuffer
用户日志信息	display	logbuffer
内存使用信息	display	memory-usage
CPU 使用情况	display	cpu-usage

接口开启情况   display   interface brief

强烈建议网络维护或管理人员保存一份启动配置文件的副本存放到路由器以外的设备上。这有几个好处，如下所述。

（1）这将使维护人员能够迅速配置一个替代的路由器。

（2）这个保存在外部的文本文件可以按上述规定的格式脱机编辑，然后使用 download config 命令加载到路由器上。

（3）可以将该配置文件通过 E-mail 的形式发给华为设备的技术支持人员以帮助定位配置问题。

4. Debug 命令

Debug 是设备调试、排错中非常重要也非常有效的手段。默认情况下调试信息的输出是关闭的，需要用命令将其打开。使用 Debug 调试设备需要在对网络协议和产品相对熟悉的情况下使用。

例如，在华为路由器上打开 debugging 信息显示命令为：

<Huawei>terminal debugging

由于调试信息的输出在 CPU 处理中被赋予了很高的优先级，许多形式的 Debug 命令会占用大量的 CPU 运行时间，在负荷高的路由器上运行 Debug 命令可能引起严重的网络故障（如网络性能迅速下降）。但 Debug 命令的输出信息对于定位网络故障又是如此地重要，它是维护人员必须使用的工具。Debug 命令使用注意事项如下所述。

（1）应当使用 Debug 命令来查找故障，而不是用来监控正常的网络运行。

（2）尽量在网络使用的低峰期或网络用户较少时使用，以降低 Debug 命令对系统的影响。

（3）在没有完全掌握某 Debug 命令的工作过程以及它所提供的信息前，不要轻易使用该 Debug 命令。

8.2.3 网络故障排除的常用方法

网络故障的排除常用的方法有分层故障排除法、分块故障排除法、分段故障排除法和替换法，如下所述。

1. 分层故障排除法

分层故障排除法的思想很简单，所有模型都遵循相同的基本前提，当模型的所有低层结构都正常工作时，它的高层结构才能正常工作。在确信所有低层结构都正常运行之前解决高层结构的问题完全是浪费时间。

例如，在一个帧中继网络中，由于物理层的不稳定，帧中继连接总是出现反复失去连接的问题，这个问题的直接表象是到达远程端点的路由总是出现间歇性中断。这使得维护工程师第一反应是路由协议出问题了，然后凭借着这个感觉来对路由协议进行大量的故障诊断和配置，其结果是可想而知的。如果能够从 OSI 模型的底层逐步向上来探究原因的话，维护工程师将不会做出这个错误的假设，反而能够迅速定位和排除问题。

在用分层故障排除法解决网络故障时，各层次的关注点如下所述。

（1）物理层。物理层负责通过某种介质提供到另一设备的物理连接，包括端点间的二进制流的发送与接收，完成与数据链路层的交互操作等功能。

物理层需要关注的是电缆、连接头、信号电平、编码、时钟和组帧，这些都是导致端口处于 shut down 状态的因素。

（2）数据链路层。数据链路层负责在网络层与物理层之间进行信息传输；规定了介质如何接入和共享，站点如何进行标识，如何根据物理层接收的二进制数据建立帧。

封装的不一致是导致数据链路层出现故障的最常见原因。当使用 show interface 命令显示端口和协议均为 up 时，我们基本可以认为数据链路层工作正常；而如果端口为 up 而协议为 down，那么数据链路层存在故障。

链路的利用率也和数据链路层有关，端口和协议是好的，但链路带宽有可能被过度使用，从而引起间歇性的连接失败或网络性能下降。

（3）网络层。网络层负责实现数据的分段打包与重组以及差错报告，更重要的是它负责寻找信息通过网络的最佳路径。

地址错误和子网掩码错误是引起网络层故障最常见的原因；互联网络中的地址重复是产生网络层故障的另一个可能原因；另外，路由协议是网络层的一部分，也是排错重点关注的内容。

排除网络层故障的基本方法是沿着从源地址到目的地的路径查看路由器上的路由表，同时检查那些路由器接口的 IP 地址。通常，如果路由没有在路由表中出现，就应该通过检查来弄清是否已经输入了适当的静态、默认或动态路由，然后手动配置丢失的路由或排除动态路由协议选择过程中的故障，以使路由表更新。

2. 分块故障排除法

Display 命令的介绍中提及了华为路由器、交换机活动的配置文件的组织结构，它是以全局配置、物理接口配置、逻辑接口配置、路由配置等方式编排的。其实，我们还能从另一种角度来看待这个配置文件。该配置文件分为几块，如下所述。

管理部分：路由器名称、口令、服务、日志等。

端口部分：地址、封装、cost、认证等。

路由协议部分：静态路由、RIP、OSPF、BGP、路由引入等。

策略部分：路由策略、策略路由、安全配置等。

接入部分：主控制台、Telnet 登录或哑终端、拨号等。

其他应用部分：语言配置、VPN 配置、QoS 配置等。

上述分类给故障定位提供了一个原始框架，当出现一个故障案例现象时，我们可以把它归入上述某一类或某几类中，从而有助于缩减故障定位的范围。

3. 分段故障排除法

分段就是把有故障的网络分成几个段，逐一排除故障所在的段。分段的中心思想就是缩小网络故障涉及的设备和线路，以更快地判定故障，再逐级恢复原有网络。

例如两个路由器跨越电信部门提供的线路而不能相互通信，其网络架构如图 8-6 所示。

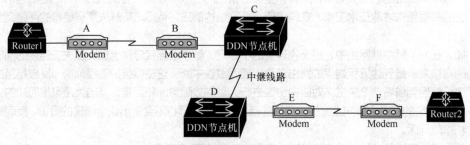

图 8-6 网络架构

当两个路由器跨越电信部门提供的线路而不能相互通信时，分段故障排除法是有效的。分段方法为：第一段是主机到路由器 LAN 接口，第二段是路由器到 CSU/DSU 接口，第三段是 CSU/DSU 到电信部门接口，第四段是 WAN 电路，第五段是 CSU/DSU 本身，第六段是路由器本身。然后逐一排除故障，直至找出有问题的一段。

4. 替换法

替换法是检查硬件问题最常用的方法。当怀疑网线有问题时，更换一根确定是好的网线试一试；当怀疑接口模块有问题时，更换一个其他接口模块试一试。

在实际网络故障排错时，可以先采用分段法确定故障点，再通过分层或其他方法排除故障。

8.3 网络安全

随着因特网的发展，网络中丰富的信息资源给用户带来了极大的便利，但同时也给网络用户带来了安全问题。因特网的开放性和超越组织与国界等特点，使它在安全性上存在一些隐患。

ISO 对计算机系统安全的定义是为数据处理系统建立和采用的技术及管理的安全保护，保护计算机硬件、软件和数据不因偶然和恶意的原因遭到破坏、更改和泄露。由此可以将计算机网络的安全理解为：采用各种技术和管理措施，使网络系统正常运行，从而确保网络数据的可用性、完整性和保密性。所以建立网络安全保护措施的目的是确保经过网络传输和交换的数据不会发生增加、修改、丢失和泄露等问题。

8.3.1 网络安全的概念

网络安全是指计算机网络资产的安全，保证其不受自然和人为的有害因素的威胁和破坏。网络安全技术是指各种网络监控和管理技术，这些技术通过对网络系统的硬件、软件以及数据资源进行保护，防止其遭到破坏，保证网络系统能够安全、可靠地运行。

1. 网络威胁

网络主要存在 4 种威胁：截获、中断、篡改、伪造。4 种威胁可划分为两大类，即被动攻击和主动攻击，如图 8-7 所示。在上述情况中，截获信息的攻击被称为被动攻击，而更改信息和拒绝用户使用资源的攻击被称为主动攻击。

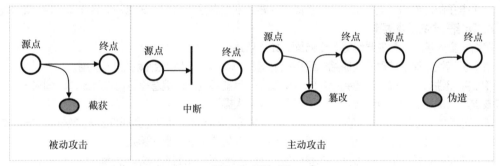

图 8-7　网络威胁

还有一些特殊的主动攻击的恶意程序，如下所述。

（1）计算机病毒（Computer Virus）。计算机病毒是编制者在计算机程序中插入的破坏计算机功能或者数据的，能影响计算机使用、能自我复制的一组计算机指令或者程序代码。

（2）计算机蠕虫（Computer Worm）。计算机蠕虫与计算机病毒相似，是一种能够自我复制的计算机程序。与计算机病毒不同的是，计算机蠕虫不需要附在别的程序内，可能不用使用者介入操作也能自我复制或执行。计算机蠕虫未必会直接破坏被感染的系统，却几乎都对网络有害。

（3）特洛伊木马。特洛伊木马目前一般可理解为"包含非法目的的计算机病毒"，它在计算机中潜伏，以达到黑客攻击的目的。一个完整的特洛伊木马套装程序包含两部分：服务器端（服务器部分）和客户端（控制器部分）。植入对方计算机的是服务器端，而黑客正是利用客户端进入运行了服务器端的计算机。

（4）逻辑炸弹。逻辑炸弹引发的症状与某些病毒的作用结果相似，并会对社会引发连带性的灾难。与病毒相比，它强调破坏作用本身，而实施破坏的程序不具有传染性。逻辑炸弹是一种程序，或程序的一部分，平时会"冬眠"，直到一个具体作品的程序逻辑被激活。

2. 黑客的攻击手段

黑客往往具有很高的计算机天赋，黑客攻击已成为计算机安全的严重威胁。黑客常用的几种攻击手段如下。

（1）口令入侵。口令入侵是指使用某些合法用户的账号和口令登录目的主机，再进行攻击活动。通常黑客会利用一些系统使用惯性账号的特点，采用字典穷举法来破解用户的密码。中途截击的方法也是获取用户账号和密码的一条有效途径。

（2）放置特洛伊木马程序。特洛伊木马程序是非法驻留在目的计算机里，并可自动运行以在目的计算机上执行一些事先约定的操作的程序。特洛伊木马程序分为服务器端和客户端。服务器端是攻击者传到目的主机上的部分，用来在目的主机上监听，等待客户端连接过来。客户端是攻击者用来控制目的主机的部分，放在攻击者的主机上。

（3）DOS攻击。DOS攻击亦称拒绝服务，其目的是使计算机或网络无法提供正常的服务。最常见的DOS攻击有计算机网络带宽攻击和连通性攻击。

（4）端口扫描。端口扫描程序侦听目的主机的扫描端口是否处于激活状态，主机提供了哪些服务，提供的服务中是否含有某些缺陷等信息。扫描器一般有3项功能：发现一个主机或网络；发现主机上运行的服务；通过测试这些服务，发现漏洞。

（5）网络监听。网络监听是主机的一种工作模式。在这种模式下，主机侦听网络物理通道以接收本网段在同一条物理通道上传输的所有信息。监听在监测网络传输数据、排除网络故障等方面具有重要的作用，但也给网络的安全带来了极大的隐患。Sniffer就是一个应用广泛的监听工具，它可以监听到网上传输的所有信息。

（6）欺骗攻击。攻击者通过创造易于误解的上下文环境，来诱使被攻击者进入并且做出缺乏安全考虑的决策。

（7）电子邮件攻击。电子邮件攻击手段的主要表现是向目标信箱发送电子邮件炸弹，将邮箱挤爆。

3．网络安全的基本要素

网络安全的基本要素主要包括5个方面，如下所述。

（1）机密性。保证信息不泄露给未经授权的进程或实体，只供得到授权的人使用。

（2）完整性。信息只能被得到授权的人修改，并且能够判别该信息是否已被篡改过。同时一个系统也应该按其原来规定的功能运行，不被未得到授权的人操纵。

（3）可用性。只有得到授权的人才可以在需要时访问该数据，而未得到授权的人应被拒绝访问数据。

（4）可鉴别性。网络应对用户、进程、系统和信息等实体进行身份鉴别。

（5）不可抵赖性。数据的发送方与接收方都无法对数据传输的事实进行抵赖。

4．计算机系统安全等级

美国国防部和国家标准局的《可信计算机系统评测标准》将计算机系统安全等级分为4类7级，如下所述。

（1）D类。D类的安全级别最低，保护措施最少且没有安全功能。

（2）C类。C类是自定义保护级，该级的安全特点是系统的对象可自主定义访问权限。C类分为两个级别，分别为C1级与C2级。

C1级是指自主安全保护级，它能够实现用户与数据的分离。数据的保护以用户组为单位，并对数据进行自主存取控制。

C2级是指受控访问级，该级可以通过登录规程、审计安全性相关事件来隔离资源。

（3）B类。B类是强制式安全保护类，其特点是它由系统强制实现安全保护，因此用户不能分配权限，只能通过管理员对用户进行权限的分配。B类分为3个级别，分别为B1级、B2级和B3级。

B1级是指标记安全保护级。该级对系统的数据进行标记，同时对标记的主体和客体实行强制的存取控制。

B2级是指结构化安全保护级。该级建立形式化的安全策略模型，同时对系统内的所有主体和客体，都实行强制访问和自主访问控制。

B3级是指域安全保护级，它能够实现访问监控器的要求，访问监控器是指监控器的主体和客体之间授权访问关系的部件。该级还支持安全管理员职能，扩充审计机制，当发生与安全相关的事件时将发出信号，同时可以提供系统恢复过程。

（4）A 类。A 类是可验证的保护级。它只有一个等级即 A1 级。A1 级的功能与 B3 级几乎是相同的，但是 A1 级的特点是它的系统拥有正式的分析和数学方法，它可以完全证明一个系统的安全策略和安全规格的完整性与一致性。同时 A1 级还规定了将完全计算机系统运送到现场安装应遵守的程序。

可信任计算机系统评量基准是美国国家安全局的国家计算机安全中心颁布的官方标准，是当今得到国际上较多认可的、使用最为广泛的安全标准之一。一般的 UNIX 操作系统能满足 C1、C2 级的标准，少量的产品可满足 B2 级的标准；Windows NT 4.0 操作系统已经达到 C2 级的标准，并有潜力朝着 B2 级发展；Windows 2000 操作系统已经获得 B2 级的标准认证。

《计算机信息系统安全保护等级划分准则》于 1999 年由国家质量监督检验检疫总局审查通过并正式批准发布。该准则将信息系统安全分为 5 个等级，计算机信息系统安全保护能力随着安全保护等级的增高而逐步增高。

5. 网络安全的防范技术

先进、可靠的网络安全防范技术是网络安全的根本保证。用户应对自身网络面临的威胁进行风险评估，进而选择各种适用的网络安全防范技术，形成全方位的网络安全体系。目前较成熟的网络安全防范技术如下所述。

（1）防火墙技术。防火墙是一种用来加强网络之间的访问控制的特殊网络互连设备，它包括硬件和软件。防火墙是建立在内外网络边界上的过滤封锁机制，内部网络被认为是安全和可信赖的，而外部网络被认为是不安全和不可信赖的。防火墙通过边界控制强化内部网络的安全策略，可防止不希望的、未经授权的通信进出被保护的内部网络。

（2）身份验证技术。身份验证是用户向系统证明自己身份的过程，也是系统检查核实用户身份证明的过程。

（3）访问控制技术。访问控制是指对网络中资源的访问进行控制，只有被授权的用户，才有资格去访问相关的数据或程序。其目的是防止对网络中资源的非法访问。

（4）入侵检测技术。入侵检测技术是为保障计算机网络系统的安全而设计的一种能够及时发现并报告系统中未授权或异常现象的技术，用于检测计算机网络中违反安全策略的行为，是网络安全防护的重要组成部分。

（5）密码技术。密码技术是保护网络信息安全的最主动的防范手段，具有信息加密功能，而且具有数字签名、秘密分存、系统安全等功能。

（6）反病毒技术。反病毒技术主要应用于计算机网络中的杀毒软件。

8.3.2 防火墙技术

网络防火墙技术是一种用来加强网络之间的访问控制，防止外部网络用户以非法手段通过外部网络进入内部网络访问内部网络资源，保护内部网络操作环境的特殊网络互连设备。它对两个或多个网络之间传输的数据包，如链接方式，按照一定的安全策略来实施检查，以决定网络之间的通信是否被允许，并监视网络运行状态。

防火墙的基本类型包括包过滤防火墙、应用网关防火墙、应用代理防火墙和状态检测防火墙。

1. 包过滤防火墙

包过滤防火墙又被称为包过滤路由器，它根据已经定义好的过滤规则来检查每个数据包，确定数据包是否符合这个过滤规则，来决定数据包是否能通过，符合过滤规则的数据包将被转发，否则将被丢弃。

包过滤防火墙的工作原理如图 8-8 所示。包过滤技术的主要依据是包含在 IP 包头中的各种信息，如源 IP 地址、目的 IP 地址、协议类型、源 TCP 端口号和目的 TCP 端口号等。

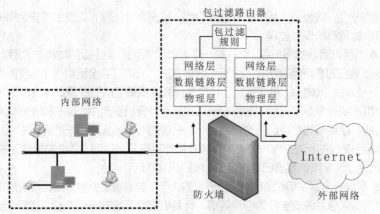

图 8-8　包过滤防火墙的工作原理

　　包过滤技术的优点是简单实用，实现成本较低，在应用环境比较简单的情况下，能够以较小的代价在一定程度上保证系统的安全。

　　但包过滤技术的缺陷也很明显。包过滤技术是一种完全基于网络层的安全技术，只能根据数据包的来源、目标和端口等网络信息进行判断，无法识别基于应用层的恶意侵入，如恶意的 Java 小程序以及电子邮件中附带的病毒。有经验的黑客能很轻易地伪造 IP 地址，骗过包过滤型防火墙。

2. 应用网关防火墙

　　应用网关防火墙能在网关上执行一些特定的应用程序和服务器程序，实现协议过滤和转发功能，因此它工作在应用层上。应用网关防火墙针对特别的网络应用协议来过滤逻辑数据。应用网关防火墙的工作原理如图 8-9 所示。

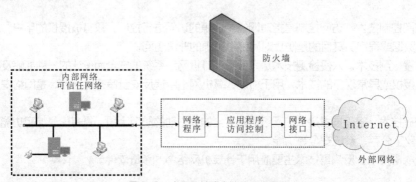

图 8-9　应用网关防火墙的工作原理

　　一个远程用户想要和一个正在运行应用网关防火墙的网络连接时，该网关会阻塞这个远程连接，对这个连接的各个域进行检查，如果符合要求，则网关将会在远程的主机和内部主机之间建立一个"桥"，并在其上设置更多的控制。如果一个内部网络 FTP 服务器设置为只允许内部用户访问，则所有的外部网络对这个内部 FTP 服务器的访问都是非法的，因此这个应用网关将认为所有外部用户对这个 FTP 服务器的访问都是非法的并且丢弃。

　　应用层网关防火墙的优点是安全性较高，可以针对应用层进行侦测和扫描，对基于应用层的侵入和病毒都十分有防范效果。其缺点是对系统的整体性能有较大的影响，而且网关必须针对客户机可能产生的所有应用类型逐一进行设置，这就大大增加了系统管理的复杂性。

3. 应用代理防火墙

　　应用代理防火墙通过应用代理完全接管用户与服务器的访问，把用户主机与服务器之间的数据包的交换通道隔离开。应用代理防火墙不允许外部主机连接到内部的网络，只允许内部主机使用代理服务器访问 Internet 主机，同时只有被认为是"可信任"的代理服务器才可以被允许通过应用代理防火墙。应用代理防火墙的工作原理如图 8-10 所示。

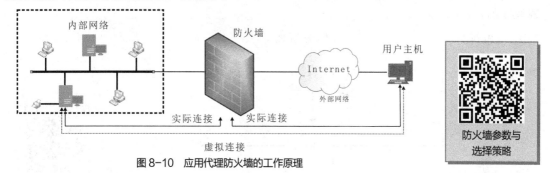

图 8-10　应用代理防火墙的工作原理

在实际应用中，应用代理防火墙的功能是由代理服务器来完成的。假设一台外部网络的主机想要访问内部网络的 WWW 服务器，应用代理防火墙先将这个访问请求截获，然后进行检查，如果判断为合法用户，则允许访问，应用代理防火墙将代替该用户实现与内部 WWW 服务器的连接，并完成访问的操作，再将结果发送给请求访问的用户。

应用代理防火墙的优点：它可以针对某特定的网络服务，在应用层协议的基础上对服务的请求与响应进行分析与转发；它还具有日志记录功能，可以提供给管理员足够的信息对可疑的行为进行监控；同时应用代理防火墙只需要使用一台计算机，因此它的建立与维护较为容易。

4．状态检测防火墙

状态检测防火墙能通过状态检测技术动态地维护各个连接的协议状态。状态检测在包过滤的同时，检查数据包之间的关联性和数据包中的动态变化。它根据过去的通信信息和其他应用程序获得的状态信息来动态生成过滤规则，根据新生成的过滤规则来过滤新的通信。状态检测通过监测引擎对网络通信的各层实施监测并抽取状态信息，动态保存后可作为将来执行安全策略的参考。

这种状态检测防火墙产品一般还带有分布式探测器。这些探测器安置在各种应用服务器和其他网络的节点之中，不仅能够检测来自网络外部的攻击，同时对来自内部的恶意破坏也有极强的防范作用。据权威机构统计，在针对网络系统的攻击中，有相当比例的攻击来自网络内部。

虽然防火墙是目前保护网络免遭黑客袭击的有效手段，但也有明显不足：无法防范通过防火墙以外的其他途径的攻击，不能防止来自内部变节者和不经心的用户们带来的威胁，也不能完全防止传送已感染病毒的软件或文件，以及无法防范数据驱动型的攻击。

8.3.3　入侵检测

入侵检测是一种主动保护自己免受攻击的网络安全技术。作为防火墙的合理补充，入侵检测技术能够帮助系统对付网络攻击，增强系统管理员的安全管理能力（包括安全审计、监视、攻击识别和响应），提高信息安全基础结构的完整性。入侵检测被认为是继防火墙之后的第二道安全闸门，能在不影响网络性能的情况下对网络进行监测。

1．入侵检测的概念

入侵检测（Intrusion Detection，ID）是指通过对行为、安全日志、审计数据或其他在网络上可以获得的信息进行操作，可以检测到对系统的闯入或闯入的企图。入侵检测是检测和响应计算机误用的技术，其作用包括威慑、检测、响应、损失情况评估、攻击预测和起诉支持。入侵检测技术是为保证计算机系统的安全而设计与配置的一种能够及时发现并报告系统中未获授权或异常现象的技术，是一种用于检测计算机网络中违反安全策略的行为的技术。进行入侵检测的软件与硬件的组合便是入侵检测系统（Intrusion Detection System，IDS）。

2. 入侵检测系统模型

入侵检测系统由 4 个组件组成，分别为事件产生器、事件分析器、响应单元和事件数据库。其通用模型如图 8-11 所示。

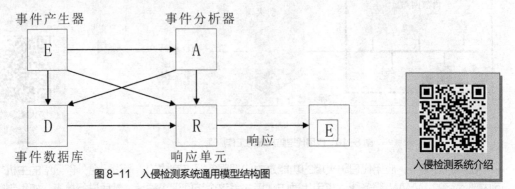

图 8-11　入侵检测系统通用模型结构图

事件产生器通过传感器收集事件数据，并将数据传给事件分析器，事件分析器检测误用模式；事件数据库存储事件产生器和事件分析器的数据，并为额外的分析提供信息；响应单元提取数据，启动适当的响应。

3. 入侵检测过程分析

入侵检测过程分为 3 部分，即信息收集、信息分析和结果处理。

（1）信息收集。入侵检测的第一步是信息收集，收集内容包括系统、网络、数据及用户活动的状态和行为。由放置在不同网段的传感器或不同主机的代理来收集信息，包括系统和网络日志文件、网络流量、非正常的目录和文件改变、非正常的程序执行。

（2）信息分析。收集到的有关系统、网络、数据及用户活动的状态和行为等信息被送到检测引擎。检测引擎驻留在传感器中，一般通过 3 种技术手段进行信息分析：模式匹配、统计分析和完整性分析。当检测到某种误用模式时，产生一个告警并发送给控制台。

（3）结果处理。控制台按照告警产生预先定义的响应采取相应措施，可以是重新配置路由器或防火墙，终止进程，切断连接，改变文件属性；也可以只是简单的告警。

4. 入侵检测模型

从技术上划分，入侵检测有两种检测模型，如下所述。

（1）异常检测模型。检测与可接受行为之间的偏差。如果可以定义每项可接受的行为，那么每项不可接受的行为就是入侵。首先总结正常操作应该具有的特征（用户轮廓），当用户活动与正常行为有重大偏离时即被认为是入侵。这种检测模型漏报率低、误报率高。因为不需要对每种入侵行为进行定义，所以能有效检测未知的入侵。

（2）误用检测模型。检测与已知的不可接受行为之间的匹配程度。如果可以定义所有的不可接受行为，那么每种能够与之匹配的行为都会引起告警。收集非正常操作的行为特征，建立相关的特征库，当监测的用户或系统行为与库中的记录相匹配时，系统就认为这种行为是入侵。这种检测模型误报率低、漏报率高。对于已知的攻击，它可以详细、准确地报告出攻击类型，但是对未知攻击的效果却有限，而且特征库必须不断更新。

8.3.4　漏洞扫描

漏洞扫描系统是一种自动检测远程或本地主机安全性弱点的程序，是一种检测远程或本地系统安全脆弱性的技术。

1. 漏洞扫描工作原理

网络漏洞扫描系统远程检测目的主机 TCP/IP 不同端口的服务，记录目标给予的回答。在获得目的主机 TCP/IP 端口和其对应的网络访问服务的相关信息后,与网络漏洞扫描系统提供的漏洞库进行匹配,如果满足匹配条件,则视为漏洞存在。用户通过控制平台发出了扫描命令之后,控制平台即向扫描模块发出相应的扫描请求,扫描模块在接到请求之后立即启动相应的子功能模块,对被扫描主机进行扫描。在对从被扫描主机返回的信息进行分析判断后,扫描模块将扫描结果返回给控制平台,再由控制平台最终呈现给用户。

漏洞扫描软件介绍

2. 漏洞处理策略

漏洞形成的原因有很多,最常见的主要包含以下类型的漏洞:CGI 脚本漏洞、POP3 漏洞、FTP 漏洞、SSH 漏洞、HTTP 漏洞、SMTP 漏洞、IMAP 漏洞、后门漏洞、RPC 漏洞、DNS 漏洞等。针对不同的漏洞类型会有不同的漏洞处理策略。

8.3.5　其他网络安全措施

随着网络技术的发展,人们围绕网络安全问题提出了许多解决办法和新的安全措施。

1. 加密技术

信息交换加密技术分为两类,即对称加密技术和非对称加密技术。

(1)对称加密技术。在对称加密技术中,对信息的加密和解密都使用相同的密钥,即一把钥匙开一把锁。这种加密方法可简化加密处理的过程,信息交换双方都不必彼此研究和交换专用的加密算法。如果在交换阶段私有密钥未曾泄露,那么机密性和报文完整性就可以得到保证。对称加密技术也存在一些不足,如果交换一方有 N 个交换对象,那么它就要维护 N 个私有密钥。对称加密存在的另一个问题是双方共享一把私有密钥,交换双方的任何信息都是通过这把密钥加密后传送给对方的。

(2)非对称加密技术。在非对称加密体系中,密钥被分解为一对(即公开密钥和私有密钥)。这对密钥中任何一把都可以作为公开密钥(加密密钥)以非保密方式向他人公开,而另一把作为私有密钥(解密密钥)加以保存。公开密钥用于加密,私有密钥用于解密,私有密钥只能由生成密钥的交换方掌握,公开密钥可广泛公布,但它只对应于生成密钥的交换方。非对称加密方式可以使通信双方无须事先交换密钥就可以建立安全通信,广泛应用于身份认证、数字签名等信息交换领域。非对称加密体系一般建立在某些已知的数学难题之上,是计算机复杂性理论发展的必然结果,最具有代表性的是 RSA 公钥密码体制。

2. 虚拟专用网技术

虚拟专用网(Virtual Private Network,VPN)是近年来随着 Internet 的发展而迅速发展起来的一种技术。现代企业越来越多地利用 Internet 资源来进行促销、销售、售后服务,乃至培训、合作等活动。许多企业趋向于利用 Internet 来替代它们的私有数据网络。这种利用 Internet 来传输私有信息而形成的逻辑网络就称为虚拟专用网。

虚拟专用网实际上就是将 Internet 看作一种公共数据网,这种公有网和 PSTN 网在数据传输上没有本质的区别,从用户观点来看,数据都被正确传送到了目的地。相对地,企业在这种公共数据网上建立的用以传输企业内部信息的网络被称为私有网。

目前 VPN 主要采用 4 项技术来保证网络安全,分别是隧道技术(Tunneling)、加解密技术(Encryption & Decryption)、密钥管理技术(Key Management)、使用者与设备身份认证技术(Authentication)。

(1)隧道技术。隧道技术是一种通过使用互连网络的基础设施在网络之间传递数据的方式。使用隧道传递的数据(或负载)可以是不同协议的数据帧或包。隧道协议将这些其他协议的数据帧或包重新封装在新的包头中发送。新的包头提供了路由信息,从而使封装的负载数据能够通过互连网络传递。

被封装的数据包在隧道的两个端点之间通过公共互连网络进行传递。被封装的数据包在公共互连网络上传递时所经过的逻辑路径称为隧道。一旦到达网络终点,数据将被解包并转发到最终目的地。注意隧道技术包括数据封装、传输和解包的全过程。

（2）加解密技术。通过公共互连网络传递的数据必须经过加密，以确保网络其他未获授权的用户无法读取该信息。加解密技术是数据通信中一项较成熟的技术，VPN 可直接利用现有技术。

（3）密钥管理技术。密钥管理技术的主要任务是如何在公共数据网上安全地传递密钥而不被窃取。现行密钥管理技术又分为 SKIP 与 ISAKMP/Oakley 两种。SKIP 主要是利用 Diffie-Hellman 的演算法则在网络上传输密钥；在 ISAKMP 中，双方都有公用和私用两把密钥。

（4）使用者与设备身份认证技术。VPN 方案必须能够验证用户身份并严格控制只有获得了授权的用户才能访问 VPN。另外，方案还必须能够提供审计和计费功能，显示何人在何时访问了何种信息。身份认证技术最常用的是使用者名称与密码或卡片式认证等方式。

VPN 整合了范围广泛的用户，从家庭的拨号上网用户到办公室连网的工作站，直到 ISP 的 Web 服务器。用户类型、传输方法，以及由 VPN 使用的服务的混合性，增加了 VPN 设计的复杂性，同时也增加了网络安全的复杂性。如果能有效地使用 VPN 技术，可以防止欺诈、增强访问控制和系统控制、加强保密和认证。选择一个合适的 VPN 解决方案可以有效地防范网络黑客的恶意攻击。

3. 安全隔离

网络的安全威胁和风险主要存在于 3 个方面：物理层、协议层和应用层。网络线路被恶意切断或因过高电压导致通信中断，属于物理层的威胁；网络地址伪装、Teardrop 碎片攻击、SYN Flood 等则属于协议层的威胁；非法 URL 提交、网页恶意代码、邮件病毒等均属于应用层的攻击。从安全风险来看，基于物理层的攻击较少；基于网络层的攻击较多；而基于应用层的攻击最多，并且复杂多样、难以防范。

面对不断出现的新型网络攻击手段和高安全网络的特殊需求，全新安全防护理念——"安全隔离技术"应运而生。它的目标是在确保把有害攻击隔离在可信网络之外，并保证可信网络内部信息不外泄的前提下，完成网间信息的安全交换。

隔离概念的出现是为了保护高安全度网络环境。隔离技术发展至今共经历了 5 代。

第一代隔离技术，完全的隔离。采用完全独立的设备、存储和线路来访问不同的网络，做到了完全的物理隔离，但需要多套网络和系统，建设和维护成本较高。

第二代隔离技术，硬件卡隔离。使用硬件卡控制独立存储和分时共享设备与线路来实现对不同网络的访问，它仍然存在使用不便、可用性差等问题，有的设计上还存在较大的安全隐患。

第三代隔离技术，数据传播隔离。利用传播系统分时复制文件的途径来实现隔离，切换时间较长，甚至需要手动完成，不仅大大降低了访问速度，而且不支持常见的网络应用，只能完成特定的基于文件的数据交换。

第四代隔离技术，空气开关隔离。该技术是使用单刀双掷开关，使得内、外部网络分时访问临时缓存器来完成数据交换的，但存在支持的网络应用少、传输速度慢和硬件故障率高等问题，往往成为网络的瓶颈。

第五代隔离技术，安全通道隔离。此技术通过专用通信硬件和专有交换协议等安全机制，来实现网络间的隔离和数据交换，不仅解决了以往隔离技术存在的问题，还在网络隔离的同时实现了高效的内外网数据的安全交换。它透明地支持多种网络应用，因此成为当前隔离技术的发展方向。

网络管理员
工作内容

如何做好网络
管理工作

【自测训练题】

1. 名词解释
网络管理，NMS，MIB，SNMP，漏洞扫描，防火墙。

2. 选择题
（1）网络管理中的安全管理是指保护管理站和代理之间（　　）的安全。

A. 信息交换　　　　　　　B. 信息存储　　　　　　　C. 信息索引　　　　　　　D. 完整信息

（2）下述各功能中，属于配置管理范畴的功能是（　　）。

A. 测试管理功能　　　　　　　　　　　　　B. 数据收集功能

C. 工作负载监视功能　　　　　　　　　　　D. 定义和修改网络元素间的互连关系

（3）在网络管理功能中，用于保证各种业务的服务质量，提高网络资源的利用率的是（　　）。

A. 配置管理　　　　　　　B. 故障管理　　　　　　　C. 性能管理　　　　　　　D. 安全管理

（4）在网络管理功能的描述中，错误的是（　　）。

A. 配置管理用于监测和控制网络的配置状态

B. 故障管理用于发现和排除网络故障

C. 安全管理用于保护各种网络资源的安全

D. 计费管理用于降低网络的延迟时间，提高网络的速度

（5）监视器向代理发出请求，询问它所需要的信息值，代理响应监视器的请求，从它所保存的管理信息库中取出请求的值，返回给监视器。这种通信机制叫作（　　）。

A. 轮询　　　　　　　　　B. 事件报告　　　　　　　C. 请求　　　　　　　　　D. 响应

（6）防止数据源被假冒的最有效的加密机制是（　　）。

A. 消息认证　　　　　　　B. 消息摘要　　　　　　　C. 数字签名　　　　　　　D. 替换加密

（7）信息资源在计算机网络中只能由被授予权限的用户修改，这种安全需求称为（　　）。

A. 保密性　　　　　　　　B. 数据完整性　　　　　　C. 可用性　　　　　　　　D. 一致性

（8）篡改是破坏了数据的（　　）。

A. 完整性　　　　　　　　B. 一致性　　　　　　　　C. 保密性　　　　　　　　D. 可利用性

（9）故障管理的作用是（　　）。

A. 提高网络的安全性能，防止遭受破坏

B. 检测和定位网络中发生的异常以便及时处理

C. 跟踪网络的运行状况，进行流量统计

D. 降低网络的延迟时间，提高网络速度

（10）用户 A 通过计算机网络向用户 B 发消息，表示自己同意签订某个合同，随后用户 A 反悔，不承认自己发过该条消息。为了防止这种情况发生，应采用（　　）。

A. 数字签名技术　　　　　B. 消息认证技术　　　　　C. 数据加密技术　　　　　D. 身份认证技术

3. 简答题

（1）SNMP 消息主要分为几种类型？每种消息的基本功能是什么？

（2）SNMP 的主要缺陷有哪些？

（3）简述网络故障管理的步骤。

（4）简述 SNMP 技术的优点。

（5）常用的计算机网络安全工具或技术有哪些？

（6）在建设一个企业网络时，应该如何制定网络的安全计划和安全策略？

（7）防火墙分为哪几种？在保护网络安全性方面，各起什么作用？

（8）常见的网络攻击有哪些？可以使用什么方法解决？

第9章

计算机网络实训

09

【主要内容】

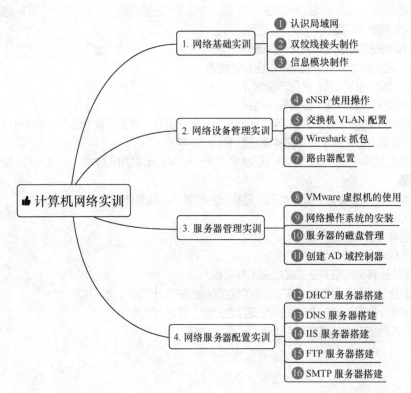

计算机网络实训

- 1. 网络基础实训
  - ① 认识局域网
  - ② 双绞线接头制作
  - ③ 信息模块制作

- 2. 网络设备管理实训
  - ④ eNSP 使用操作
  - ⑤ 交换机 VLAN 配置
  - ⑥ Wireshark 抓包
  - ⑦ 路由器配置

- 3. 服务器管理实训
  - ⑧ VMware 虚拟机的使用
  - ⑨ 网络操作系统的安装
  - ⑩ 服务器的磁盘管理
  - ⑪ 创建 AD 域控制器

- 4. 网络服务器配置实训
  - ⑫ DHCP 服务器搭建
  - ⑬ DNS 服务器搭建
  - ⑭ IIS 服务器搭建
  - ⑮ FTP 服务器搭建
  - ⑯ SMTP 服务器搭建

【知识目标】

（1）掌握计算机网络实训的理论基础。
（2）了解计算机网络实训软件的功能。
（3）扩展计算机网络视野。

【技能目标】

（1）能够处理实际生活中的计算机网络问题与故障。
（2）能够表述计算机网络实训的步骤与基本原理。
（3）学会计算机思维，能通过计算机思维解决实际问题。

9.1 网络基础实训

网络基础实训主要包括认识局域网、双绞线接头制作和信息模块制作等项目。

实训 1　认识局域网

实训目的和环境

1. 实训目的

（1）初步掌握计算机网络的定义、计算机网络的功能及计算机网络的分类。
（2）掌握按地理范围分类的 4 大计算机网络，即局域网、广域网、城域网和互联网。重点了解局域网的结构及网络系统的设置。
（3）掌握计算机网络的 5 种拓扑结构，即总线型、星形、环形、树形和网状。重点掌握总线型、星形。

2. 实训环境

（1）硬件环境：学校网络中心、教学机房或者其他相关单位的计算机网络系统。
（2）软件环境：Windows 操作系统、网络协议。

实训内容和步骤

学生 3~5 人为一个小组，分别到学校网络中心、教学机房或者其他相关单位，完成本次实训的内容，并写出实训报告。具体任务如下。

（1）到学校网络中心、教学机房或者其他相关单位了解计算机网络结构，并画出拓扑结构图，分析属于什么网络结构。
（2）观察每台计算机是如何进行网络通信的，了解计算机网络中的网络设备。
（3）了解每台计算机上使用的网络标识、网络协议和网卡的配置。
实训操作步骤如下所述。

1. 观察计算机网络的组成

本实验以计算机教学机房为例，观察计算机网络的组成，并画出网络拓扑结构图（学生可以根据现有的条件，到相关的计算机网络实验实训基地观察）。

（1）记录联网计算机的数量、配置、使用的操作系统、网络拓扑结构等数据。
（2）了解教学机房设备是如何互连的（根据现有条件，了解相应网络设备）。

（3）认识并记录网络中使用的其他硬件设备的名称、用途及连接的方法。

（4）画出网络拓扑结构图。

（5）根据网络拓扑结构图分析网络使用的结构。

2. 观察计算机网络的参数设置

经机房管理人员许可后，打开计算机进入系统，查看计算机的网络参数，并记录主要的网络配置参数。具体步骤如下所述。

（1）在 Windows 操作系统的桌面上右键单击"此电脑"图标，弹出快捷菜单，如图 9-1 所示，单击"属性"选项，即出现系统属性窗口。

（2）在系统属性窗口中，查看计算机名、域和工作组设置项，记录计算机名、计算机描述和工作组名，如图 9-2 所示。

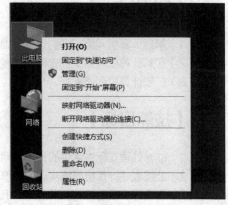

图 9-1　此电脑快捷菜单

图 9-2　系统属性窗口

（3）在 Windows 操作系统的桌面上右键单击"网络"图标，在弹出的快捷菜单中单击"属性"选项，即出现网络和共享中心窗口，如图 9-3 所示。

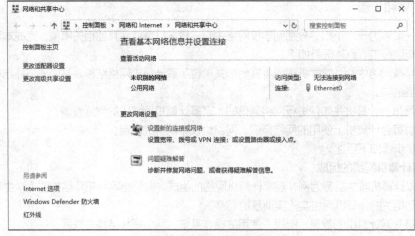

图 9-3　网络和共享中心窗口

（4）在网络和共享中心窗口中，单击"更改适配器设置"选项，打开网络连接窗口，右键单击"Ethernet0"图标，如图 9-4 所示。

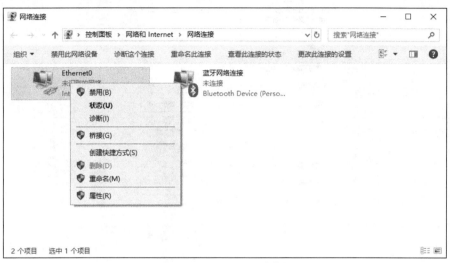

图 9-4　Ethernet0 快捷菜单

在弹出的快捷菜单中单击"属性"选项，弹出"Ethernet0 属性"对话框，勾选"Internet 协议版本 4（TCP/IPv4）"复选框，单击"属性"按钮，如图 9-5 所示。

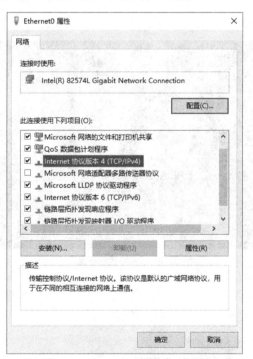

图 9-5　"Ethernet0 属性"对话框

弹出"Internet 协议版本 4（TCP/IPv4）属性"对话框，记录该计算机的 IP 地址和 DNS 服务器地址，如图 9-6 所示。如果计算机是自动获得 IP 地址的，则跳过此步。

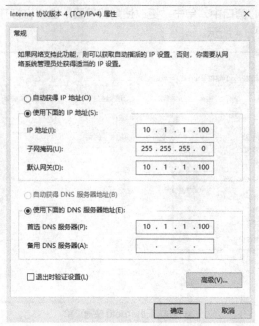

图9-6　"Internet 协议（TCP/IPv4）属性"对话框

　　（5）步骤（4）的操作也可以打开命令提示符窗口，输入 ipconfig /all 命令进行查看，如图 9-7 所示。

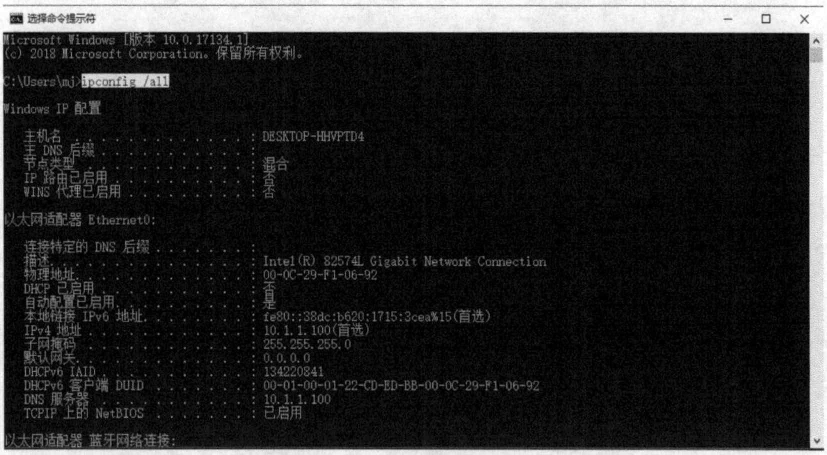

图9-7　命令提示符窗口

实训要求和提高

1. 实验报告要求

（1）实验地点，参加人员，实验时间。

（2）实验内容：按照实验步骤的内容做详细记录。

（3）回答"思考提高"中提出的问题。

2. 思考提高

（1）根据计算机网络结构，分析网络的各部分属于什么网络类型，以及为什么使用此种类型。

（2）网络中使用到的网络设备有哪些？有何作用？

实训 2　双绞线接头制作

实训目的和环境

1. 实训目的

（1）掌握双绞线的特征，认识和熟悉网线制作工具。

（2）掌握直通线和交叉线的电缆含义和制作标准。

（3）掌握 RJ-45 接口的双绞线的制作方法。

2. 实训环境

（1）硬件环境：非屏蔽双绞线（1.5m）若干条，RJ-45 水晶头若干，RJ-45 压线钳一套，双绞线测线仪一套。

（2）软件环境：Windows 操作系统、网络协议和 Ping 命令协议。

实训内容和步骤

组织学生两人一组，制作直通双绞线、交叉双绞线，并相互检查。

常用组网的网线是由 8 根铜线两两绞合在一起组成的，所以网线一般被称为双绞线。其中颜色比较深的那几根线的颜色分别是橙色、绿色、蓝色和棕色。剩下的是 4 根白线，但这 4 根白线并不相同，根据与它缠绕在一起的色线，我们将这 4 根白线的颜色区分为白橙、白绿、白蓝、白棕。

现在有两种做线的标准，分别为 EIA/TIA568A 和 EIA/TIA568B。它们的排线顺序见表 9-1。

表 9-1　　　　　　　　　EIA/TIA568A 和 EIA/TIA568B 标准的排线顺序

组件序号	1	2	3	4	5	6	7	8
EIA/TIA568A	白绿	绿	白橙	蓝	白蓝	橙	白棕	棕
	发送	发送	接收	未使用	未使用	接收	未使用	未使用
EIA/TIA568B	白橙	橙	白绿	蓝	白蓝	绿	白棕	棕
	接收	接收	发送	未使用	未使用	发送	未使用	未使用

两端线序排列一致，使用 EIA/TIA568B 标准，双绞线的两端一一对应，即不改变线的排列，这种双绞线称为直通线，直通线一般用来连接异型设备，如连接计算机和交换机。双绞线的两端线序不一样，一边用 EIA/TIA568B 标准、一边用 EIA/TIA568A 标准，这种双绞线称为交叉线，交叉线一般用来连接同型设备，如直连两台计算机、级联两台交换机。

1. 双绞线的制作

双绞线线缆的制作过程可分为 4 步，简单归纳为"剥""理""插""压"4 个字。本实验以直通线的制作为例，介绍如何制作双绞线线缆。具体步骤如下。

（1）准备好 5 类双绞线、RJ-45 水晶头和一把专用的压线钳。

（2）剥线。一般我们是左手拿双绞线，右手拿压线钳。然后把双绞线放入双绞线钳下部的一个圆槽中，慢慢转动网线和钳子，把双绞线的绝缘皮割开。注意此过程中用力要恰到好处，过轻则剪不断绝缘皮；过重则会把里面的双绞线剪断。那双绞线该剪多长呢？剪得过长则浪费线，过短则待会排线的时候会比较困难，一般建议

图 9-8　双绞线

双绞线网线制作
全过程图解

1.5cm～2.5cm。剥开绝缘皮后就能看到里面的双绞线，如图 9-8 所示。

（3）排线。在排线的时候，一般用左手的食指和大拇指按住绝缘皮的顶部，用右手的食指和大拇指把双绞线一根根拉直，然后按照直通线的顺序把网线一根根排列起来。

（4）剪线。线排好了，接下来要把线剪断。那剪多长？如果留得太长，则绝缘皮就不能进入水晶头，双绞线就是松的，不仅不美观，而且会因为晃来晃去，使得数据传输不稳定。如果留得太短，则有可能双绞线接触不到弹簧片，从而造成双绞线不通。一般建议留 1cm～1.5cm。

（5）插线。剪断线后，左手不要松开，右手拿一个水晶头，把双绞线慢慢放入水晶头内。把水晶头有金属片的那边面对我们，则左手边第一根脚就是第一脚。

（6）压线。把插好线后的水晶头放入压线钳的专用压线口中，右手慢慢地用力，把弹簧片压紧。

2. 双绞线的检测

（1）测线仪是用来检测双绞线制作是否成功的设备，如图 9-9 所示。

（2）测线。将双绞线的一端接入测线仪的一个 RJ45 接口中，另一端接另一个 RJ45 接口。打开测线仪的开关，如果在自动挡，那么两端的红灯会相应地从 1 亮到 8。如果你不想灯亮得太快，则可以切换到手动挡，按中间的白色按钮，灯会一个一个地亮。

图 9-9　双绞线测线仪

实训要求与提高

1. 实验报告要求

（1）实验地点，参加人员，实验时间。

（2）实验内容：按照实验步骤的内容做详细记录。

（3）回答"思考提高"中提出的问题。

2. 思考提高

（1）如何测试做好的双绞线是否可用？

（2）本实验依据双绞线的 T568B 标准。为什么双绞线的布线要遵循国际标准？

实训 3　信息模块制作

实训目的和环境

1. 实训目的

（1）了解信息模块的使用场合。

（2）掌握信息模块的制作方法。

（3）掌握打线钳的使用方法。

2. 实训环境

（1）硬件环境：双绞线一段、信息模块一个、打线钳一把。

（2）软件环境：Windows 操作系统、网络协议和 ping 命令协议。

实训内容和步骤

计算机网络的信息模块如图 9-10 所示。

1. 实训内容

在综合布线工程中，双绞线的一端与配线柜的接线架相连，另一端通过穿线管布到用户端的信息模块。用户采用直通双绞线与信息模块相连的方法接入网络。这样做的目的是根据用户的要求事先布置信息点，方便工作站移动，保持整个布线的整齐美观，同时这也是隔离故障的一种方法。

2. 实训步骤

信息模块的制作步骤如下所述。

（1）将双绞线从布线盒中拉出，剪至合适的长度。

（2）剥掉大约 1.5cm 的外层包装皮（注意不要伤及导线的绝缘层），露出 4 对色线。

（3）按 T568B 标准，按照网线模块上的颜色标注的线序，稍稍用力将导线压入网线模块线槽中。信息模块排线如图 9-11 所示。

图 9-10　信息模块

图 9-11　信息模块排线

（4）将打线钳的刀口（有刀的一侧朝外）对准网线模块上的线槽和导线，垂直向下用力，如图 9-12 所示，听到"喀"的一声，即表明导线被压入线槽内，同时模块外侧的多余导线被剪断。如此反复将 8 根导线全部压入线槽中。如果不能将多余的导线剪断，可调节打线钳手柄上的旋钮，调节冲击力，以达到剪断线的目的。

（5）将防尘片安装到网线模块的线槽上，如图 9-13 所示，并将网线模块固定到信息插座上。

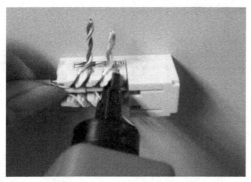 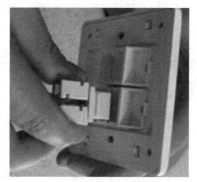

图 9-12　打线钳使用示意图　　　　图 9-13　网线模块

实训要求和提高

1. 实验报告要求

（1）实验地点，参加人员，实验时间。

（2）实验内容：按照实验步骤的内容做详细记录。

（3）回答"思考提高"中提出的问题。

2. 思考提高

（1）如何测试安装完成的信息模块是否可用？

（2）如何理解综合布线设计中的冗余备份？

9.2 网络设备管理实训

网络设备管理实训主要包括 eNSP 使用操作、交换机 VLAN 配置、Wireshark 抓包和路由器配置等项目。

实训 4 　eNSP 使用操作

实训目的和环境

1. 实训目的

（1）掌握 eNSP 软件的使用方法。

（2）掌握华为交换机和路由器的相关配置。

（3）能使用 eNSP 软件组网，并进行网络实训操作。

2. 实训环境

（1）硬件环境：安装了 eNSP 虚拟软件的计算机一台。

（2）软件环境：Windows 操作系统、网络协议和 eNSP 虚拟软件。

扫码观看微课视频

实训内容和步骤

实训内容为学习 eNSP 软件的简单使用方法，eNSP（Enterprise Network Simulation Platform）是华为研发出的一款界面友好、操作简单，并且具备极高仿真度的数通设备模拟器。这款仿真软件运行的是物理设备的 VRP（Versatile Routing Platform）操作系统。此版本为华为 eNSP 测试版 bata1.0.208。

操作步骤如下所述。

（1）打开 eNSP 模拟器的基本界面，如图 9-14 所示。

图 9-14　eNSP 模拟器的基本界面

（2）在选择框内选择需要的设备，用鼠标将其拖入白板中。这里选择一个路由器和交换机，然后选择合适的线缆进行设备互连，如图 9-15 所示。

图 9-15 在模拟器上添加设备与连线

（3）配置不同的设备参数。给路由器配置 IP 地址，如图 9-16 所示。

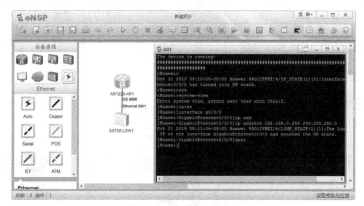

图 9-16 为设备配置参数

（4）测试设备的连通性。配置客户机 IP 地址，并测试其与路由器的连通性，如图 9-17 所示。

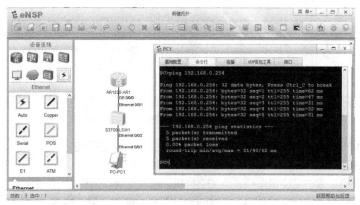

图 9-17 测试设备的连通性

实训要求和提高

1. 实验报告要求

（1）实验地点，参加人员，实验时间。

（2）实验内容：按照实验步骤的内容做详细记录。

（3）回答"思考提高"中提出的问题。

2. 思考提高

（1）如何下载和使用 eNSP 虚拟软件？

（2）如何测试 eNSP 虚拟软件中设备的连通性？

实训5　交换机 VLAN 配置

实训目的和环境

1. 实训目的

（1）掌握 VLAN 的工作原理及配置技术。

（2）熟悉华为交换机常用的 VLAN 配置命令。

（3）掌握 eNSP 软件的使用。

2. 实训环境

（1）硬件环境：安装了 eNSP 虚拟软件的计算机一台。

（2）软件环境：Windows 操作系统、网络协议和 eNSP 虚拟软件。

扫码观看微课视频

实训内容和步骤

实训内容是在 eNSP 虚拟软件中创建网络拓扑结构，如图 9-18 所示，将 PC3 划分到 VLAN2、PC4 划分到 VLAN3，查看配置并测试网络连通性。

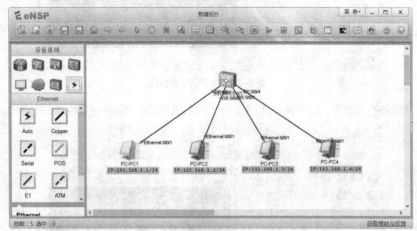

图 9-18　网络实训的拓扑结构

实训操作步骤如下所述。所有操作都是在 eNSP 虚拟软件中进行的。

1. 创建网络拓扑结构

（1）添加交换机。双击交换机图标，添加交换机，修改交换机名称为 SwitchA。

（2）添加计算机。双击计算机图标，添加一台计算机，修改计算机的名称为 PC1，采用相同的方法添加 PC2、PC3、PC4。

（3）添加交换机和计算机之间的连线。

2. 配置主机

分别双击 PC1、PC2、PC3 和 PC4，配置主机的 IP 地址和网关地址，配置参数如下所示。

PC1 的 IP 地址：　　192.168.1.1　255.255.255.0　　网关：　　192.168.1.254

PC2 的 IP 地址：　　192.168.1.2　255.255.255.0　　网关：　　192.168.1.254

PC3 的 IP 地址：　　192.168.1.3　255.255.255.0　　网关：　　192.168.1.254
PC4 的 IP 地址：　　192.168.1.4　255.255.255.0　　网关：　　192.168.1.254
配置 PC1 的 IP 地址和网关地址，如图 9-19 所示。用同样的方法配置其他主机的 IP 地址和网关地址。

图 9-19　配置 PC1 的 IP 地址和网关地址

3. 查看交换机配置，测试网络连通性

（1）双击交换机图标，打开交换机的命令行界面，如图 9-20 所示。查看交换机的默认 VLAN：

<Huawei>sys

[Huawei]sysname SwitchA　　　　　　　　#交换机的名称可以自己定义

[SwitchA]display vlan

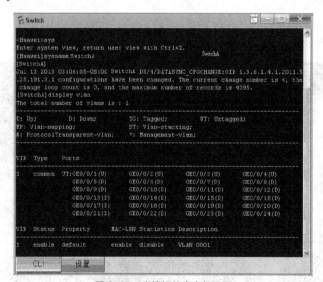

图 9-20　交换机的命令行界面

（2）测试网络连通性。如果 IP 地址配置正确，则 PC1、PC2、PC3 和 PC4 能相互通信。连通性测试如图 9-21 所示。

图 9-21　连通性测试

4. 配置交换机 VLAN，测试网络连通性

（1）双击交换机图标，打开交换机的命令行界面配置 VLAN，将 PC3 划分到 VLAN2、PC4 划分到 VLAN 3、PC1 和 PC2 默认划分在 VLAN1。

[SwitchA]display int　　　　　　　　　　　　#查看端口，把接入计算机的端口模式改为 access 模式，其他接入端口配置类似

[SwitchA]int GigabitEthernet0/0/3　　　　　#不能用[SwitchA]int ge0/0/3

[SwitchA-GigabitEthernet0/0/3]port link-type access

[SwitchA-GigabitEthernet0/0/3]quit

[SwitchA]vlan 2

[SwitchA-vlan2]port GigabitEthernet0/0/3　　#注意：不能采用 port ge0/0/3

[SwitchA]int GigabitEthernet0/0/4　　　　　#不能用[SwatchA]int ge0/0/4

[SwitchA-GigabitEthernet0/0/4]port link-type access

[SwitchA-GigabitEthernet0/0/4]quit

[SwitchA]vlan 3

[SwitchA-vlan3]port GigabitEthernet0/0/4　　#注意：不能采用 port ge0/0/4

（2）查看配置。查看交换机的 VLAN 配置，如图 9-22 所示。

[SwatchA]display vlan

图 9-22　交换机的 VLAN 配置

由图 9-22 可以得知，交换机的 GigabitEthernet0/0/3 属于 VLAN2，GigabitEthernet0/0/4 属于 VLAN3，其他端口属于 VLAN1。

（3）测试网络连通性。如果配置正确，则属于同一 VLAN 的 PC1 与 PC2 可以通信，属于不同 VLAN 的主机不能相互通信。例如用 PC1 Ping PC2，两主机连通，如图 9-23 所示。

```
PC>ping 192.168.1.2

Ping 192.168.1.2: 32 data bytes, Press Ctrl_C to break
From 192.168.1.2: bytes=32 seq=1 ttl=128 time=16 ms
From 192.168.1.2: bytes=32 seq=2 ttl=128 time=15 ms
From 192.168.1.2: bytes=32 seq=3 ttl=128 time<1 ms
From 192.168.1.2: bytes=32 seq=4 ttl=128 time=31 ms
From 192.168.1.2: bytes=32 seq=5 ttl=128 time=16 ms

--- 192.168.1.2 ping statistics ---
 5 packet(s) transmitted
 5 packet(s) received
 0.00% packet loss
 round-trip min/avg/max = 0/15/31 ms
```

图 9-23　两主机连通

用 PC3 Ping PC4，两主机不通，如图 9-24 所示。

```
PC>ping 192.168.1.3

Ping 192.168.1.3: 32 data bytes, Press Ctrl_C to break
From 192.168.1.1: Destination host unreachable
From 192.168.1.1: Destination host unreachable
From 192.168.1.1: Destination host unreachable
From 192.168.1.1: Destination host unreachable
From 192.168.1.1: Destination host unreachable

PC>ping 192.168.1.4

Ping 192.168.1.4: 32 data bytes, Press Ctrl_C to break
From 192.168.1.1: Destination host unreachable
From 192.168.1.1: Destination host unreachable
From 192.168.1.1: Destination host unreachable
From 192.168.1.1: Destination host unreachable
From 192.168.1.1: Destination host unreachable
```

图 9-24　两主机不通

实训要求和提高

1. 实验报告要求

（1）实验地点，参加人员，实验时间。

（2）实验内容：按照实验步骤的内容做详细记录。

（3）回答"思考提高"中提出的问题。

2. 思考提高

（1）如何测试 eNSP 虚拟软件中设备的连通性？

（2）简述华为交换机的 VLAN 设置命令。

实训 6　Wireshark 抓包

实训目的和环境

1. 实训目的

（1）掌握 Wireshark 抓包软件的使用。

（2）熟悉 ICMP（Internet Control Message Protocol）报文的格式。

扫码观看微课视频

（3）掌握 eNSP 软件的使用。

2. 实训环境

（1）硬件环境：安装了 eNSP 虚拟软件的计算机一台。

（2）软件环境：Windows 操作系统、网络协议和 eNSP 虚拟软件。

实训内容和步骤

实训内容是在 eNSP 虚拟软件中创建网络拓扑结构并设置 PC1、PC2、PC3 的 IP 地址，如图 9-25 所示。

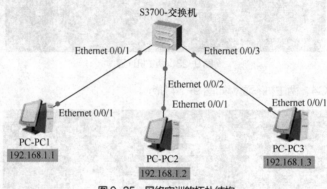

图 9-25　网络实训的拓扑结构

实训操作步骤如下所述。所有操作都是在 eNSP 虚拟软件中进行的。

1. 创建网络拓扑结构

打开 eNSP 软件，单击新建拓扑图标，然后添加交换机和 3 个客户机，并添加交换机和客户机之间的连线，再然后设置客户机的 IP 地址。

2. Wireshark 抓包

（1）右键单击交换机 Ethernet 0/0/1 端口，弹出快捷菜单，选择"开始抓包"弹出，启动 Wireshark 进行抓包分析，如图 9-26 所示。

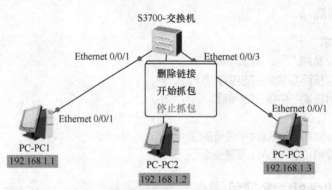

图 9-26　抓包的快捷菜单

（2）在 Wireshark 程序窗口的菜单栏下面的"Filter"文本框里输入过滤条件 icmp（小写字母），如图 9-27 所示，Wireshark 抓取 ICMP 的报文后，单击"Apply"按钮。

（3）在 eNSP 窗口中双击客户机 PC1，打开 PC1 的命令行界面，输入 ping 192.168.1.3，如图 9-28 所示。

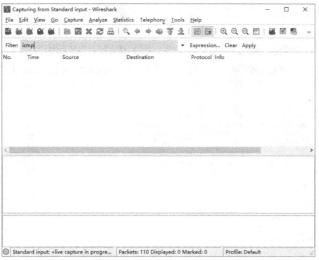

图 9-27　Wireshark 程序窗口

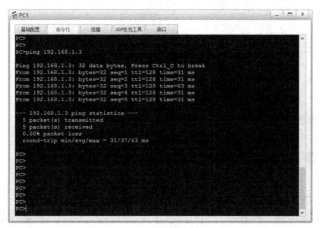

图 9-28　PC1 的命令行界面

（4）Wireshark 可捕获选中接口上产生的所有流量并生成抓包结果，如图 9-29 所示。

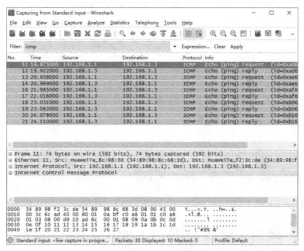

图 9-29　抓包结果

Wireshark 界面包含 3 个面板，分别显示的是数据包列表、每个数据包的内容明细以及数据包对应的十六进制的数据格式。

报文内容明细对于理解协议报文格式十分重要，同时也显示了各层协议的详细信息。展开明细中的协议，即可观察每个协议数据单元的格式。例如展开 icmp 协议即可观察 icmp 报文的格式，如图 9-30 所示。

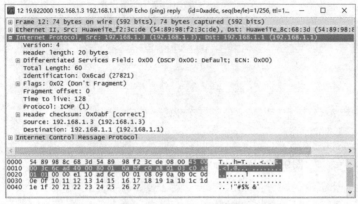

Wireshark 使用教程

图 9-30　icmp 报文的格式

实训要求和提高

1. 实验报告要求

（1）实验地点，参加人员，实验时间。

（2）实验内容：按照实验步骤的内容做详细记录。

（3）回答"思考提高"中提出的问题。

2. 思考提高

（1）ping 命令使用的是哪种类型的 ICMP 报文？请截取 ICMP 的报文，试分析 ICMP 报文的格式。

（2）ICMP 的网络层和数据链路层协议分别是什么？请截取网络层与数据链路层的报文，试分析各层协议数据单元的格式。

实训 7　路由器配置

实训目的和环境

1. 实训目的

（1）掌握 eNSP 软件的使用。

（2）了解华为路由器的静态路由原理及配置技术。

（3）熟悉华为路由器常用路由的配置命令。

扫码观看微课视频

2. 实训环境

（1）硬件环境：安装了 eNSP 虚拟软件的计算机一台。

（2）软件环境：Windows 操作系统、网络协议和 eNSP 虚拟软件。

实训内容和步骤

实训内容是通过路由器将两台不同网络的客户机连接起来，实现相互通信。所有操作都是在 eNSP 虚拟软件中进行的。创建网络拓扑结构，如图 9-31 所示。

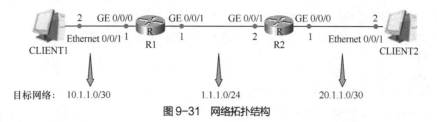

图 9-31　网络拓扑结构

实训操作步骤如下所述。

1. 构建网络实训环境，启动设备

构建网络实训环境。在 eNSP 虚拟软件中添加客户机，修改计算机的名称为 PC1 和 PC2。添加路由器，修改路由器的名称为 R1 和 R2。设置计算机的 IP 地址，如图 9-32 所示。

图 9-32　计算机的 IP 地址设置

计算机的配置参数如下所示。

计算机 PC1：IP:10.1.1.2　Gateway:30

计算机 PC2：IP:20.1.1.2　Gateway:30

2. 路由器配置

双击路由器图标，打开路由器的命令行界面，配置路由器端口的 IP 地址。路由器端口的配置如下所示。

路由器 R1：GE0/0/0-IP:10.1.1.1　Gateway:24

路由器 R1：GE0/0/1-IP:1.1.1.1　Gateway:24

路由器 R2：GE0/0/1-IP:1.1.1.2　Gateway:24

路由器 R2：GE0/0/0-IP:20.1.1.1　Gateway:24

路由器的操作命令如下所示。

路由器 R1：

```
<Huawei>system-view
[Huawei]interface GigabitEthernet0/0/0
[Huawei-GigabitEthernet0/0/0]ip address 10.1.1.1 24
[Huawei-GigabitEthernet0/0/0]quit
[Huawei]interface GigabitEthernet0/0/1
[Huawei-GigabitEthernet0/0/1]ip address 1.1.1.1 24
```

[Huawei-GigabitEthernet0/0/1]quit

[Huawei]ip route-static 10.1.1.0 24 1.1.1.1（注：添加静态路由信息）

路由器 R2:

<Huawei>system-view

[Huawei]interface GigabitEthernet0/0/1

[Huawei-GigabitEthernet0/0/1]ip address 1.1.1.2 24

[Huawei-GigabitEthernet0/0/1]quit

[Huawei]interface GigabitEthernet0/0/0

[Huawei-GigabitEthernet0/0/0]ip address 20.1.1.1 24

[Huawei-GigabitEthernet0/0/0]quit

[Huawei]ip route-static 20.1.1.0 24 1.1.1.2

3. 测试网络连通性

路由器配置完成后，使用 Ping 命令，测试 PC1 和 PC2 能否相互通信。网络连通性测试如图 9-33 所示。

```
PC>ping 10.1.1.1

Ping 10.1.1.1: 32 data bytes, Press Ctrl_C to break
From 10.1.1.1: bytes=32 seq=1 ttl=255 time=32 ms
From 10.1.1.1: bytes=32 seq=2 ttl=255 time<1 ms
From 10.1.1.1: bytes=32 seq=3 ttl=255 time<1 ms
From 10.1.1.1: bytes=32 seq=4 ttl=255 time=16 ms
From 10.1.1.1: bytes=32 seq=5 ttl=255 time=15 ms

--- 10.1.1.1 ping statistics ---
 5 packet(s) transmitted
 5 packet(s) received
 0.00% packet loss
 round-trip min/avg/max = 0/12/32 ms
```

图 9-33　网络连通性测试

实训要求和提高

1. 实验报告要求

（1）实验地点，参加人员，实验时间。

（2）实验内容：按照实验步骤的内容做详细记录。

（3）回答"思考提高"中提出的问题。

2. 思考提高

（1）如何测试 eNSP 虚拟软件中设备的连通性？

（2）简述华为路由器的路由命令。

9.3　服务器管理实训

服务器管理实训主要包括 VMware 虚拟机的使用、网络操作系统的安装、服务器的磁盘管理、创建 AD 域控制器等项目。

实训 8　VMware 虚拟机的使用

实训目的和环境

1. 实训目的

（1）了解 VMware 虚拟机软件的安装方法。

扫码观看微课视频

（2）掌握在 VMware 虚拟机软件中创建虚拟机及虚拟机的设置的方法。

（3）熟悉在 VMware 虚拟机软件中安装操作系统的方法。

（4）掌握 VMware Tools 的安装方法和快照的使用。

2. 实训环境

（1）硬件环境：计算机一台、Internet 网络环境。

（2）软件环境：Windows 操作系统、虚拟机软件和操作系统安装包。

实训内容和步骤

实训内容为 VMware 虚拟机软件的安装、使用，虚拟机系统的配置、快照操作，在虚拟机中安装操作系统。

实训操作步骤如下所述。

1. 下载并安装 VMware 虚拟机软件

在 VMware 虚拟机软件官网上下载并安装 VMware 虚拟机软件。

注意：VMware 虚拟机是付费软件，如果大家只是学习，可以通过联系主编获取该软件。

2. 创建、配置虚拟机

（1）启动 VMware 虚拟机软件，在 VMware 虚拟机窗口中创建虚拟机，在菜单栏中单击"文件" >"新建虚拟机"，或者单击主界面中的"创建新的虚拟机"按钮，如图 9-34 所示。

图 9-34　创建新的虚拟机

（2）在"新建虚拟机向导"对话框中，单击"下一步"按钮，依据向导指导完成虚拟机的创建。

（3）如果初次使用，建议使用默认虚拟机配置（选择"典型"单选项）；如果对 VMware 有一定的了解，可以选择"自定义"单选项。本实训以"典型"为例，单击"下一步"按钮，如图 9-35 所示。

（4）依据向导，配置虚拟机的名称和保存位置，保存位置需要考虑虚拟机系统的大小。建议选择空间充裕的硬盘分区。设置好后单击"下一步"按钮。

（5）设置虚拟机的网络类型。这里要注意一下，通过宽带上网的用户可以选择 NAT 方式；通过路由器上网，或者计算机连接到局域网中的用户，推荐使用默认设置（桥接网络）。选择好以后，单击"下一步"按钮。设置虚拟机的硬盘容量，采用默认设置，无须修改。设置好后单击"完成"按钮，回到程序主界面，如图 9-36 所示。

（6）单击左边的"编辑虚拟机设置"按钮，可以修改虚拟机的设置，如图 9-37 所示。在这里可以修改内存的大小，默认的 2GB 有些大，如果装 Windows 10 操作系统，可以将其设置成 1GB 左右。修改光驱的设置，可以使用 ISO 镜像文件安装系统。

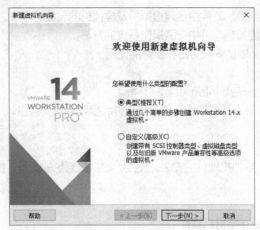

图 9-35　虚拟机配置

图 9-36　虚拟机创建完成

图 9-37　虚拟机设置

（7）接下来单击"确定"按钮，再次回到程序主界面。单击左边的"开启此虚拟机"按钮，打开虚拟机的电源，就可以开始给虚拟机安装系统了。不同的系统安装过程也不相同，在虚拟机中安装操作系统和在计算机中安装操作系统一样。

3. 安装 VMware Tools、快照的使用

（1）在虚拟机窗口中，单击菜单栏中的"虚拟机">"重新安装 VMware Tools"，如图 9-38 所示。

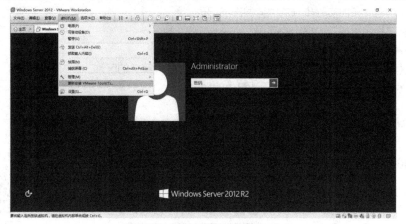

图 9-38　重新安装 VMware Tools

（2）VMware 会给出安装提示，单击"安装"按钮继续，系统自动安装。安装成功后重启计算机，会在系统右下角出现 VMware Tools 图标，如图 9-39 所示。安装完 VMware Tools 后，虚拟机就可以打开 DX3D 支持，鼠标移出虚拟机不需要按组合键，可以直接从主机拖曳文件复制到虚拟机里面，虚拟机的分辨率也会自动随窗口的调整而变化，从而拓展虚拟机的功能，简化主机和虚拟机之间的操作。

图 9-39　VMware Tools 图标

（3）在 VMware 虚拟机的工具栏中，单击"快照管理器"图标，打开快照管理器，如图 9-40 所示。单击"拍摄快照"按钮，可以为当前状态创建一个快照。任意选中一个快照，单击下边的"转到"按钮，可以转到选中的快照。

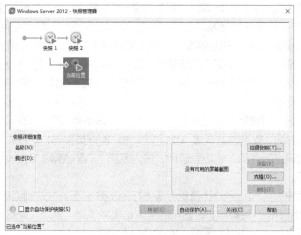

图 9-40　快照管理器

实训要求和提高

1. 实验报告要求

（1）实验地点，参加人员，实验时间。

（2）实验内容：按照实验步骤的内容做详细记录。

（3）回答"思考提高"中提出的问题。

2. 思考提高

（1）简述 VMware 虚拟机软件创建的虚拟机与真实的计算机的区别。

（2）简述 VMware 虚拟机软件在云计算中的地位。

实训 9　网络操作系统的安装

实训目的和环境

扫码观看微课视频

1. 实训目的

（1）了解 Windows Server 2012 R2 网络操作系统的安装准备工作。

（2）掌握 Windows Server 2012 R2 操作系统的安装方法。

（3）掌握对 Windows Server 2012 R2 操作系统进行基本网络配置的操作。

2. 实训环境

（1）硬件环境：计算机一台、Internet 网络环境。

（2）软件环境：Windows 操作系统、虚拟机软件和操作系统安装包。

实训内容和步骤

实训内容是在 VMware 虚拟机软件中安装 Windows Server 2012 R2 网络操作系统，并进行基本的配置。

实训操作步骤如下所述。

1. 下载网络操作系统

Windows Server 2012 R2 提供企业级数据中心和混合云解决方案，易于部署，具有成本效益，以应用程序为重点，以用户为中心。其安装镜像文件可以在微软公司官网上下载。

2. 安装网络操作系统

（1）依据实训要求建立一台虚拟计算机，其配置要达到 Windows Server 2012 R2 操作系统安装的最低要求。1.4GHz 64 位有的处理器、512MB 的 RAM、32GB 的磁盘空间；有 DVD 驱动器、分辨率为 800 像素×600 像素或更高的分辨率；有键盘和鼠标（或其他兼容的指点设备）。

（2）把 Windows Server 2012 R2 的安装镜像文件放入光驱里，虚拟机通过光驱启动，正式进行 Windows Server 2012 R2 操作系统的安装。选择语言"中文（简体，中国）"；选择要安装的操作系统的版本，如图 9-41 所示。

（3）对硬盘进行分区，并选择系统分区安装 Windows Server 2012 R2，如图 9-42 所示。

（4）安装需要一段时间，安装时要设置 Administrator 管理员密码；安装成功后会重新启动虚拟机，需要输入本地管理员密码进行登录；成功登录后，进入系统。Windows Server 2012 R2 网络操作系统界面如图 9-43 所示。

（5）全新系统桌面没有图标，将"计算机"等图标添加到桌面。在控制面板窗口中，打开所有控制面板项窗口，搜索"桌面图标"关键字，在显示的搜索结果中选择"显示或隐藏桌面上的通用图标"，弹出"桌面图标设置"对话框，添加桌面图标，如图 9-44 所示。

（6）如果系统安装时没有另外为网络服务器命名，安装完成后可设置网络服务器的名称，如图 9-45 所示。

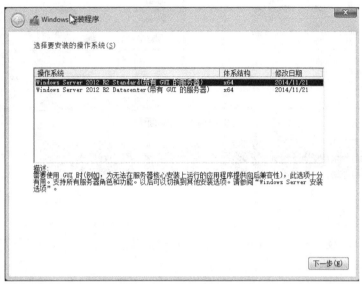

图 9-41　选择操作系统的版本

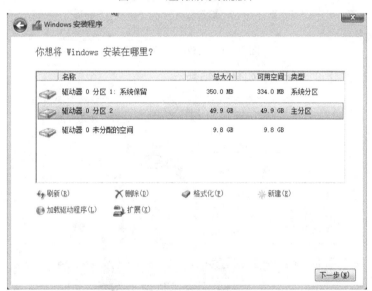

图 9-42　选择硬盘的分区

图 9-43　Windows Server 2012 R2 界面

图 9-44　添加桌面图标

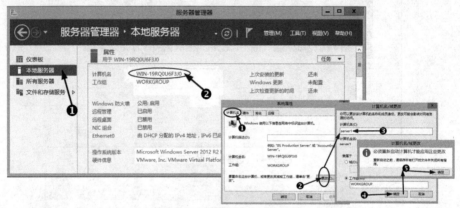

图 9-45　设置网络服务器的名称

（7）最后设置服务器的 IP 地址，如图 9-46 所示。

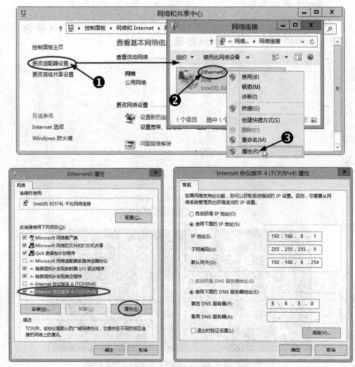

图 9-46　设置服务器的 IP 地址

实训要求和提高

1. 实验报告要求

（1）实验地点，参加人员，实验时间。

（2）实验内容：按照实验步骤的内容做详细记录。

（3）回答"思考提高"中提出的问题。

2. 思考提高

（1）简述网络操作系统与客户机操作系统的主要区别。

（2）Windows Server 2012 R2 基本环境设置包括哪些内容？

实训 10　服务器的磁盘管理

扫码观看微课视频

实训目的和环境

1. 实训目的

（1）熟悉网络服务器的软件的安全保护措施。

（2）掌握在网络服务器中添加磁盘及配置磁盘的操作。

（3）掌握 Windows Server 2012 磁盘管理中简单卷、跨区卷、带区卷、镜像卷和 RAID-5 卷的新建操作。

2. 实训环境

（1）硬件环境：计算机一台、Internet 网络环境。

（2）软件环境：Windows 操作系统、虚拟机软件和操作系统安装包。

实训内容和步骤

实训内容为网络服务器的软件安全配置，具体操作为在服务器中添加磁盘，然后配置磁盘的简单卷、跨区卷、带区卷、镜像卷和 RAID-5 卷。

实训操作步骤如下所述。

1. 在服务器中添加磁盘

（1）在 VMware 虚拟机窗口中，单击左边的"编辑虚拟机设置"按钮，可以打开"虚拟机设置"对话框，如图 9-47 所示。

图 9-47　打开"虚拟机设置"对话框

（2）在"虚拟机设置"对话框中，单击"添加"按钮，选择"硬盘"，依据添加硬件向导一步一步地给服务器添加3个硬盘，如图9-48所示。

图9-48　添加3个硬盘

2. 服务器的磁盘转换

开启虚拟机，启动 Windows Server 2012 网络操作系统，登录 Windows Server 2012 服务器。

（1）右键单击"这台电脑"图标并选择"管理"选项，打开服务器管理器窗口。在"工具"菜单栏中，选择"计算机管理"选项，如图9-49所示。

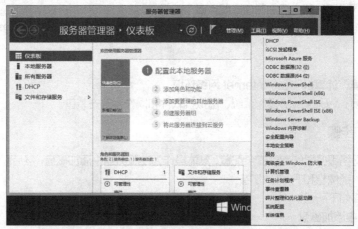

图9-49　服务器管理器窗

（2）在计算机管理窗口中，选择"磁盘管理"选项，如图9-50所示。

图9-50　磁盘管理界面

（3）右键单击磁盘 1，选择"联机"选项；继续右键单击磁盘 1，选择"初始化磁盘"选项；再右键单击磁盘 1，选择"转换到动态磁盘"选项，如图 9-51 所示。

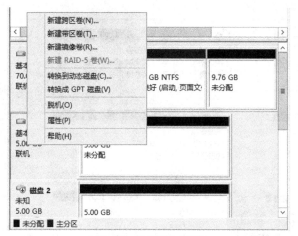

图 9-51　转换到动态磁盘

（4）对磁盘 2、磁盘 3 重复步骤（3），将磁盘 2、磁盘 3 都转换成动态磁盘，如图 9-52 所示，再进行磁盘保护操作。

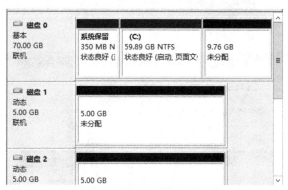

图 9-52　将其他磁盘都转换成动态磁盘

3. 服务器的磁盘管理

（1）在磁盘管理窗口中，右键单击未分配的空间，选择"新建简单卷"选项，如图 9-53 所示。

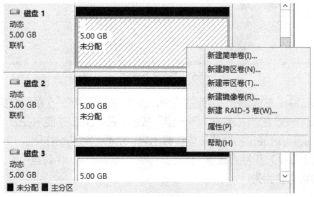

图 9-53　新建简单卷

（2）打开"新建简单卷向导"对话框，依据提示完成简单卷的创建。重复上述步骤，完成跨区卷和带区卷的创建。如图 9-54 所示。

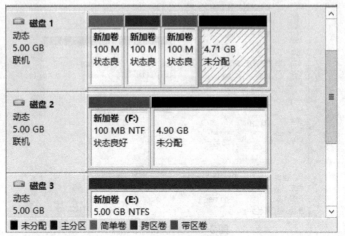

图 9-54　简单卷、跨区卷和带区卷

（3）在磁盘管理窗口中，右键单击未分配的空间，选择"新建镜像卷"选项，打开"新建镜像卷向导"对话框，单击"下一步"按钮。镜像卷要求在两个磁盘上选择同等大小的空间，如图 9-55 所示。两空间内容完全相同，可以起到备份作用。

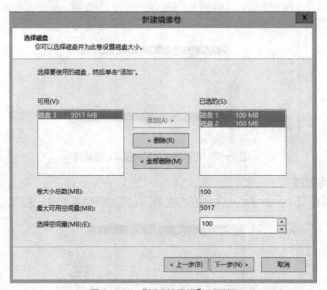

图 9-55　"新建镜像卷"对话框

（4）在磁盘管理窗口中，右键单击未分配的空间，选择"新建 RAID-5 卷"选项，打开"新建 RAID-5 卷向导"对话框，如图 9-56 所示，单击"下一步"按钮。RAID-5 卷要求在 3 个以上的磁盘上选择同等大小的空间。磁盘内容可以通过另外的磁盘计算出来，从而起到备份作用。

（5）对于镜像卷和 RAID-5 卷的磁盘，保存文件后，拔掉其中一个磁盘（可以在关掉虚拟机的时候删除磁盘），文件的内容不会丢失。

图 9-56 "新建 RAID-5 卷"对话框

实训要求和提高

1. 实验报告要求

（1）实验地点，参加人员，实验时间。

（2）实验内容：按照实验步骤的内容做详细记录。

（3）回答"思考提高"中提出的问题。

2. 思考提高

（1）简述服务器的磁盘管理的作用。

（2）简述 Windows Server 2012 磁盘管理中简单卷、跨区卷、带区卷、镜像卷和 RAID-5 卷的作用和区别。

实训 11　创建 AD 域控制器

实训目的和环境

1. 实训目的

（1）创建网络中的第一台域控制器。

（2）在域控制器中创建用户。

（3）使用客户机登录域控制器。

2. 实训环境

（1）硬件环境：计算机一台、Internet 网络环境。

（2）软件环境：Windows 操作系统、虚拟机软件和操作系统安装包。

扫码观看微课视频

实训内容和步骤

实训内容为安装一台 Windows 服务器，然后将其升级为域控制器；安装 Windows 10 计算机然后将其加入域中。

服务器 IP 地址为 192.168.10.1；子网掩码为 255.255.255.0；网关为 192.168.10.1；域名为

gdcp.cn。

实训操作步骤如下所述。

1. 创建域控制器

（1）先修改 IP 地址，将 DNS 指向自己，并且修改计算机名为 S2012。升级成域控制器后，计算机名称会自动变成 S2012.gdcp.cn。

（2）在服务器管理器窗口中，单击"添加角色和功能"按钮，打开添加角色和功能向导窗口，依据提示，单击"下一步"按钮。选择"服务器角色"选项，服务器角色界面如图 9-57 所示。

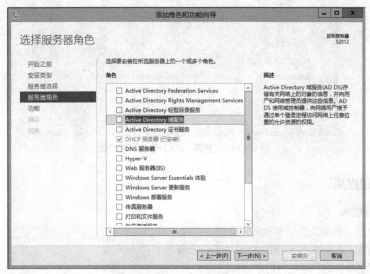

图 9-57　服务器角色界面

（3）在服务器角色界面中勾选"Active Directory 域服务"复选框，弹出"添加角色和功能向导"对话框，单击"添加功能"按钮，依据提示完成操作，最后确认安装，单击"安装"按钮。确认界面如图 9-58 所示。

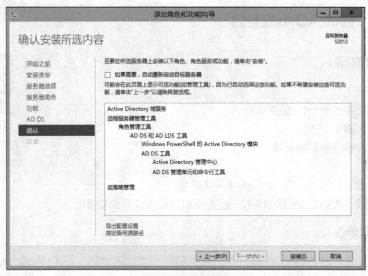

图 9-58　确认界面

（4）安装成功后，单击"将此服务器提升为域控制器"按钮，如图 9-59 所示。

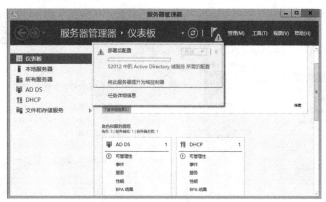

图 9-59　将此服务器提升为域控制器

（5）打开 Active Directory 域控制器配置向导窗口的部署配置界面，选择"添加新林"单选项，输入 gdcp.cn。单击"下一步"按钮，如图 9-60 所示。

图 9-60　部署配置界面

（6）在安装过程中，域控制器会将自己扮演的角色注册到 DNS 服务器，以便让其他计算机能够通过 DNS 服务器来找到域控制器。然后依据向导完成域控制器的配置，完成后自动重新启动服务器。管理工具中会出现新的菜单项，如图 9-61 所示。

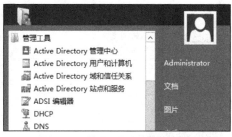

图 9-61　管理工具中出现新菜单项

2. 域用户管理

（1）在域控制器开始菜单的管理工具中单击"Active Directory 管理中心"，打开 Active Directory 管理中心窗口，如图 9-62 所示。

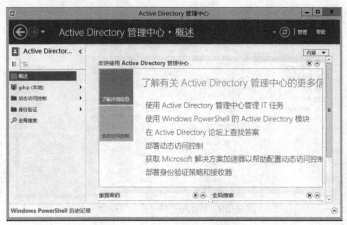

图 9-62　Active Directory 管理中心窗口

（2）右键单击"gdcp（本地）"，弹出快捷菜单，选择"新建">"用户"选项，如图 9-63 所示。

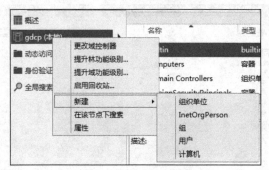

图 9-63　新建用户菜单

（3）在打开的新建用户窗口中输入用户配置信息，单击"确定"按钮创建用户，如图 9-64 所示。

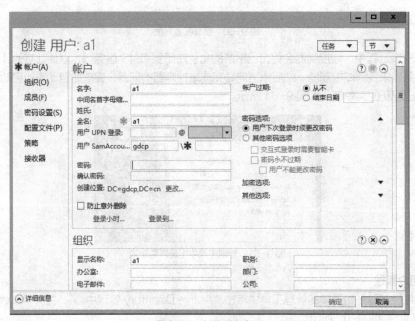

图 9-64　新建用户窗口

3. 客户机登录域

（1）在客户机中，右键单击"此电脑"图标，弹出快捷菜单，选择"属性"选项，打开系统窗口，如图9-65所示。

图9-65　系统窗口

（2）单击"更改设置"按钮，打开"系统属性"对话框，单击"更改"按钮，打开"计算机名/域更改"对话框，选择"域"单选项，输入gdcp.cn，单击"确定"按钮，如图9-66所示。

图9-66　"计算机名/域更改"对话框

（3）按提示完成客户机登录到域控制器的操作。

实训要求和提高

1. 实验报告要求

（1）实验地点，参加人员，实验时间。

（2）实验内容：按照实验步骤的内容做详细记录。

（3）回答"思考提高"中提出的问题。

2. 思考提高

（1）简述域控制器的功能与作用。

（2）客户机加入域后有什么好处？

9.4 网络服务器配置实训

网络服务器配置实训主要包括 DHCP 服务器搭建、DNS 服务器搭建、IIS 服务器搭建、FTP 服务器搭建和 SMTP 服务器搭建等项目。

实训 12　DHCP 服务器搭建

实训目的和环境

1. 实训目的

（1）掌握 DHCP 的概念和作用。

（2）掌握在 Windows Server 2012 R2 操作系统上安装 DHCP 服务器的方法。

（3）掌握 DHCP 服务器与 DHCP 客户端的配置。

2. 实训环境

（1）硬件环境：网络环境局域网，服务器一台（安装了 Windows Server 2012 R2 操作系统）、客户机若干台（安装了 Windows 10 操作系统）。

（2）软件环境：Windows Server 2012 R2 操作系统、虚拟机软件和操作系统安装包。

实训内容和步骤

实训内容是通过 DHCP 服务器的配置，实现 DHCP 服务，使网络中的客户机可以通过 DHCP 服务器分配 IP 地址。实训网络的搭建是在虚拟机环境中进行的，用 VMware 虚拟机来模拟服务器与客户机。其中一台为 DHCP 服务器，其余为客户机。其网络拓扑结构如图 9-67 所示。

实训操作步骤如下所述。

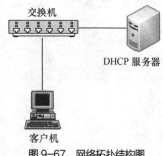

图 9-67　网络拓扑结构图

1. DHCP 服务器的 IP 地址配置

DHCP 服务器给网络用户分配 IP 地址，服务器自身必须配置静态 IP 地址，如图 9-68 所示。

图 9-68　DHCP 服务器的 IP 地址配置

2. 安装 DHCP 服务器

（1）在服务器管理器窗口中，单击"管理"，在其下拉菜单中选择"添加角色和功能"选项，如图 9-69 所示。

（2）在弹出的添加角色与功能向导窗口中，持续单击"下一步"按钮，直到出现图 9-70 所示的服务器角色界面时勾选"DHCP 服务器"复选框，弹出"添加角色和功能向导"对话框，直接单击"添加功能"按钮，然后依据向导提示完成安装。

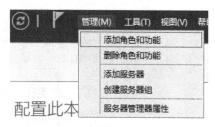

图 9-69 "管理"下拉菜单

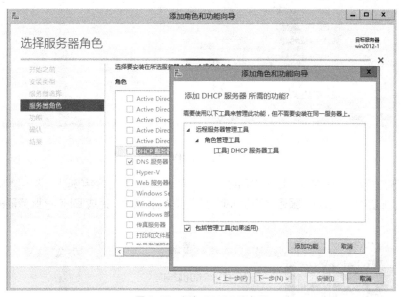

图 9-70 添加 DHCP 服务器

3. DHCP 服务器的配置

（1）在服务器管理器窗口中，右键单击"DHCP"，在快捷菜单中选择"DHCP 管理"选项，打开 DHCP 窗口，如图 9-71 所示。

图 9-71 DHCP 窗口

（2）在配置界面中打开"win2012-1"的下拉选项，右键单击"IPv4"，在快捷菜单中选择"新建作用域"选项，如图 9-72 所示。

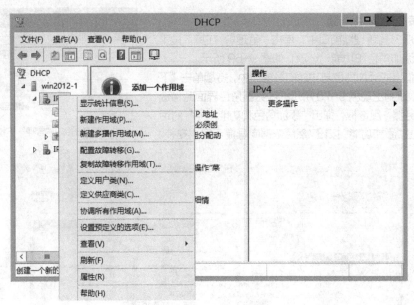

图 9-72　新建作用域

（3）按新建作用域向导提示，填写作用域名称、IP 地址范围、排除和延迟、租用期限，接着配置 DHCP 选项（配置网关、DNS 服务器和 WINS 服务），最后激活，完成 DHCP 服务器的配置，如图 9-73 所示。

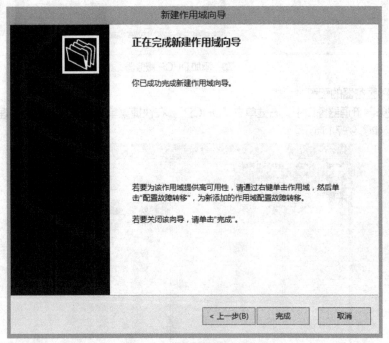

图 9-73　完成新建作用域向导

4. DHCP 客户机的配置

在客户机中打开 win2012-2 的 IP 地址配置界面，选择"自动获得 IP 地址"和"自动获得 DNS 服务器地址"，单击"确定"按钮，再查看详细信息，如图 9-74 所示。

图 9-74　客户机的 IP 地址配置

实训要求和提高

1. 实验报告要求

（1）实验地点，参加人员，实验时间。

（2）实验内容：按照实验步骤的内容做详细记录。

（3）回答"思考提高"中提出的问题。

2. 思考提高

（1）简述设置静态 IP 地址与自动获得动态 IP 地址两种方法的特点。

（2）当网络中有多个 DHCP 服务器时服务器的工作方式是什么？

实训 13　DNS 服务器搭建

实训目的和环境

扫码观看微课视频

1. 实训目的

（1）掌握 DNS 的概念和作用。

（2）掌握在 Windows Server 2012 R2 操作系统上安装 DNS 服务器的方法。

（3）掌握 DNS 服务器与 DNS 客户端的配置。

2. 实训环境

（1）硬件环境：网络环境局域网，服务器一台（安装了 Windows Server 2012 R2 操作系统）、客户机若干台（安装了 Windows 10 操作系统）。

（2）软件环境：Windows Server 2012 R2 操作系统、虚拟机软件和操作系统安装包。

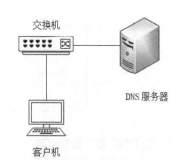

图 9-75　网络拓扑结构图

实训内容和步骤

实训内容是在服务器上安装 DNS 服务器并配置 DNS 服务器以实现 DNS 服务，然后在客户机中通过 DNS 服务器为其解析域名为 IP 地址。解析 www.gdcp.cn，映射到 IP 地址 192.168.10.1。实训网络的搭建是在虚拟机环境中进行的，用 VMware 虚拟机来模拟服务器与客户机。其中一台为 DNS 服务器，其余为客户机。其网络拓扑结构如图 9-75 所示。

实训操作步骤如下所述。

1. DNS 服务器的 IP 地址配置

在服务器上配置网卡的静态 IP 地址，注意配置 DNS 服务器的 IP 地址，如图 9-76 所示。

图 9-76　DNS 服务器的 IP 地址配置

2. 安装 DNS 服务器

（1）在服务器管理器窗口中，单击"管理"，在其下拉菜单中选择"添加角色和功能"选项，如图 9-77 所示。

（2）在弹出的添加角色与功能向导窗口中，持续单击"下一步"按钮，直到出现图 9-78 所示的服务器角色界面时勾选"DNS 服务器"复选框，弹出"添加角色和功能向导"对话框直接单击"添加功能"按钮，然后依据向导提示完成安装。

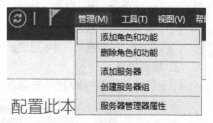

图 9-77　"管理"下拉菜单

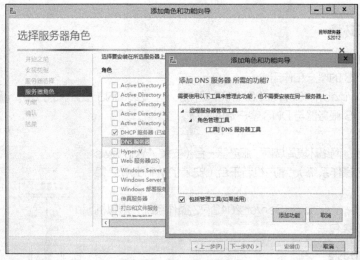

图 9-78　添加 DNS 服务器

3. DNS 服务器的配置

（1）在服务器管理器窗口中，单击"DNS"，右键单击"S2012"服务器，在快捷菜单中选择"DNS 管理器"选项，如图 9-79 所示。

（2）在 DNS 管理器窗口中，右键单击"S2012"服务器，在快捷菜单中选择"新建区域"选项，如图 9-80 所示。

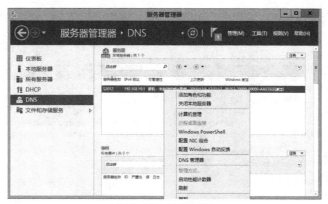

图 9-79　DNS 界面

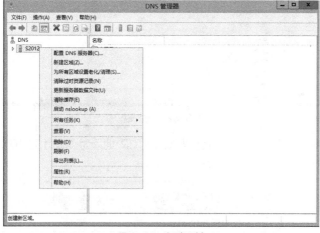

图 9-80　新建区域

（3）打开新建区域向导窗口，单击"下一步"按钮，选择创建区域类型为"主要区域"，单击"下一步"按钮，选择"正向查找区域"，单击"下一步"按钮，输入区域名称为 gdcp.cn。继续单击"下一步"按钮，按向导提示完成新建区域，如图 9-81 所示。

图 9-81　完成新建区域 gdcp.cn

265

（4）在DNS管理器窗口中，选择"正向查找区域"，右键单击"gdcp.cn"，在快捷菜单中选择"新建主机"选项，如图9-82所示。

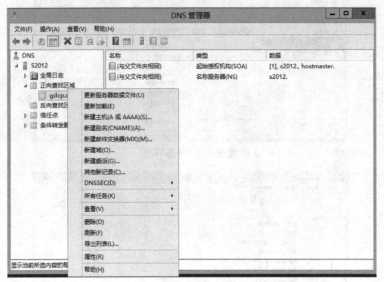

图9-82　新建主机

（5）在"新建主机"对话框中，输入名称为www，IP地址为192.168.10.1，单击"添加主机"按钮，完成主机的添加，如图9-83所示。

图9-83　"新建主机"对话框

此时，DNS服务器就可以解析域名www.gdcp.cn为IP地址192.168.10.1。

4. 客户机验证

在客户机上进入命令提示符界面，输入ping 192.168.10.1和ping www.gdcp.cn两个命令。客户机验证操作结果如图9-84所示。

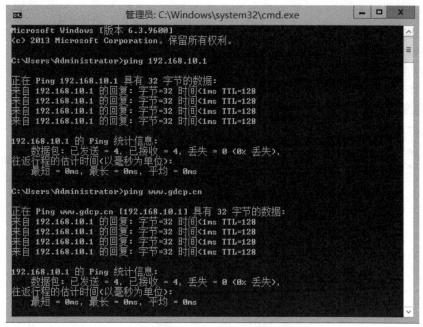

图 9-84　客户机验证操作结果

实训要求和提高

1. 实验报告要求

（1）实验地点，参加人员，实验时间。

（2）实验内容：按照实验步骤的内容做详细记录。

（3）回答"思考提高"中提出的问题。

2. 思考提高

（1）简述 DNS 服务器中的正向查找区域和反向查找区域的区别。

（2）DNS 服务器中的信任点是什么意思？

实训 14　IIS 服务器搭建

实训目的和环境

1. 实训目的

（1）掌握 IIS 的概念和作用。

（2）掌握在 Windows Server 2012 R2 操作系统上安装 IIS 服务器的方法。

（3）掌握 IIS 服务器与 IIS 客户端的配置。

扫码观看微课视频

2. 实训环境

（1）硬件环境：网络环境局域网，服务器一台（安装了 Windows Server 2012 R2 操作系统）、客户机若干台（安装了 Windows 10 操作系统）。

（2）软件环境：Windows Server 2012 R2 操作系统、虚拟机软件和操作系统安装包。

实训内容和步骤

实训内容是在服务器上安装和配置 IIS 服务器以实现 IIS 服务功能，然后在客户机上通过 IE 浏览器访问 IIS 服务器中的网站。

实训网络的搭建是在虚拟机环境中进行的，用 VMware 虚拟机来模拟服务器与客户机。其中一台为 IIS 服务器，其余为客户机。其网络拓扑结构如图 9-85 所示。

实训操作步骤如下所述。

1. 服务器网页制作

（1）打开记事本，输入内容，如图 9-86 所示。

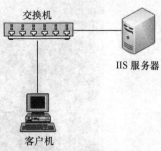

图 9-85　网络拓扑结构图

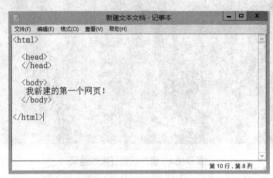

图 9-86　记事本窗口

（2）在 C 盘新建一个名为 web 的文件夹，在记事本上单击"文件">"保存"菜单项，打开"另存为"对话框，配置内容，保存为网页文件 index.htm，如图 9-87 所示。

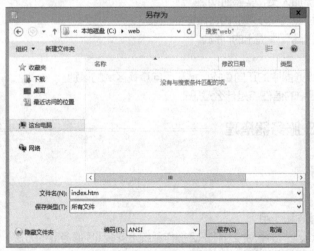

图 9-87　保存为网页文件

2. 安装 IIS 服务器

（1）在服务器管理器窗口中，单击"管理"，在其下拉菜单中选择"添加角色和功能"选项，如图 9-88 所示。

（2）在弹出的添加角色与功能向导窗口中，持续单击"下一步"按钮，直到出现图 9-89 所示的"选择服务器角色"界面时勾选"Web 服务器（IIS）"复选框，弹出"添加角色和功能向导"对话框，直接单击"添加功能"按钮，然后依据向导提示完成安装。

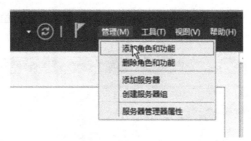

图 9-88 "管理"下拉菜单

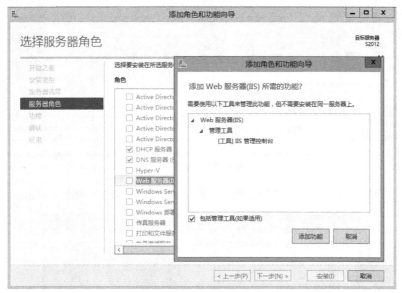

图 9-89 添加 IIS 服务器

3. IIS 服务器的配置

（1）在服务器管理器窗口中，单击"IIS"，右键单击"S2012"服务器，在快捷菜单中选择"Internet Information Services（IIS）管理器"选项，如图 9-90 所示。

图 9-90 IIS 界面

（2）在 Internet Information Services（IIS）管理器窗口中，右键单击"S2012"服务器，在快捷菜单中选择"添加网站..."选项，如图 9-91 所示。

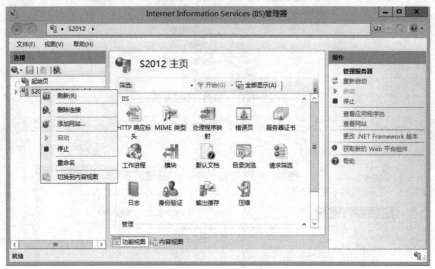

图 9-91　添加网站

（3）打开"添加网站"对话框，输入内容，如图 9-92 所示，单击"确定"按钮。

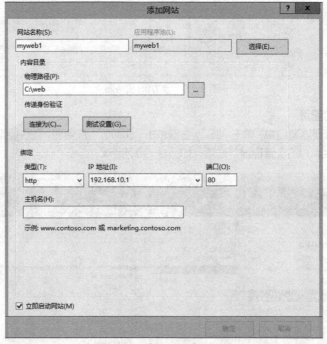

图 9-92　"添加网站"对话框

（4）添加完网站"myweb1"后，Internet Information Services（IIS）管理器窗口如图 9-93 所示，可以对网站"myweb1"进行各种属性配置。

4. 客户机验证

在客户机上打开 IE 浏览器窗口，在地址栏中输入 IP 地址 192.168.10.1 或者域名 www.gdcp.cn，

IE 浏览器窗口中就可以显示出设定的内容，如图 9-94 所示。

图 9-93　添加网站后的 IIS 管理器窗口

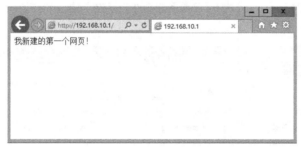

图 9-94　IE 浏览器窗口

实训要求和提高

1. 实验报告要求

（1）实验地点，参加人员，实验时间。

（2）实验内容：按照实验步骤的内容做详细记录。

（3）回答"思考提高"中提出的问题。

2. 思考提高

（1）HTTP 的重定向的意义是什么？

（2）怎么通过 IIS 服务器进行多网站的管理？

实训 15　FTP 服务器搭建

实训目的和环境

1. 实训目的

（1）掌握 FTP 的概念和作用。

（2）掌握在 Windows Server 2012 R2 操作系统上安装 FTP 服务器的方法。

（3）掌握 FTP 服务器与 FTP 客户端的配置。

扫码观看微课视频

2. 实训环境

（1）硬件环境：网络环境局域网，服务器一台（安装了 Windows Server 2012 R2 操作系统）、客户机若干台（安装了 Windows 10 操作系统）。

（2）软件环境：Windows Server 2012 R2 操作系统、虚拟机软件和操作系统安装包。

实训内容和步骤

实训内容是在服务器上安装和配置 FTP 服务器以实现 FTP 服务功能，使客户机可以通过 IE 浏览器访问 FTP 服务器及上传、下载文件。

配置 FTP 服务器验证方式为匿名身份验证、FTP IP 地址限制、命令行访问多文件下载上传、命令行验证匿名访问。

实训网络的搭建是在虚拟机环境中进行的，用 VMware 虚拟机来模拟服务器与客户机。其中一台为 FTP 服务器，其余为客户机。其网络拓扑结构如图 9-95 所示。

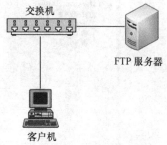

图 9-95　网络拓扑结构图

实训操作步骤如下所述。

1. 实验准备

在服务器上建立文件夹 FTP 作为 FTP 服务器文件的存放位置。待复制文件为"实验文件.txt"，如图 9-96 所示。

图 9-96　FTP 服务器文件的存放位置

2. 安装 FTP 服务器

（1）在服务器管理器窗口中，单击"管理"，在其下拉菜单中选择"添加角色和功能"选项，如图 9-97 所示。

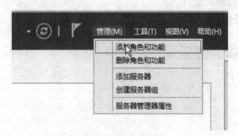

图 9-97　"管理"下拉菜单

（2）在弹出的添加角色与功能向导窗口中，持续单击"下一步"按钮，直到出现图 9-98 所示的服务器角色界面时勾选"FTP 服务器"复选框，单击"下一步"按钮，然后依据向导提示完成安装。

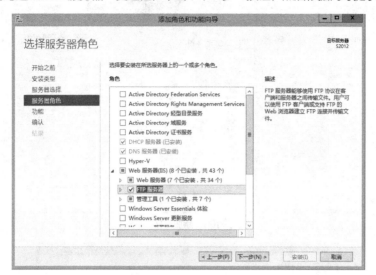

图 9-98　添加 FTP 服务器

3. FTP 服务器的配置

（1）在服务器管理器窗口中，单击"IIS"，右键单击"S2012"服务器，在快捷菜单中选择"Internet Information Services（IIS）管理器"选项，如图 9-99 所示。

图 9-99　IIS 界面

（2）在 Internet Information Services（IIS）管理器窗口中，右键单击"S2012"服务器，在快捷菜单中选择"添加 FTP 站点..."选项，如图 9-100 所示。

（3）打开"添加 FTP 站点"对话框，输入内容，如图 9-101 所示，单击"下一步"按钮。

（4）按向导提示，继续填入 IP 地址，勾选"自动启动 FTP 站点"复选框，单击"下一步"按钮，选择身份验证、授权、权限配置内容，如图 9-102 所示，单击"完成"按钮。

（5）添加完 FTP 站点"myftp"后，Internet Information Services（IIS）管理器窗口如图 9-103 所示，可以对 FTP 站点"myftp"进行各种属性配置。

图 9-100　添加 FTP 站点

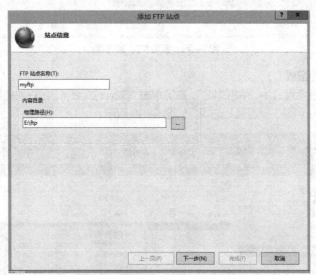

图 9-101　"添加 FTP 站点"对话框

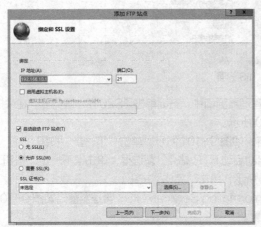

图 9-102　完成添加 FTP 站点

图 9-103　添加 FTP 站点后的 IIS 管理器窗口

4. 客户机验证

（1）在客户机上打开这台电脑窗口，在地址栏中输入地址 FTP: //192.168.10.1。这台电脑窗口中就可以显示出 FTP 服务器上的文件，如图 9-104 所示。

图 9-104　这台电脑窗口

（2）此窗口中显示的是 FTP 服务器上的文件。用鼠标把文件拖到自己的计算机上就是下载；把自己计算机上的文件拖到此窗口上就是上传。

（3）如果配置 FTP 服务器时身份验证没有选择匿名，客户机在登录 FTP 服务器时就需要输入身份名称和密码。

（4）客户机也可以使用命令行登录 FTP 服务器，如图 9-105 所示。

图 9-105　客户机使用命令行登录 FTP 服务器

实训要求和提高

1. 实验报告要求

（1）实验地点，参加人员，实验时间。

（2）实验内容：按照实验步骤的内容做详细记录。

（3）回答"思考提高"中提出的问题。

2. 思考提高

（1）FTP 服务器匿名登录和不匿名登录有什么区别？

（2）FTP 服务器怎么实现不同账户登录不同的 FTP 目录？

实训 16   SMTP 服务器搭建

实训目的和环境

扫码观看微课视频

1. 实训目的

（1）掌握 SMTP 服务器的概念和作用。

（2）掌握在 Windows Server 2012 R2 操作系统上安装 SMTP 服务器的方法。

（3）掌握邮件 SMTP 服务器的配置。

2. 实训环境

（1）硬件环境：网络环境局域网，服务器一台（安装了 Windows Server 2012 R2 操作系统）、客户机若干台（安装了 Windows 10 操作系统）。

（2）软件环境：Windows Server 2012 R2 操作系统、虚拟机软件和操作系统安装包。

实训内容和步骤

实训内容是在服务器上安装和配置 SMTP 服务器，实现发送邮件功能。

要搭建邮件服务器，需要在服务器上配置 SMTP 和 POP3 服务。SMTP 服务负责发送邮件，POP3 服务负责接收邮件。但是在 Windows Server 2012 中，POP3 组件已经不再是系统功能中的一项，只有 SMTP 服务。本实训要求只做 SMTP 服务。

实训操作步骤如下所述。

1. 安装 SMTP 服务器

（1）在服务器管理器窗口中，单击"管理"，在其下拉菜单中选择"添加角色和功能"选项，如图 9-106 所示。

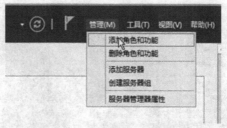

图 9-106　"管理"下拉菜单

（2）在弹出的添加角色与功能向导窗口中，持续单击"下一步"按钮，直到出现图 9-107 所示的服务器角色界面时勾选"SMTP 服务器"复选框，弹出"添加角色和功能向导"对话框，直接单击"添加功能"按钮，然后依据向导提示完成安装。

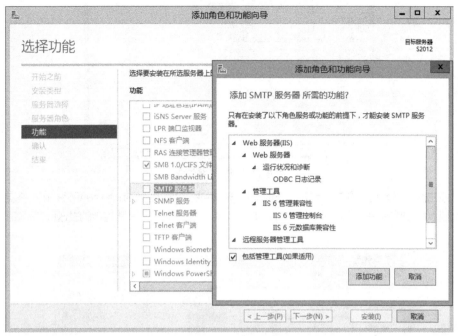

图 9-107　添加 SMTP 服务器

2. SMTP 服务的配置

在服务器桌面中，单击"开始">"所有程序">"管理工具"，选择"Internet Information Services（IIS）6.0 管理器"选项，右键单击"SMTP"，在快捷菜单中选择"属性"选项，设置 SMTP 服务器的 IP 地址，如图 9-108 所示。

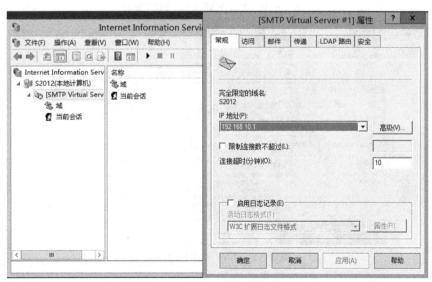

图 9-108　设置 SMTP 服务器的属性

3. 邮件发送测试

（1）打开记事本，输入图 9-109 所示的内容。保存文件到桌面，命名为"新建文本文档.txt"。

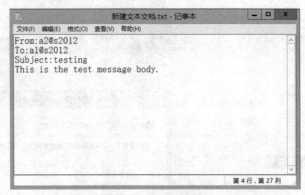

图9-109　邮件内容格式

（2）双击服务器桌面中的"这台电脑"图标，打开文件夹"C:\inetpub\mailroot\Pickup"，拖曳文件"新建文本文档.txt"到文件夹"C:\inetpub\mailroot\Pickup"中，即SMTP服务器的发送位置，如图9-110所示。

图9-110　SMTP服务器的发送位置

（3）几秒钟后文件消失，SMTP服务器把邮件发送到文件夹"C:\inetpub\mailroot\Drop"中，即SMTP邮件接收位置，如图9-111所示。

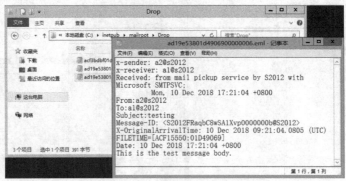

图9-111　SMTP邮件接收位置

实训要求和提高

1. 实验报告要求

（1）实验地点，参加人员，实验时间。

（2）实验内容：按照实验步骤的内容做详细记录。

（3）回答"思考提高"中提出的问题。

2. 思考提高

（1）简述 SMTP 服务器发送邮件的工作原理。

（2）简述 POP3 服务器接收邮件的工作原理。